山东社会科学院　主办　·2016年创刊·

中国海洋经济

主编　孙吉亭

MARINE ECONOMY IN CHINA

2016年第1期　总第1期

社会科学文献出版社
SOCIAL SCIENCES ACADEMIC PRESS (CHINA)

学术委员

刘容子　曲金良　潘克厚　郑贵斌　张卫国

Academic Committee

Liu Rongzi; Qu Jinliang; Pan Kehou;
Zheng Guibin; Zhang Weiguo

Editorial Committee

历心于山海而国家富

——主编的话

海洋是生命的摇篮、资源的宝库，也是人类赖以生存的“第二疆土”和“蓝色粮仓”。中国自古便有“舟辑为舆马，巨海化夷庚”的海洋战略和“观于海者难为水，游于圣人之门者难为言”的海洋意识，中国海洋事业的发展也跨越时空长河和历史积淀而逐步走向成熟、健康、可持续的新里程。从山东半岛蓝色经济区发展战略的确立到“一带一路”重大倡议的推动，海洋经济增长日新月著。一方面，随着国家海洋战略的不断深入，高等院校、科研院所以及政府企业对海洋经济的学术研究呈现破竹之势，急需更多的学术交流平台和研究成果传播渠道；另一方面，国际海洋竞争的日趋激烈，给海洋资源与环境带来沉重的压力与负担，亟须我们剖析海洋发展理念、发展模式、科学认知和科学手段等方面的深层问题。《中国海洋经济》的创刊恰逢其时，不可阙如。

当我们一起认识中国海洋与海洋发展，了解先辈对海洋的追求和信仰，体会中国海洋事业的艰辛与成就，我们会看到灿烂的海洋遗产和资源，看到巨大的海洋时代价值，看到国家建设“海洋强国”的美好愿景和行动。我们要树立“蓝色国土意识”，建立陆海统筹、和谐发展的现代海洋产业体系，要深析明辨，慎思笃行，认真审视和总结这一路走来的发展规律和启示，进而形成对自身、民族、国家、海洋及其发展的认同感、自豪感和责任感。这是《中国海洋经济》栏目设置、选题策划以及内容审编所遵循的根本原则和目标，也是其所秉承的“海纳百川、厚德载物”理念的体现。

我们将紧跟时代步伐，倾听大千声音，融汇方家名作，不懈追求国际性与区域性问题兼顾、宏观与微观视角集聚、理论与经验实证并行的方向，着力揭示中国海洋经济发展趋势和规律，阐述新产业、新技术、新模式和新业态。无论是作为专家学者和政策制定者的思想阵地，还是作为海洋经济学术前沿的展示平台，我们都希望《中国海洋经济》能让观点汇集、让知识传播、让思想升华。我们更希望《中国海洋经济》，能让对学术研究持有严谨敬重之意、对海洋事业葆有热爱关注之心、对国家发展怀有青云壮志之情的人，自信而又团结地共寻海洋经济健康发展之路，共建海洋生态文明，共绘“富饶海洋”“和谐海洋”“美丽海洋”的蔚为大观。

孙吉亭

2016 年 4 月

目　录

（2016年第1期总第1期）

海洋产业经济

浅论海洋生物医药产业发展现状、趋势与建议 …… 管华诗　潘克厚 / 003
中国海洋渔业可持续发展制度与政策的思考 ……… 高　健　陈栋燕 / 014
远洋渔业资源高效开发的关键抓手及推进措施选择 ………… 卢　昆 / 031
促进中国海洋科考船队建设的海洋科技与产业发展对策 …………………………………………… 李乃胜 / 043

海洋区域经济

建设“一带一路”背景下山东发挥蓝色优势、促进陆海统筹发展的机遇与对策 …………………………………… 郑贵斌 / 057
浙江省海洋油气业与海洋经济转型升级研究 ……………… 许建平 / 068
山东海洋经济发展形势分析与对策 ……… 李广杰　王春龙　陈　琛 / 083

海洋生态经济与绿色发展

科学维护海洋生态系统视角下的海洋经济健康发展 ………………………………………………… 韩立民　闫金玲 / 101
关于海洋经济绿色转型的若干思考 …………………… 刘容子　刘　堃 / 114

海洋经济理论

国内外海洋经济统计核算与贡献测度的实践研究 …… 姜旭朝 刘铁鹰 / 129
试论海洋经济学理论体系微观研究领域 …… 陈明宝 / 146
基于VAR模型的海洋经济增长、产业结构变动与涉海就业关联分析 …… 狄乾斌 计利群 / 172
海域征收补偿效率与公平的推进：基于地方政府的视角 …… 乔俊果 / 187
海洋与陆域产业关联及主要研究领域探讨 …… 杜利楠 栾维新 / 205

海洋文化产业

海洋文化产业生产与消费主体的构成 …… 曲金良 / 225
海洋强国战略背景下的海洋文化产业发展研究 …… 张开城 / 245
关于海洋文化产业的三个问题：定义、核心行业与如何发展 …… 曲鸿亮 / 260
中国海洋生态文化产业的发展态势与发展模式 …… 徐文玉 马树华 / 274

《中国海洋经济》征稿启事 …… / 293

CONTENTS

(No.1 2016)

Marine Industrial Economy

Study on the Developing Status in Quo, Trend and Suggestion of Marine Biological Medicine Industry *Guan Huashi, Pan Kehou* / 003

Discusses on the Fisheries Policies of China for Sustainable Development *Gao Jian, Chen Dongyan* / 014

Study on the Key to the Pelagic Fishery Resource Exploitation and the Relevant Promotion Measures *Lu Kun* / 031

Countermeasure of China's Marine Science and Industry Development Based on Marine Scientific Research Ship Construction *Li Naisheng* / 043

Marine Regional Economy

Countermove and Opportunity of Sea-Land Overall Development Improvement by Using Blue Advantage in Shandong under the Background of "One Belt One Road" Construction *Zheng Guibin* / 057

The Study on Developing Marine Oil and Gas Industries and Promoting Transformation and Upgrade of Marine Economy of Zhejiang *Xu Jianping* / 068

Analysis and Countermeasures of Marine Economic Development Based on Situation in Shandong *Li Guangjie, Wang Chunlong and Chen Chen* / 083

Marine Ecological Economy and Green Development

Healthy Development of Marine Economy from the Perspective of Scientific Maintenance of Marine Ecosystem *Han Limin, Yan Jinling* / 101

Thinking about the Green Transformation of Marine Economy *Liu Rongzi, Liu Kun* / 114

Marine Economics Theory

A Practical Study on the Statistical Calculation and Measurement of the Contribution of the Marine Economy *Jiang Xuzhao, Liu Tieying* / 129

The Analysis of Microcosmic Field of Theoretical System of Marine Economics *Chen Mingbao* / 146

Linkage Analysis of Growth, Industrial Structure and Ocean-related Employment of Marine Economic in Our Country *Di Qianbin, Ji Liqun* / 172

Improvements of Efficiency and Justification of Fishery Sea Levy Compensation System: Based on the Local Governments *Qiao Junguo* / 187

Discussion on the Connection and Major Research Areas of Marine and Terrestrial Industries *Du Linan, Luan Weixin* / 205

Maritime Culture Industry

The Composition of the Subjects of Production and Consumption in Maritime Culture Industry *Qu Jinliang* / 225

Study on the Development of Maritime Culture Industry in the Background of the Strategy of Marine Powerful Nation *Zhang Kaicheng* / 245

The Three Questions about Maritime Culture Industry: Definition, the Core Industry and Development *Qu Hongliang* / 260

The Development Trend and Pattern of China's Maritime Ecological Culture Industry *Xu Wenyu, Ma Shuhua* / 274

***Marine Economy in China* Notices Inviting Contributions** / 293

海洋产业经济

浅论海洋生物医药产业发展现状、趋势与建议

管华诗　潘克厚*

摘　要　随着海洋生物科技的发展，世界各国对相关成果转化力度加大，从而为海洋生物医药相关科技的成熟与发展提供了新的契机。中国海洋生物医药资源丰富，并且拥有独特的传统中医药理体系，为海洋生物医药的发展提供了良好的基础。目前，海洋药物研发进入海洋天然产物与新药重点开发并举的时期，多重资本形式开始介入，推动海洋生物医药产业实现了25%～30%的高速增长，该产业有望成为战略性的支柱产业。因此，在政策支持、技术创新和投资力度方面，应有针对性地加强对海洋生物医药产业的支持，为海洋生物医药产业的健康发展提供良好基础。

关键词　海洋生物医药　海洋天然产物　海上山东　蓝色经济区

---

* 管华诗（1939～），男，中国工程院院士，中国海洋大学教授。主要研究领域：海洋生物资源高值化利用、海洋药物。潘克厚（1963～），男，中国海洋大学教授，博士研究生导师，青岛海洋科学与技术国家实验室学术委员会秘书长。主要研究领域：应用微藻生物学、海洋科技管理。

近年来，国际海洋生物医药开发技术得到长足发展，取得一系列令人瞩目的成果。科技发展的日益成熟为海洋生物医药的发展提供了新的契机。世界各国纷纷加大了对相关科技成果转化的投入力度，从而进一步刺激了海洋生物医药相关科技的成熟与发展。本文将对海洋生物医药产业发展的时代背景、发展现状，以及发展趋势进行分析，并提出与之相配套的对策建议。

一 促进海洋生物医药产业发展的时代背景

海洋将成为未来人类发展新的资源宝库，将为未来人类生存发展提供新的空间。伴随着地球人口的急剧增长，人类对资源的需求越来越多，仅靠陆地资源已难以为继。因此，各个国家不约而同地把目光聚集到约占地球面积71%的海洋上。

从20世纪中叶开始，一些海洋发达国家就纷纷制定海洋开发规划，把海洋资源开发当作国家战略。美国的政治家则进一步预言："21世纪将是海洋开发的世纪。"这个预言已成为当今国际经济发展的主要态势[1]。美国"2010年，海洋经济从业人员280万人，商品或服务总额为2580亿美元，根据国家海洋经济计划（NOEP），还有260万个岗位和3750亿美元与海洋产业间接相关，海洋经济对美国国内生产总值贡献大约4.4%，超过创意产业3.2%，超过农业"[2]。美国国家海洋与大气管理局发布的《2012年美国沿海和五大湖地区海洋经济发展报告》，指出"2012年美国海洋经济发展速度远超全国经济发展速度。在GDP总量中，与2011年的3210亿美元相比，2012年美国海洋经济总量增加220亿美元，达到3430亿美元。除去通货膨胀的影响，2012年美国海洋经济占GDP的比重达到10.5%，是当年全美经济增长速度（2.5%）的4倍多。在就业率方面，2012年全美海洋经济就业率增长幅度达到3.8%，增加就业岗位10.8万个，是当年全国平均增速的两倍"[3]。2013年，日本政府通过作为日本今后五年海洋政策方针的新《海洋基本计划》。根据这一基本计划，日本将把振兴海洋产业作为新的经济增长点，官民并举推动海洋资源、能源开发，培育新的海洋技术和海洋经济领域[4]。2016年，韩国将对东部海域、南部海域（东半部分）和济州岛附近海域开展国家海洋生态系统的综合调查，旨在系统掌握韩国海洋生态系统的变化特征。

中国海洋经济开发始自20世纪80年代，沿海各省区市纷纷提出自己的开发战略。例如，山东省提出“海上山东”建设的发展战略，浙江省提出“海洋经济大省”建设的发展战略，等等。经过30余年的开发建设，中国的海洋经济已成为新兴的产业门类齐全、规模实力雄厚的国民经济重要组成部分。

2011年伊始，国务院批准《山东半岛蓝色经济区发展规划》。该规划成为中国第一个以海洋经济为主题的国家战略，标志着海洋经济发展进入陆海统筹阶段，改变了原来由陆域经济向海洋经济延伸的态势，开始了由海洋向陆地发展延伸的新的发展阶段。党的十八大报告提出，提高海洋资源开发能力，发展海洋经济，保护海洋生态环境，坚决维护国家海洋权益，建设海洋强国[5]。海洋强国建设是中国面临新的发展形势及新的发展机遇的必须之选，为中国海洋经济的进一步发展指明了方向。

根据《2015年中国海洋经济统计公报》中初步核算的数据结果，2015年中国海洋生产总值达到64669亿元，比上年增长7.0%，占GDP比重为9.6%。海洋经济总体运行情况数据显示，2015年全国主要海洋产业增加值为38991亿元，海洋相关产业增加值为25678亿元。其中，第一产业增加值为3292亿元，第二产业增加值为27492亿元，第三产业增加值为33885亿元，海洋一、二、三产业增加值占海洋生产总值的比重分别为5.1%、42.5%和52.4%。目前，中国海岸带和近海提供了全国20%以上的动物蛋白质食物、23%的石油资源和29%的天然资源。沿海11个省区市13%的面积承载着全国41%以上的人口，创造了60%以上的国内生产总值。另外据测算，2015年全国涉海就业人员3589万人，海洋产业总体上保持平稳的增长态势。其中，海洋渔业、海洋盐业增长相对平缓，海水养殖业产量及远洋渔业产量都有相对平稳的增长；海洋油气产量保持增长，不过受国际原油价格持续走低影响，增加值同比小幅下降；海洋船舶工业加速淘汰落后产能，转型升级成效明显，但仍面临较为严峻的形势；沿海港口生产总体放缓，航运市场持续低迷，海洋交通运输业增加值增速放缓；海洋电力业发展平稳，海上风电场建设稳步推进；海水利用业保持平稳的增长态势，发展环境持续向好；重大海洋工程相继落实建设，并逐步平稳推进相关项目，海洋工程建筑业也得到新的机遇快速发展起来；海洋矿业、海洋化工业、海洋生物医药业和滨海旅游业均继续保持较快增长，邮轮、游艇等新兴海洋旅游业蓬勃发展[6]。可以预见，随着“海洋强国”建设的扎实推进和供给侧结构性改革的加快实施，“十三五”期间，海洋经济将继续保持平稳增长态势。尽管目前海洋生物医药产业在中国海洋产业结构中所占比重还不高，但其未来的发展前景极为广阔。

二　开发海洋生物医药的作用与物质基础

（一）海洋生物新药研发是社会健康持续发展的需求

众所周知，拥有健康的身体、快乐的工作、幸福的生活，不但是人类不懈追求的目标，也是促进人类社会健康持续发展的基础。当人类丰衣足食时，其对健康的渴望也就越来越强烈。健康已成为新世纪人们追求所有时尚的基本目标。每个人都希望自己因为健康而长寿，提高生活质量。只有具备健康的身体，才能更好地挑起生活的重担，才能为社会多做贡献，才能享受生活的快乐。但是，受环境条件、工作状态的不良影响，人类会患上许多新的疾病，其中不少疑难杂症难以依靠现有药物进行治疗。研究发现，海洋存在类似低温高压、高温高压、高盐缺氧、无（低）光、寡营养等极端环境，常常促使海洋生物因化学防御而产生具有特殊功效的活性天然产物，其中部分活性天然产物，对解决疑难杂症有很大的潜力和优势，具有良好的海洋药物开发前景。

（二）海洋是新药研发的物质基础

海洋是一个复杂的开放性系统，是由物理、化学、生物、地质过程等在一个巨大的时空尺度中相互耦合形成的巨大系统。海洋约占地球表面积的

71%，面积约为3.6亿平方千米；水量约13.7亿立方千米，平均盐度35‰，平均深度3800米。海洋是开放的、连续的水体，具有流动性；在连续水体中又有若干不同区隔。海洋中存在五种资源：生物资源、矿产资源、海水资源、海洋能源以及空间资源。其中，海洋生物资源具有以下特点。

1. 资源总量大

海洋体积占地球生物圈的95%，生物总量占地球生物总量的87%。全球海洋净初级生产力约为5000亿吨/年。据估计，每年有200亿吨碳转化为植物。对海洋中可利用动物资源的潜力，科学家们的见解不尽相同，一般认为有约2亿吨，接近目前全球海洋渔获量的2倍。另外，估计水深200～2000米范围内，鱼类和非鱼类的可捕量约达3000万吨。

2. 物种丰度高

从分类角度看，全球动物共有34个门类，海洋有32个门类，其中15个为海洋特有；最新的海洋生物资源调查显示，海洋中有100多万种动植物和上亿种微生物，物种多样性非常高。

3. 是可再生资源

海洋生物可以通过繁殖、发育、生长和新老替代，使种群资源不断获得补充和更新，并通过自我调节维持种群数量的相对稳定。因此，只要合理捕捞，理论上是可以持续利用的。

（三）海洋天然产物的特点

1. 结构多样性

目前发现的海洋天然产物有3.5万种之多，而含有各种生物活性的海洋天然产物占了大多数，几乎可以覆盖天然有机化合物各类结构，其中主要为萜类、甾体类、聚酮类、生物碱类，占80%以上。结构特异、复杂，多含卤素（Br、Cl、I、F）、O、N、S等。

2. 生物活性具有多样性且强度高

海洋生物间的化学作用比陆地生物之间更加复杂，普遍显示了抗菌、抗炎、抗病毒、抗肿瘤、心血管活性或对生物中酶或受体有特异性作用等，为新药开发提供了良好的化合物资源基础。

3. 成药性强

74%的海洋天然产物基本符合“类药五原则”，即：分子量小于500、氢键给体数目小于5、氢键受体数目小于10、脂水分配系数小于5、可旋转键的数量不超过10个。这说明海洋天然产物是海洋药物的重要来源，海洋生物资源是人类发展新兴医药产业的重要设计依据与资源支撑。

三　海洋生物医药产业发展现状

海洋药物开发始于20世纪40年代，随着高分辨核磁、质谱等高通量筛选技术的突破性发展，在八九十年代形成高潮。进入21世纪后，海洋新药研发进入新的快速发展时期。

（一）国际海洋天然产物研究现状

据文献结果统计，从2007年开始，新海洋天然产物年平均发表量超过1000种，到目前为止已发现25847种海洋天然产物[7]。从历年来不同海域天然产物的数量分析，海绵、微生物，以及珊瑚等刺胞动物是海洋天然产物的三大来源，中国海、日本海、西太平洋是获取海洋天然产物的三大海域，特别是2000年以来，中国海是海洋天然产物的最主要来源。

1998～2008年这10年间，对尚处于临床前研究阶段的海洋天然产物的观察可以得到，有592种具有抗肿瘤活性或细胞毒活性，有666种具有抗菌、抗病毒、抗炎、抗凝血、驱虫等方面的活性。

（二）国际海洋药物研究现状

目前有10种海洋药物被美国食品药品监督管理局（FDA）或欧洲药品管理局（EMEA）批准用于抗肿瘤、抗病毒及镇痛等，在美国、英国、德国、日本、西班牙和爱尔兰上市，其中有5种分别源于海洋真菌、海鞘、海兔、海藻和芋螺，2种源于海鱼，3种源于海绵。有11种备选海洋药物正在

进行临床研究，其中1种处于临床Ⅲ期，6种处于临床Ⅱ期，4种处于临床Ⅰ期。

目前，美国、欧盟、日本及沿海各国都将海洋药物开发列为构建本国战略性新兴产业的重大计划。例如，欧盟的“MAST”计划、美国的“海洋生物技术计划”、日本的“海洋蓝宝石计划”，以及英国的“海洋生物开发计划”，等等。

（三）中国海洋药物研究现状

从历史文献记载可见，中国是应用海洋生物防病治病最早的国家之一，拥有独特的传统中医药理论体系。2009年出版的《中华海洋本草》记载海洋中药613味，药用动植物1479种（另有药用矿物15种），方剂3100余方。可见，中国中医药理论和海洋中药开发应用历史悠久。但中国对现代海洋药物的研究始于20世纪70年代，90年代形成热潮。21世纪，海洋药物学成为药学新的分支学科，并于1996年正式列入国家“863计划”，成为“863计划”海洋生物技术领域中具有重大生命力的主题。迄今为止，中国科学家已发现3000余种海洋小分子新活性化合物和500余种糖（寡糖）类化合物，在国际天然产物化合物库中占有重要位置。自1985年开发上市第一个海洋糖类药物藻酸双酯钠（PSS）后，又有甘糖酯、海力特、降糖宁、烟酸甘露醇酯、海昆肾喜胶囊等10余种海洋药物上市，还有泼力沙滋911、几丁糖酯916、HS 971、D－聚甘酯、K－001、海参多糖、河豚毒素等7种海洋药物处于Ⅰ－Ⅲ期临床研究中。其中，海洋糖类药物所占比例分别达到上市药物的40%和临床研究药物的80%以上，成为中国海洋药物研究开发的特色，并得到国际同行认可，具有较强的国际竞争实力。

近年来，中国对海洋药物研究开发更加重视。2013年，国务院发布的《生物产业发展“十二五”规划》及《全国海洋经济发展“十二五”规划》都将海洋生物医药产业列为重点发展的战略性新兴产业，海洋药物研发必将成为国家“十三五”乃至更长时期的发展重点。

四 海洋药物研发趋势

海洋药物研究已进入海洋天然产物发现与新药重点开发并举的新时期。

（一）新资源的发现和挖掘与创新药（产品）重点开发将成为海洋药物研发的主要走向

研究对象由海洋动植物扩展到微生物，海洋生物采集海域也逐步由沿海向远海、深海拓展。以产品的快速产出刺激拉动新资源的挖掘，必然促进研发链条中各个环节的快速转移转化，形成以成果产业化为标志的新研发高潮。

（二）企业将成为海洋药物研发的主体

社会资本开始深度介入，特别是金融资本、大企业的积极参与，将大大促进海洋医药产业的发展，企业将成为海洋药物研发的主体。国外著名的海洋药物企业——西班牙 PharmaMar 公司成立于 1986 年，融研究、开发、生产于一体，2007 年即有一款新药 ET－743 上市，还有 4 种处于临床研究中。近年来，辉瑞、礼来、百时美施贵宝（美）、赛诺非（法）、卫材（日）等著名生物制药公司也开始积极参与并大力投入海洋生物医药产业中。国内新药研发工作突出的医药企业在连云港形成集聚，其中江苏恒瑞、江苏康缘、江苏豪森、连云港正大天晴 4 家骨干企业连续 9 年每年研发投入占销售收入 8% 以上。据悉，2014 年国家批了 5 种一类新药，连云港占 2 种。2015 年以来，连云港医药企业申报新药品种达 88 种，一类创新药占 12 种；在研产品达 380 种，其中一类新药 80 余种，占 1/5 多。海洋药物亟待金融资本、大企业积极参与。

五 对海洋生物医药产业发展的展望与建议

（一）对海洋生物医药产业发展的展望

经济学家预测，未来 10 年，全球生物经济的规模将达到 15 万亿美元，将成长为最强大的世界经济支撑力量。当前，以生物资源、生物技术为基础，通过生物技术产品进入市场并进行现代运作所形成的经济活动，即生物经济，已经引起社会各界的关注，其25% ~30%的年经济增长率，更引起业内人士惊叹。

占全球生物总量87%的海洋生物资源，在新的形势下应做何贡献？这是海洋科技工作者在新时期面临的一个新命题。纵观海洋生物医药研究及产业在经济发展和社会进步中的地位和作用，毋庸置疑，在未来的生物经济时代，海洋生物医药产业将是战略性的支柱产业。

（二）对海洋生物医药产业发展的建议

1. 制订实施《海洋药物“聚集”开发计划》

一般而言，每30000种化合物会有15000种具有活性，其中5000种可作为先导化合物，但仅有10 ~20种可能成为创新药。因此，国家应该基于现有积累的海洋药物研究成果，进行大规模梯次筛选，并根据社会需求分级开发，从而获得10种以上的一类海洋创新药、20 ~30种二至六类海洋新药和一批“领跑性”功能制品。

2. 以海洋药物研发为牵引，整合有关药学、生物学研究力量，为海洋制药业提供强有力的技术支撑

以海洋寡糖库开发为基础，加快新海洋糖类药物大规模开发的力度。对藻酸双酯钠、甘糖酯、海力特等的生产、加工工艺进行创新研究，扩大生产能力，重点对藻酸双酯钠进行二次开发，为新构建的海洋生物医药产业集群注入新的活力与动力。

3. 加大海洋生物医药研发投资力度

由国家、地方政府与社会资本共同投资，以国有平台为基础，以国家投入为引导，吸收聚集国内外海洋药物创新资源，包括人才、项目、企业、金融资本，有效整合海洋生物医药资源，促进重要资源在产业链间的流动，切实做好做强海洋生物医药创新链，形成海洋生物医药产业聚集发展的繁荣局面。

参考文献

[1] 顾烈明：《消失的鱼汛：中国近海渔业之殇（上）》，《生态经济》2012 年第 6 期。

[2] 龚蕾：《美国海洋经济六大行业》，http：//blog. ifeng. com/article/32256075. html，最后访问日期：2016 年 3 月 23 日。

[3] 伊民：《美国海洋经济远超全国增速》，《中国海洋报》2015 年 9 月 1 日。

[4] 朱凌：《日本海洋经济发展现状及趋势分析》，《海洋经济》2014 年第 4 期。

[5] 郑贵斌：《中国海洋强国梦的历史机遇与战略创新》，《东岳论丛》2013 年第 7 期。

[6] 高伟：《2015 年全国海洋生产总值近 6.47 万亿元》，http：//jjckb. xinhuanet. com/2016 - 03/03/c_ 135149536. htm，最后访问日期：2016 年 3 月 3 日。

[7] 管华诗：《把握海洋药物研发的历史机遇》，《中国海洋药物》2013 年第 3 期。

Study on the Developing Status in Quo, Trend and Suggestion of Marine Biological Medicine Industry

Guan Huashi, Pan Kehou

Abstract: Along with development of marine biological technology and the intensification of transformation of science and technology achievement, the new opportunity, which can further promote the development of related technology of marine biological medicine, emerges obviously. China has abundant resource of marine biological medicine, and unique system of traditional Chinese medicine pharmacology in the world. Both of them can provide solid foundation of marine biological medicine. At present, marine medicine research & development has entered into a new period focusing on both marine natural materials and new medicines. And multiple forms of capital began to step in this industry. All of these push forward marine biological medicine to achieve 25% – 30% of high-speed growth, marine biological medicine industry has been expected to become a strategic pillar industry. Thus in the aspects of policy support, technology innovation and investment stimulation, we can specifically strengthen the support of marine biological medicine industry so that make a better foundation of the health development of marine biological medicine industry.

Keywords: Marine Biological Medicine; Marine Natural Material; Shandong on the Sea; Blue Economic Zone

（责任编辑：孙吉亭）

中国海洋渔业可持续发展制度与政策的思考

高 健 陈栋燕*

摘 要 本文从社会经济与生物生态学视角分析了中国海洋渔业所存在问题的成因，从制度安排的视角提出了对策。研究表明，存在的主要问题是资源环境过度利用、对资源依赖性过强、渔民贫富差距大、渔村经济社会功能退化、具有负外部性、过度竞争等。导致问题的原因主要有：海洋资源环境的公有私益性，对经济与生态系统认知的不对称性，个人有限理性、市场进入壁垒弱以及分散的经营制度等导致的市场和政府失灵。实现渔业的可持续发展，应区分商业与生计渔业、推进资源有偿使用制度（落实 TAC 及综合管理制度）、激发渔村组织活力、推动养殖技术创新和提高产业化经营规模等。

关键词 海洋渔业 可持续发展 渔业政策 管理制度

1989 年，中国渔业产量跃居世界首位，成为世界渔业大国。进入 20 世

* 高健（1956～），男，上海海洋大学经济管理学院教授，博士研究生导师。主要研究领域：海洋经济管理。陈栋燕（1980～），女，博士，江苏经贸职业技术学院讲师。主要研究领域：资源经济学。

纪90年代以后，中国海洋渔业经济依然持续增长。海洋捕捞与养殖渔业是现代海洋经济的重要组成部分，发展海洋渔业对促进渔村、渔业可持续健康发展、保障中国消费者的水产品供给、增加海洋捕捞渔民收入、促进沿海地区经济社会可持续发展、维护中国海洋权益等都具有重要意义。但是过去30年，中国海洋渔业虽然取得巨大的发展，海洋渔业的发展模式却主要以高强度捕捞为手段，海洋渔业经济增长模式是典型的资源环境消耗型模式，而这种经济增长模式正随着对渔业资源的过度利用，伴随着环境污染日趋严重而呈现不可持续性，海洋渔业的可持续发展面临极其严峻的挑战。

另外，改革开放30多年来，中国海洋渔业产业面临的资源条件、生态环境，以及经济、社会与政治因素等都发生了巨大变化，尤其是渔业经济体制私有化不断推进，给政府管理海洋渔业，实现海洋渔业经济和谐稳定、可持续发展带来巨大挑战。因此，构建有效的海洋渔业管理制度框架，探索在新形势下如何实现海洋渔业经济可持续发展显得尤其必要。本文将基于对中国海洋渔业经济发展面临问题的解剖和问题成因的分析，探索未来中国海洋渔业可持续发展的制度和政策。

一　海洋渔业经济发展面临的问题

（一）海洋捕捞渔业面临的问题

1. 渔业开发力度大大超过环境与资源承载力，资源环境被过度利用

海岸带与海洋是人类赖以生存的最重要居住地和经济开发利用强度最大的区域[1]。人类生活和海洋捕捞等经济活动对海洋资源的压力以及对海岸带与海洋的污染是极其巨大和严峻的。目前，全球约有2/3的城市人口生活在距离海岸线100千米的海岸带。按现在的人口流动速度，到2050年，生活在距海岸150千米范围内的居民将达到40亿[1]。中国的城市化以及农民的市民化进程将进一步推动这一趋势。

全球47%的海洋渔业资源已被充分开发，28%已枯竭或被过度捕捞。

现在，126种海洋哺乳动物中，有88种被列入国际自然资源保护联合会（IUCN）的濒危物种红色名单中[2]。全球约15%的红树林资源已消失，湿地资源被加速破坏[3]。人类生活和经济活动正严重污染海岸带环境，人类活动的污染对沿海海洋生态系统的污染并非简单的叠加和累积，而是具有多因素协同效应，会产生严重的后果，而人类对其知之甚少。人类对海洋和海岸带的过度开发利用正不断改变或破坏海洋生态系统，人类对环境与资源的开发力度大大超过环境与资源的承载力。控制资源的开发力度和减少海洋污染是维系中国海洋渔业可持续发展的重要举措。

2. 海洋捕捞渔业具有高风险性和对资源环境的强依赖性

海洋捕捞渔业是大农业的重要组成部分，中国历来将渔民视作农民。但是，渔民没有土地，像城镇居民一样，需要购买生活必需品，需要承受与城镇居民相同的生活成本，但不能享受城镇居民享有的社会保障。作为农民，渔民却没有土地保障。一旦因制度变迁等原因失去作业水域或因资源枯竭、环境污染而捕捞效益下降，渔民就可能面临悲惨的生活境况。外海渔业生产风险大，劳动强度高，一旦发生海难、交通和渔业生产事故，就会致使渔民较早丧失劳动能力，提高渔民因病致贫率。海洋捕捞渔业的高风险性和对资源环境的强依赖性，使得中国海洋捕捞渔民极易致贫。

3. 捕捞渔业技术劳动力短缺及渔民贫富差距过大

改革30多年来，中国东部沿海经济得以快速发展，经济社会的发展驱动当地青年“离渔厌渔”进入其他产业。但同时，由于海洋渔业相对农业有较大的比较优势，多年来，一直有大量农民和外来劳动力进入海洋渔业产业。这些入渔劳动力受教育程度相对偏低，导致海洋捕捞技术人才短缺，技术难以延续；渔业资本的私有化程度高导致用工不规范及劳资纠纷，易引发社会矛盾；海洋捕捞技术与渔业生产经验掌握程度不一，造成捕捞效率差异大，导致贫富差距显著，贫困群体生活艰辛。

目前，沿海海洋捕捞渔船上，当地船员仅占渔业劳动力的30%（大副和轮机长等），内陆流动性占70%（普通船员）。当地掌握捕捞技术的渔民，在10～15年后将逐步退出海洋捕捞渔业。人力资源供给不稳定、技术人才短缺，将导致捕捞技术难以延续。近年来，随着渔船的不断私有化，捕捞作业规模普遍偏小，经营组织制度不健全。受教育水平限制，船主法律意识比较淡薄，与雇工签订劳动合同和缴纳社会保险的意识淡薄。渔业劳动者通常由船东直接招募，工资待遇口头约定，并不签订劳务协议或合同，而且为防止船员跳槽，故意扣押工资现象时有发生。以上问题极易引发劳资纠纷，导致渔区社会不稳定。

中国沿海村落的捕捞渔民大体上可分为富裕群体、相对富裕群体、贫困群体和流动性贫困群体。富裕群体主要是拥有捕捞许可证的群体以及在集体资产私有化过程中，通过承租或购买方式获得集体资产使用权或所有权的原村民。相对富裕群体主要是当地渔村中掌握较高捕捞技术的原传统专业渔民。但是，相对富裕群体受教育水平偏低，容易因病、因灾而成为贫困群体。贫困群体主要是因生产亏损或因灾、因病致残而贫困的渔民和传统上由政府予以救济的“三无”民政对象等渔民。流动性贫困群体主要来自内陆经济相对落后地区的农业劳动力[4]。

4．渔业组织多样化与渔船私有制导致渔村经济功能退化、发展能力弱

在全国海洋捕捞渔业中，以渔船股份制为主导的私有经济体已成为绝对主力，国营和集体海洋捕捞力量十分微弱。原有的传统专业海洋捕捞渔业村或渔业乡（镇）等最基层的海洋渔业管理组织，在集体经济不断私有化改制、渔业村与农业村间简单的地理区域合并以及城镇化的过程中，并没有形成适应中国经济制度变革和社会经济发展的新型海洋捕捞渔业经济组织，从而导致渔村（区）经济社会功能退化和发展能力脆弱。

无论是专业渔业村、农渔业混合村还是渔业股份合作社，村落集体组织的经济社会功能退化现象十分严重，集体经济脆弱，经济来源与渠道单一，经济上对捕捞渔业的依存度过高，经济发展能力与社会管理功能微弱。村集体组织经济社会功能的弱化与20世纪80年代中期经济体制改革和90年代中期股份制改革有密切关系，总体上表现为集体资产私有化程度越高，集体组织经济社会功能越弱。有些渔村在改制时实行完全私有化，村集体组织的经济功能就更为脆弱。村集体组织的社会功能目前仅局限在召集开会、处理

与协调海上渔业矛盾与事故等，贯彻执行国家渔业管理制度，如控制捕捞强度、保护环境以及养护渔业资源等社会功能几近丧失。渔村（区）经济社会功能退化、发展能力脆弱，还表现为存在产品销售难、渔业依存度过高、渔业经营形式单一等问题[4]。

（二）海水养殖渔业面临的问题

1. 养殖模式与养殖技术易带来负外部性，导致环境污染问题

中国海水养殖鱼类的主要模式为池塘养殖、网箱养殖和工厂化养殖。网箱养殖直接利用开放的流动性海水资源。由于海水资源是典型的公有私益性池塘资源，如果不能合理规划和控制利用强度及养殖密度，发展网箱养殖就容易产生负外部性，带来环境污染。池塘养殖和工厂化养殖是从海洋抽提海水用于养殖活动，并将利用过的海水经处理达到排放标准后排入天然环境。目前，工厂化循环水养殖系统对环境的污染能得到较好的控制，但是池塘养殖排放的污染控制并不容乐观。高密度网箱养殖、池塘养殖和工厂化养殖都可能带来环境污染，同时，也会引起养殖鱼类流行病暴发和水产品质量问题，对养殖渔业的可持续发展造成影响。

20 世纪末以来，学者就极其关注网箱养殖对水域生态系统以及生物多样性等的影响[5]。海水网箱养殖对环境的影响有养殖的直接污染和对生态系统的间接影响。网箱养殖直接污染包括因氮、磷积累造成的富营养化和直接投放药物的污染。间接生态系统破坏主要有鱼病传播与流行、多样性低、野生种群遗传物质改变以及沿海湿地生态系统破坏等。

2. 人工配合饲料技术难以满足产业发展需求

中国养殖的海水鱼类主要是肉食性鱼类。饲料对海水鱼类养殖的经济效益有极其重要的影响。中国海水养殖渔业面临的重大问题主要有：幼鱼饵料的开发利用问题；成鱼养殖饲料配方问题及投饲不当引起的环境污染问题；饲料利用效率低和占养殖总成本比例过高问题；过度利用野生鱼类导致的资源破坏以及饵料系数过高问题；等等。如养殖大黄鱼，饲料成本约占养殖总成本的 80%。大黄鱼养殖大多投饲冰鲜野杂鱼，配合饲料利用率相当低。

利用天然杂鱼养殖不仅成本过高、养殖效率降低，而且过度利用还会危及海洋经济鱼类生存的资源基础，进而危及捕捞产业的发展。同时，野杂鱼饵料易流失，导致养殖区域环境污染，带来负外部性社会成本上升。因此，为推进中国海洋养殖渔业的发展，应加大高效、低成本人工配合饲料的研发力度。

3. 种质资源退化制约养殖产品品质和增长效率

海水养殖鱼类的种质资源是养殖产业发展之源。中国是水产养殖大国，稳定和高质量的种质资源是保障其养殖业可持续发展的物质基础。但是，在养殖业快速发展的过程中，中国长期对种质资源保护不当，导致有效繁育群体小、亲本质量差、养殖群体近交、遗传多样性较低、养殖环境的负选择及养殖方式不合理等，从而造成种质资源退化。这些问题带来的养殖问题有亲鱼小型化、养殖成鱼小型化、养殖品质下降，以及所养殖品种抗病力下降、环境适应性和抗逆性低等。

4. 分散的小规模渔业组织导致产业内部集中度低、市场过度竞争

中国海洋渔业组织制度的问题是分散的小规模经营导致产业内部集中度低、市场过度竞争等问题。捕捞产业的现有经济组织经历了改革开放后的大包干、家庭经营和渔船股份制，基本沿着私有制方向变革[6]。在养殖产业，如中国大黄鱼主要养殖产地宁德的养殖经济主体是家庭。对宁德养殖企业市场集中度的研究表明，该地区的企业市场集中度指标（CR_4）值为0.87%。根据贝恩分析产业垄断和竞争程度的分类标准，该地区市场集中程度很低。因此，即使是大黄鱼养殖产业高度发达的宁德，产地市场也接近完全竞争市场。在完全竞争市场态势下，中小规模的养殖户或养殖企业只能依赖市场自我调节机制，不能通过规模经济效应，提高产业的养殖收益[7]。

5. 养殖产业的技术壁垒低，要素流动性强，易导致水资源被过度利用

苗种培育、投饲技术、饲料种类以及鱼病控制技术差异性小，技术含量低，几乎不存在进入壁垒，因此，生产要素能自由流动[8]，养殖市场竞争性强。完全竞争市场多被视为效率最高的市场[9]，但对于利用公共池塘资

源的养殖产业，市场的过度竞争性可能导致养殖密度大、水体交换差，造成负外部性，导致水资源被过度利用。

6. 养殖水产品的质量安全存在隐患

养殖产品质量安全和养殖水域污染，都与经济主体的产业活动规模密切相关。产业活动规模与经营组织模式密切相关。在小规模、分散、独立的家庭养殖经营模式下，经济理性人追求利润最大化的机制会驱使养殖生产者过度利用公共海域，产生的问题是养殖规模过大而引起产品安全问题和环境污染。

二 问题的成因及其分析

（一）过度捕捞的诱因及其经济分析

“公地悲剧”理论由微生物学家加内特·哈丁（Garrett Hardin）提出[10]。该理论认为“人”在面对公共资源时，会因利己行为过度利用公共资源，最终导致资源耗尽。该理论以公共牧场为假设，牧场中每个牧羊人的利益取决于各自放牧量，由于牧场缺乏约束与限制，每个牧羊人在深知过度放牧会导致牧场资源枯竭的情况下，仍然选择增加放牧量来满足自身利益最大化，最终会导致牧场彻底退化。该理论同样适用于海洋资源与环境。

按集体行动理论的假设，当中央集权管理力量薄弱时，对具有共同产权资源特征的公共资源的利用易发生搭便车现象[11]，导致过度利用、误用甚至滥用。共同产权特征也会导致负外部性，从而造成市场失灵。

（二）养殖污染（过度捕捞）的诱因及其经济分析

养殖企业或养殖个体追求利润最大化和社会责任意识淡薄，是养殖污染负外部性问题的诱因。相对于人类无限的需求，任何资源都是稀缺的。资源的稀缺性决定了人们如何取舍及如何用稀缺资源满足自身利益最大化。但是，经济理性人是有限理性的。赫伯特·西蒙认为：理性是一种行为方式，它既要符合“适合实现制定目标”的条件，又要“在给定条件和约束的限度之内”[12]。理性是经济活动主体在一定的环境和约束条件下，实现特定目标的行为方式。但是，现实生活的复杂性和不确定性、搜索和处理信息的成本、“人”计算能力客观有限，导致人并不能完全理性而只能有限理性。因此，在利用具有公有私益性海水渔业与海水资源的经济活动中，由于个体的有限理性，存在广泛的市场失灵现象[13]，即市场机制不能完全反映养殖生产的成本和收益，不能单纯依赖市场调节人们的生产行为，这时必须实施政府干预，从而将养殖活动的负外部性（社会成本）内在化[14]。按照诺思所论，“正是由于个体的有限性，组织才成为实现人类目的的有用工具”[15]。可以理解，受渔民个体认知能力的限制，分散的养殖户养殖经营，容易发生非理性生态环境破坏行为。另外，养殖户的个体理性并不能形成社会集体理性，这也是导致有限理性的重要原因之一。

（三）对经济与生态系统认知的不对称性影响资源利用的决策效率

渔业资源开发与环境保护是全人类面临的重大权衡取舍问题。但是，这种权衡取舍并非简单的“污染的海洋”与“洁净的海洋”的取舍，而是对不同的海洋污染程度或资源利用效率做选择。对渔业资源和海洋环境的关注度随一国经济发展水平而不同，不同国家在不同的阶段有各异的管理目标。对环境的关注是奢侈行为，只有富裕国家才能负担关心保护环境的成本。发展中国家应更关注消除贫困和提高人均收入。因此，发达和欠发达国家或地区对环境的评价和对资源的利用有强烈的不对称性[3]。对海洋环境和资源认知的不对称性还包括：对污染产生的因果关系之时间尺度认知的不对称性；对环境动态和改变环境的能力认知的不对称性；对监测环境与生产技术发展差异认知的不对称性；对污染的不确定性、影响程度以及污染的不可逆性认知的不对称性。海洋污染以及渔业资源利用效率难以量化、消费者环境偏好的差异以及对经济开发与环境保护关系认知的不对称性，是人类共同治理与开发海洋的困境。

复杂性、不确定性、不完全信息和信息不对称，是导致对资源养护和环境保护的认知不对称的主要原因。复杂性是指世间万物相互影响、互相联系而显现为复杂的关系结构，这种结构对于人的认知能力具有复杂性。不确定性是动态概念，它着眼于事物的未来，意味着事物的属性或状态是不稳定和不可确知的。现实中，复杂性和不确定性常常互相叠加、相互强化。渔业资源过度利用和海水养殖的环境污染问题，既包含复杂的自然变化过程，也包含深层次的社会、经济原因。传统新古典经济学认为，在完全竞争和完全均衡状态下，人是完全理性人，可以较好地把握环境和事物的复杂性和不确定性，也往往容易获得事物的完整信息，这时候获得的信息分布是对称的。但事实上，理性人不能完整掌握事物的全部信息。因此，在交易过程中，一方拥有另一方不知道的私人信息，从而处于信息优势地位，这就被称为信息不对称。如在网箱养殖过程中，是否投放鲜饵料、渔药是否过量等信息，在养殖户与养殖户、养殖户与政府之间都存在不完全信息和信息的不对称问题。在信息不对称情况下，存在人们不完全如实地披露全部信息以及蓄意损人利己的行为[16]。因此，无论是海洋捕捞渔民还是养殖渔民，都是典型的经济理性人，为了追求利益最大化，都会随机应变、投机取巧，甚至采取说谎、欺骗等手段。如在网箱养殖过程中，渔民会将生活垃圾倾倒在海水中，希望通过海水的自净能力将垃圾交换到外海去。另外，中国对渔民滥用水环境和渔业资源的行为没有明确的法律规范，造成了守法成本高于违法成本，致使渔民对滥用海域和渔业资源无所顾忌。

（四）市场进入壁垒弱导致海水养殖产业成为完全竞争市场

进入壁垒是养殖产业内部既存企业或养殖户，对于潜在进入企业或养殖户和刚刚进入的新企业或养殖户具有的某种优势。进入壁垒具有保护产业内现存企业或养殖户的作用，也是潜在进入者成为现实进入者时必须克服的困难。进入壁垒的高低，既反映了市场内已有企业或养殖户优势的大小，也反映了新进入者所遇障碍的大小。进入壁垒的强弱是影响市场垄断和竞争关系的重要因素，也是市场结构的直接反映[17]。形成壁垒的原因有规模经济、必要资本量及沉没成本、绝对费用、产品差别、产业政策、资源与环境、生产技术以及既存企业的战略性阻止行为等[18]。中国养殖产业低进入壁垒的主要原因是：第一，大规模养殖组织与中小规模养殖组织的经济效率差别小，无规模优势；第二，养殖技术的壁垒低，并且由于渔业推广组织的努力，养殖渔民获得技术的成本低；第三，海水养殖，尤其是传统网箱养殖模式和池塘养殖模式的沉没成本较低；第四，政府为推动地区渔业产业经济发展，人为降低进入壁垒。进入壁垒是一把双刃剑。理论上，无壁垒的完全竞争市场结构，可实现社会福利最大化，但是，对利用公共池塘资源的养殖产业来说，会引起价格扭曲，导致高社会成本，造成社会总福利损失。

（五）松散的渔业经营制度导致渔业经济效率低下

渔业产业可持续发展要求渔业管理必须确保在环境资源可持续利用的前提下，平衡资源利用的效率，以实现渔业资源与水资源利用效率的最大化。渔业资源和水环境都是典型的公共池塘资源，在被利用过程中具有很强的负外部性。在松散的组织经营制度下，政府主导的管理常常难以取得理想的效果，导致资源被过度利用。在中国现行的渔业经营制度下，导致产业运行效率低下的原因主要有以下几条。第一，科层组织的信息链过长存在信息失真而导致政府管理成本高。第二，政府与众多渔民、渔民与渔民之间广泛存在非合作博弈，导致管理低效率。第三，中国渔民受教育程度低，在面对庞大复杂的市场经济时，对市场变化的认识和应对能力低，面临风险时易遭受损失。第四，渔民对资源状况、其他渔民的经济行为、群体内部结构等信息认识不充分，信息不完全情况广泛存在。第五，渔民的异质性对制度的建立、执行和监督有重要的影响，在投入共享或产出共享同质化时，“搭便车”的机会主义行为会广泛存在[19]。

三　海洋渔业可持续发展的制度安排思考

18世纪末以来，关于全球自然资源利用前景，一直存在两种观点。第一种观点认为地球人口持续增长，市场经济制度虽能在短期内实现利润最大化，但最终将会因人口增长而超出地球承载力，导致资源枯竭。第二种观点认为技术进步能解决经济增长和未来发展出现的问题。进入20世纪以来，制度与政策等日益受到经济学家的重视，被认为是推动经济增长的重要因素。因此，在海洋渔业资源与环境被过度开发利用的当今，要想实现渔业的可持续发展，不仅应重视从水产学、环境科学、生态学等自然学科的科学技术层面寻求对策，还应该从经济学等社会科学视角加以研究，探索推动海洋渔业可持续发展的政策与制度安排。

（一）关于海洋捕捞渔业可持续发展的政策与制度思考

1. 区分商业与生计渔业，推进资源有偿使用制度建设

基于海洋渔业资源特性、捕捞作业方式、产业结构以及渔场特点，中国应建立商业渔业与生计渔业制度安排，推进资源有偿使用制度建设和生态补偿制度建设，加快渔业资源及其产品价格改革，全面反映市场供求和资源稀缺程度，优化渔业资源配置效率。中国商业渔业与生计渔业的制度设计可以通过以下路径演进。

第一，基于中国专属经济区内捕捞鱼类的越冬渔场基本上都在水深60米以上的海区内，捕捞虾蟹类与贝类的渔场一般在60～80米等深线内，唐启升等把这些渔业资源归属于近岸与岛屿渔业资源。因此，可以将近岸和岛屿渔业资源（60～80米等深线内的海域渔业资源）作为生计渔业资源，而将60～80米等深线以外海域的渔业资源作为商业渔业资源[20]。

第二，中国海洋捕捞渔业是典型的多鱼种、多渔船和多渔具渔业[21]。大型渔具的特点是渔获量高，作业水域主要是外海或公海。因此，可以考虑

将 260 千瓦以上的拖网和围网渔船向商业渔业转变，逐步推进组织化和企业化商业经营。小型渔具的特点是捕捞方式灵活但产量低，使用这种渔具的大多是维持生计的家庭渔业。

第三，中国应从制度层面设计商业渔业和生计渔业的发展模式，区别对待商业渔业和生计渔业。对生计渔业，应以保护渔民的生存权利为目标，体现社会公平原则。对追求最大利润为目的的商业渔业，应逐步引入市场机制，提高资源利用效率。为推进商业渔业和生计渔业的和谐发展，应让渔民参与渔业管理，构建符合市场经济规律、富有经济效率而公平的渔业合作经济组织[22]。

2. 以渔业合作经济组织为资源产权受体，落实 TAC 制度及综合管理制度

基于中国近沿海渔业资源与环境过度利用现状，必须建立系统完整的生态文明体系，健全国家渔业资源资产管理体制，加速推进 TAC（总许可捕捞量）制度的实施。渔业管理制度可分为投入管理、产出管理和综合管理。中国的管理制度是投入管理制度。TAC 制度是产出管理制度中最基本的制度，也是区分商业渔业与生计渔业的重要制度特征。综合管理制度则是基于渔村（社区）的融合投入管理与产出管理的制度安排。《渔业法》明确提出了 TAC 制度安排，问题是如何实施严格的管理和 TAC 制度。实施 TAC 制度必须具备以下几个条件：一是完善的渔业经济组织制度；二是高效的渔业管理能力；三是对资源比较精确的评估；四是良好的渔业基础建设及完善的捕捞统计制度。从经济与社会的角度考虑，完善的渔业经济合作组织制度是提高 TAC 制度效率的最重要因素。中国应在构建捕捞渔业合作经济组织的基础上，针对商业渔业，积极探索实施 TAC 制度；对于生计渔业，应设计综合管理措施。

3. 激发渔村经济组织活力，推进合作经济组织发展

基于中国渔村村落集体经济组织经济社会功能退化、对捕捞渔业依存度过高等经济社会问题，应重视激发渔区的社会经济组织活力，推进海洋捕捞合作经济组织发展。中国海洋捕捞渔民是属地管理的，渔民通常属于某个渔村，少数渔民来自农业村落。因此，中国应以渔业社区（渔村）组织为基

础，建立以渔业社区（渔村）为主导的捕捞渔业合作经济组织。在构建这样的组织过程中，应注意吸纳少数来自农业村落的渔民。海洋渔业资源是流动性资源，在小范围地理区域建立渔村集体经济组织主导的捕捞专业合作组织很难实现渔业资源的可持续利用。因此，应以社区（村）为基础，建立县（市）、省际、跨海区乃至全国层面的捕捞专业合作组织，只有这样才能实现海洋捕捞渔业的可持续发展。

渔村集体经济主导型合作组织应成为中国捕捞渔业权的唯一受体。渔业管理部门应根据《渔业法》，将捕捞配额授予渔村集体经济主导型合作组织。合作组织获得渔业资源的使用权（渔业权）后，应根据乡村集体合作经济组织的发展、渔业管理政策和发展目标，坚持市场经济机制和公平公正的原则，将渔业资源的使用权（捕捞配额）配置给股份制渔船。

渔村集体经济主导型合作组织制度应沿着中国农业经济体制即“双层经营”的路径演进，既要维护海洋资源的国有产权，又要确立家庭经济组织经营的生产自主权和生产经营收益的分配权。

4. 关注困难渔民，建立健全渔民最低生活保障制度

针对中国沿海村落的捕捞渔民贫富差距大，贫困群体和流动性贫困群体数量众多、生活艰辛问题，应重视关注和帮扶困难渔民，建立健全渔民最低生活保障制度，体现社会公平。关注渔区和谐发展，既是统筹城乡发展、构建和谐渔区的重要方面，也是坚持“以人为本”的科学发展观的基本要求。因此，应加强对海洋捕捞渔业人力资源的教育投入、生存发展环境建设投入、渔村渔区社会建设投入。同时，应完善城乡协调发展机制，逐步推进海洋捕捞渔业转移人口的市民化，逐步把符合条件的海洋捕捞渔业转移人口转化为城镇居民，解决渔村贫富差距过大以及退休老龄渔民等人口的社会保障问题。在推进海洋捕捞渔民市民化的进程中，由于渔民受教育水平低、转产转业能力低，海洋渔业在一定时期内仍将是维持其生计的主导产业。因此，为构建和谐社会，实现海洋捕捞渔业可持续发展，需要构建社区主导型的渔业合作经济组织。

（二）海水养殖产业可持续制度安排的思考

1. 持续推动养殖技术创新，提高养殖效率

技术是推动经济增长的重要因素。在水资源与渔业资源被过度利用的现实状态下，养殖技术的贡献就显得更为重要。养殖渔业涉及水、种、饵的管理。养殖渔业的技术门槛低，当一种养殖渔业有较高的比较效益后，很快就会有更多的养殖者进入，在产业内部导致恶性的过度竞争。因此，不断提高技术投入是推动养殖产业持续发展的重要途径。现阶段，中国海洋养殖渔业存在的问题主要有：一是幼鱼饵料和成鱼饲料的营养配方及饲料成本过高；二是投饲技术不当引起环境污染；三是遗传资源退化、遗传多样性下降导致养殖个体小型化、抗病力下降、品质下降、对环境适应性和抗逆性低；四是鱼病暴发与养殖产品质量安全问题；五是缺乏严格的养殖区域规划、养殖密度过高导致水环境污染。因此，应重视养殖鱼类的遗传育种改良技术创新，养殖设施优化改造、养殖环境调控与养殖模式创新，病害预警预报系统创新，安全用药规程、免疫增强剂使用规程等病害综合防治技术创新，以及饲料配方及其质量标准、生产工艺与技术、鱼类营养生理与营养需求以及抗病饲料添加剂等的技术创新研究。

2. 发展养殖渔业合作经济组织，合理协调利用水域资源

杨立敏通过构建“政府—渔民合作组织—渔民”的三方博弈模型，分析了渔民合作组织在海洋渔业管理中的重要作用，认为渔民合作组织有助于降低渔业监管成本，提高效率[23]。建立渔民合作组织，实施渔民自主管理（组织成员相互约束和监督），不仅能降低政府监管成本，还能最大限度满足渔民自身利益，是解决海水养殖“公地悲剧”的合理路径。因此，应重视发展具备以下功能的渔民合作经济组织：一是在满足养殖户追求利益最大化需求的基础上，实现社会利益最大化；二是能在政府指导下，协调水环境资源利用的非排他性和竞争性，达到协调海域使用、严禁滥用的基本目标；三是能有效组织分散、独立的小规模养殖者的经营活动，成为小生产与大市场连接的桥梁；四是具有较强的市场调节机制和配合政府宏观管理的功能，

有助于解决水资源配置的市场失灵现象。

3. 发展养殖渔业合作组织，提高养殖者的市场拓展能力

针对养殖渔业规模小、独立分散的经营造成养殖者产地市场拓展力度小、产业发展竞争力和效率低下的问题，应积极推动中小规模养殖户组成合作组织，效仿大规模养殖公司的品牌效应及营销手段，实现“分散养殖，统一销售”的模式；提高分散养殖户的市场拓展能力，提高经济效益。将小规模、独立分散经营的养殖户组成经济合作组织，可以像大规模养殖公司那样积聚营销资金，自我调节出售成品鱼的时间[24]，通过“低价期屯货，高价期出售”的策略提高销售额。形成渔业合作组织，也可在保障养殖水产品品质、实施有效营销策略、提高产品信誉、增强抗自然灾害与疾病灾害能力以及技术导入方面构筑比较优势。

4. 加大对养殖龙头企业的扶持，实现养殖产业化经营

养殖龙头企业在引进养殖技术、防范养殖风险和实施有效营销等方面都有明显的优势。但是，中国海洋养殖渔业的龙头企业正处在发展过程中，政府应在税收、贷款、财政资金等方面予以扶持，为养殖龙头企业创造更宽阔的发展空间，并带动和引导养殖产业的发展。政府还应从以下几个方面扶持和培育养殖龙头企业：一是培育和支持科技含量高、市场前景好、辐射带动力强的养殖龙头企业；二是引导养殖龙头企业以兼并和资产重组等方式形成企业集团，走“大企业带动大产业”的发展模式；三是引导龙头企业自主创新和打造品牌、发挥品牌的整体效应；四是引导龙头企业与养殖户建立“利益共享、风险共担”的利益联结机制，共同抵御市场风险以实现养殖产业的可持续发展。

参考文献

［1］罗伯特·凯、杰奎琳·奥德：《海岸带规划与管理》，高健、张效莉等译，上海财经大学出版社，2010。

［2］United Nations Educational, Scientific and Cultural Organization（UNESCO）, Convention on the Protection of the Underwater Cultural Heritage, 2001.

[3] 马克·科拉正格瑞：《海洋经济——海洋资源与海洋开发》，高健、陈林生等译，上海财经大学出版社，2011。

[4] 郭晓蓉、高健：《海洋捕捞渔村解决社会现状的调查研究》，《中国渔业经济》2014 年第 3 期。

[5] 国家科学技术部农村与社会发展司：《浅海滩涂资源开发》，海洋出版社，1999。

[6] 高健、长谷川健二：《中国海洋渔业经济可持续发展的经济组织制度》，上海科学普及出版社，2006。

[7] 高滢、高健：《养殖大黄鱼的出口竞争力分析》，《中国农学通报》2012 年第 20 期。

[8] 马建堂：《结构与行为——中国产业组织研究》，中国人民大学出版社，1993。

[9] 弗朗斯瓦·魁奈：《魁奈经济著作选集》，吴斐丹、张草纫译，商务印书馆，1979。

[10] 何维·莫林：《合作的微观经济学》，童乙伦、梁碧译，格致出版社、上海三联书店、上海人民出版社，2011。

[11] Lester R. Brown, *Eco – Economy* (New York: WW Norton and Company, 2001).

[12] 赫伯特·西蒙：《现代决策理论的基石》，北京经济学院出版社，1989。

[13] 张帆：《环境与自然资源经济》，上海人民出版社，1998。

[14] 威廉·J. 鲍莫尔、华莱士·E. 奥茨：《环境经济理论与政策设计》（第二版），严旭阳等译，经济科学出版社，2003。

[15] 诺思：《制度、制度变迁与经济绩效》，上海人民出版社，1994。

[16] E. O. Williamson, *The Economic Institutions of Capitalism* (New York: Free Press, 1985), p. 48.

[17] Demsetz H., "Industry Structure, Market Rivalry and Public Policy," *Journal of Law and Economics* 16 (1973): 254 – 255.

[18] 夏大慰：《产业组织：竞争与规制》，上海财经大学出版社，2002。

[19] 胡惠子、任淑华、高健：《中国大黄鱼网箱养殖污染与治理的经济学分析》，《上海农业学报》2011 年第 3 期。

[20] 唐启升：《中国专属经济区：海洋生物资源与栖息环境》，科学出版社，2006。

[21] 高健、姜彤：《发展中国海洋渔业：基于生计渔业或商业渔业的思考》，《农业经济问题》2008 年第 6 期。

[22] 高健、刘亚娜：《海洋渔业经济组织制度演进路径的研究》，《农业经济问题》2007 年第 11 期。

[23] 杨立敏：《从日本渔业协同组合论中国渔民合作组织的构建》，博士学位论文，中国海洋大学，2007。

[24] T. Sterner, H. Svedaeng, A. Ambio, "Net Loss: Policy Instruments for Commercial Cod Fishing in Sweden," *Economic Journal* 94 (1984): 1 – 16.

Discusses on the Fisheries Policies of China for Sustainable Development

Gao Jian, Chen Dongyan

Abstract: The paper analysis the problem of Chinese marine fisheries and the reasons to cause the problem from the social-economic and biologic theories. The paper also put forward the fisheries policies to deal with the problem. The studies got such results as fellows. The problems includes the overfishing, big gap between poor and rich fishermen, strongly dependent on resources and environment, characteristics of fisherman's organization, week social-economic function of fishery village and farming technologies. The reasons to cause the problem are Characteristics fishery resources and environment, un-symmetry of information, restricted reason and weaker market. All of the reason can make the market and government failure. The policies suggested for achieving the fishery sustainable development are to dividing the business and subsistence fisheries, executing TAC and comprehensive management system, motivating energy of fisheries village, pushing the innovations of farming technologies and improving the industrial operating.

Keywords: Marine Fisheries; Sustainable Development; Fisheries Policies; Management System

（责任编辑：管筱牧）

远洋渔业资源高效开发的关键抓手及推进措施选择*

卢　昆**

摘　要　本文通过构建远洋渔业企业生产经营模型，基于微观视角揭示了远洋渔业资源高效开发行为的内在均衡规律。比较静态分析结果表明，远洋渔业资源的高效开发不仅需要使用高品质远洋捕捞物资和先进的科学技术，而且需要树立市场化的经营理念和使用现代化的管理手段。加大远洋捕捞物资研发投入、提升远洋捕捞微观操作技能、提高远洋渔船冷链加工装备水平、构建便捷高效的远洋信息沟通机制、培育现代化的远洋渔业龙头企业、拓展和谐共享的远洋渔业国际合作关系，是有效推进蓝色粮仓建设框架下远洋渔业资源高效开发措施的理性选择。

关键词　远洋渔业　渔业资源开发　远洋渔业企业　比较静态分析

* 本文为山东省社会科学规划青年项目“山东半岛蓝色经济区海洋渔业的推进机制与配套政策研究”（项目编号：11DGLJ 16）阶段性成果。

** 卢昆（1979～），男，中国海洋大学管理学院副教授，硕士生导师，水产学博士后流动站在站博士后。主要研究领域：渔业经济与企业管理。

在蓝色粮仓建设体系中，远洋渔业除了具有蓝色粮仓供给系统的基础保障性功能和结构调整性功能，还发挥着维护国家海洋权益、拓展和平外交关系的重要作用。一般认为，远洋渔业是指远离本国基地到其他国家海洋专属经济区或者国际公海海域进行捕捞作业以及开展相关配套服务的经济活动[1]。对此，全国科学技术名词审定委员会明确地把远洋渔业定义为在远离本国海岸或渔业基地的海域，利用公海或他国资源的渔业生产活动[2]。比较而言，远洋渔业是一个高度管制的产业。目前，包括南极海域在内的所有海域几乎都纳入了国际渔业组织管理之中。着眼于海洋渔业资源的可持续利用（保证代际公平）和保护既得利益（维护代内不公平），世界范围内主要的区域性渔业组织普遍实行了海洋渔业资源配额制度[3]。历史地来看，远洋渔业的发展又是和渔船的大型化、渔捞设备的现代化以及完备的冷冻冷藏设备、先进的助渔导航技术等分不开的[4]。整体而言，相比于其他产业，远洋渔业属于资金技术密集型产业，具有资金投入大、技术水平高、经营风险大、竞争强度高等特点。远洋渔业的这些产业经营特点，也决定了其经营主体一般是由资金雄厚、拥有先进技术和高素质作业员工的远洋渔业企业组成。相应的，科学剖析国际渔业组织管理框架下远洋渔业企业的生产经营活动规律，显然对于有效制定远洋渔业资源高效开发措施具有重要的理论参考价值。鉴于此，本文借鉴 R. Arnarson 的海洋捕捞企业经营利润函数研究范式，联系实际构建国际渔业组织管理框架下的远洋渔业企业生产经营模型，在揭示远洋渔业企业生产经营活动内在规律的基础上，通过比较静态分析，基于微观视角判别远洋渔业资源高效开发的关键抓手，最后系统探讨蓝色粮仓建设框架下促进远洋渔业资源高效开发的措施选择[5]。

一　远洋渔业企业生产经营模型的构建解析

在实际生产中，按照捕捞工具的类别，远洋渔业可以划分为远洋钓渔业、远洋拖网渔业、远洋围网渔业、远洋刺网渔业等；按照作业船只组织情况，远洋渔业又可划分为单船远洋渔业（这类渔船都有冷冻加工设备）和母船式远洋渔业（即组成船队的远洋渔业，其中母船是生产渔轮在渔场上卸货和补充生产生活资料的基地，也配置冷冻加工设备）；依据捕捞对象的差异，远洋渔业还可以划分为远洋金枪鱼渔业、远洋磷虾渔业、远洋鱿鱼渔业、远洋鳕鱼渔业等[4]；按照作业渔场与基地港的关系，远洋渔业则一般划分为大洋性渔业（亦称公海渔业）和过洋性渔业——前者作业区域离基地港较远且航期一般半年以上，后者是指以某种入渔协定或合作形式在他国专属经济区捕捞作业，并按照作业海域所属沿海国的渔业法规支付一定的费用，目前主要有一次性收费、根据实际渔获量收费和根据捕捞能力收费三种收费方式[1]。

为了考察渔业补贴对海洋捕捞产能过剩问题的影响，R. Arnarson 构建了形如 $\Pi = pY(e,x) - C(e) - \sigma Y(e,x)$ 的海洋捕捞企业经营利润函数[5]。其中，Π 代表海洋捕捞企业的生产经营利润，p 是单位捕捞渔获物的市场价格，e 和 x 分别代表海洋捕捞努力量、捕捞资源种群生物数量，σ 是单位捕捞渔获物分摊的入渔成本（如税额或捕捞配额费用等），$\sigma Y(e, x)$ 整体表征的是海洋捕捞企业除海捕生产要素之外实际支付的生产成本，成本函数 $C(e)$ 和生产函数 $Y(e, x)$ 分别呈半凸形、半凹形且均单调递增。为了考察远洋渔业企业生产经营行为背后蕴藏的经济规律，本文假设所考察远洋渔业企业符合“经济理性人”假设——其以远洋捕捞生产经营的经济利润最大化为目标。结合远洋捕捞作业实际，遵循 R. Arnarson 的研究路线，显然可将国际渔业组织管理框架下的远洋渔业企业生产经营模型一般地表示为：

$$\text{Max } \Pi_k = P_y \cdot Y - \sum_{i=1}^{n} e_i P_i X_i - \varphi \cdot Y \tag{1}$$

$$\textit{Subject to} \quad Y = \beta \cdot \delta \cdot \lambda \cdot \theta \cdot A \cdot F(a_i X_i, Z) \tag{2}$$

其中，Max 代表研究对象经济利润最大化的经营目标；Π_k 代表第 k 个远洋渔业企业的经济利润；X_i 和 Y 分别代表第 i 种远洋捕捞可变要素（即远洋捕捞物资）投入数量、远洋捕捞渔获总量，其中前者对应于远洋捕捞实际生产中用到的物质装备（例如远洋渔船、导航仪、探鱼仪、作业渔具等，

$i=1, 2, \cdots, n$）；Z 代表远洋捕捞固定要素投入（例如基地港、码头等）；P_y 代表单位远洋捕捞渔获物的市场售价；P_i 代表 X_i 的价格；e_i 代表 X_i 生产能力提升引发的自身价格增长幅度；φ 为远洋渔业企业支付给作业海域所属沿海国家或国际渔业管理组织的单位渔获量入渔费用①；β 为作业海域海洋渔业资源存量对远洋捕捞渔获量的影响系数②；δ 为作业海域生态环境质量对远洋捕捞渔获量的影响系数③；λ 为作业海域自然气候变化对远洋捕捞渔获量的影响系数④；θ 为远洋捕捞渔获物进入市场交易环节的数量比例，其数值大小也反映了水产品消费终端有效需求的强度⑤；A 代表远洋渔业企业的捕捞技术水平；e_i 代表远洋渔业企业对 X_i 品质变化引致的生产能力提升水平 a_i 支付的费用。结合远洋渔业生产实际，本文接受 R. Arnarson 的观点，假设研究对象远洋捕捞作业生产函数 $Y=\beta \cdot \delta \cdot \lambda \cdot \theta \cdot A \cdot F\ (aiXi,\ Z)$ 为凹函数⑥。根据前文假设条件，通过对公式（1）一阶求导进行极值分析，可以求得市场经济条件下实现远洋渔业企业经济利润最大化的最优远洋捕捞可变要素投入数量。根据公式（2），进一步可得：

---

① 在大洋性渔业生产中，φ 对应的是远洋渔业企业向作业海域所属国际渔业管理组织支付的单位渔获量配额费用；在过洋性渔业生产中，φ 对应的则是远洋渔业企业按照作业海域所属沿海国家的渔业法规支付的单位渔获量费用。显然，$\varphi > 0$ 客观成立。

② 显然，作业海域渔业资源存量水平越高，β 的数值越大，反之则会越低。简单起见，本文分析取值 $\beta > 0$。

③ 在开放的海域环境中，具有较强流动性的海洋渔业资源缘于自身生长的需要通常会主动远离受污染的海域，转而栖息污染程度较低或未受污染的海域。一般地，海洋生态环境越好，特定海域聚集的可捕性海洋渔业资源总量越大，相应的 δ 数值越高，反之则会越低。简单起见，本文分析取值 $\delta > 0$。

④ 由实际观察可得 $\lambda \in [0, 1]$；$\lambda=0$ 意味着远洋捕捞作业遭受了恶劣气候，没有获得任何有效产出；$\lambda=1$ 则意味着远洋捕捞作业未受恶劣气候的影响，实现了正常生产。一定程度上，可以认为 λ 是对远洋捕捞作业海域潜在自然风险客观度量的微观体现。简单起见，本文分析取值 $\lambda \in (0, 1]$。

⑤ 联系实际可得 $\theta \in [0, 1]$。$\theta=0$ 意味着所有远洋捕捞渔获物未实现交易；$\theta=1$ 意味着远洋捕捞渔获物未出现腐烂和自食现象，全部实现了市场交易。实践中，由于远洋渔获物客观存在部分损耗，加之远洋捕捞主体自食一部分渔获物，导致 $\theta \in (0, 1)$ 常态化。简单起见，本文分析取值 $\theta \in (0, 1]$。

⑥ 凹函数假设条件旨在保证在可捕性海洋渔业资源数量一定的条件下，远洋捕捞生产的边际产出水平为正值并且遵循边际报酬递减规律。

$$\frac{\partial F(a_i X_i, Z)}{\partial X_i} = \frac{e_i}{A \cdot a_i \cdot \beta \cdot \delta \cdot \lambda \cdot \theta} \cdot \frac{P_i}{P_y - \varphi} \quad (3)$$

根据经济最优化理论可知，公式（3）表明市场经济条件下，远洋渔业企业的最优捕捞作业决策本质上是在追求自身捕捞作业技术边际生产效率和远洋捕捞物资及渔获物市场配置效率的均衡；在两者相等的条件下，远洋渔业企业可以获得现有生产经营条件下的最大经济利润。同时，从公式（3）的右端项可以看出，远洋捕捞海域的渔业资源、生态环境、气候条件、远洋捕捞技术①、远洋渔获有效需求、远洋捕捞入渔费用和水产市场价格体系的变化是影响远洋渔业企业最优捕捞决策的关键因素。显然，远洋渔业资源的高效开发能否实现，取决于上述七个因素综合效用的大小。

二　远洋渔业资源高效开发关键抓手的数理判别

狭义地来讲，远洋渔业资源的高效开发对应于宏观层面远洋捕捞渔获总量及其经济效益的增加；从微观视角来说，远洋渔业资源的高效开发则对应于远洋渔业企业渔获总量及其经营利润的增长。分析可知，公式（3）的成立保证了远洋渔业企业能够获得现有生产经营条件下的最大经济利润，故此时基于微观视角对远洋渔业资源高效开发的目标考核工作就转化为对问题——“在获取最大经济利润的前提下，如何有效提高远洋渔业企业的捕捞渔获量”的探讨。简单起见，假定目前远洋渔业企业出海作业在决策点（X_0，Y_0）上获得最大经济利润，则由公式（3）可知 $\left[\frac{\partial F(a_i X_i, Z)}{\partial X_i}\right]_0 =$

① 主要体现在两个层面：其一，远洋捕捞作业技术层面（对应于 A 数值的增大），直观地表现为20世纪50年代以来探鱼仪、合成纤维渔网和动力滑轮的发明应用、高科技通信器材的广泛使用等；其二，远洋捕捞设施装备等可变物资层面，对应于远洋捕捞作业所需物资科技含量的提升（即 a_i 数值的增大），实践中表现为远洋捕捞渔具质量的提升、远洋捕捞船舶动力操作系统的改善等。

$\left[\frac{e_i}{A \cdot a_i \cdot \beta \cdot \delta \cdot \lambda \cdot \theta} \cdot \frac{P_i}{P_y - \varphi}\right]_0$ 成立①。与之对应，可以预见，远洋渔业企业的捕捞作业行为在考察期末同样存在 $\left[\frac{\partial F(a_i X_i, Z)}{\partial X_i}\right]_T = \left[\frac{e_i}{A \cdot a_i \cdot \beta \cdot \delta \cdot \lambda \cdot \theta} \cdot \frac{P_i}{P_y - \varphi}\right]_T$ ，由此对考察期远洋渔业资源高效开发的目标考核，在微观上就聚焦于如何提高远洋渔业企业捕捞渔获量方面。根据前文假设条件，从远洋渔业企业捕捞产出总量曲线图（如图 1 所示）来看，提高研究对象的远洋捕捞渔获量意味着，所考察远洋渔业企业的捕捞作业行为，要么通过提高现有捕捞生产要素的产出技术能力从目前的最优决策点（X_0，Y_0）向上移至预期目标点（X_0，Y_T），要么通过增加远洋捕捞可变要素投入从目前的最优决策点（X_0，Y_0）向右移至预期目标点（X_T，Y_T）。显然，只有这样才能真正实现微观视角下远洋渔业资源的高效开发。

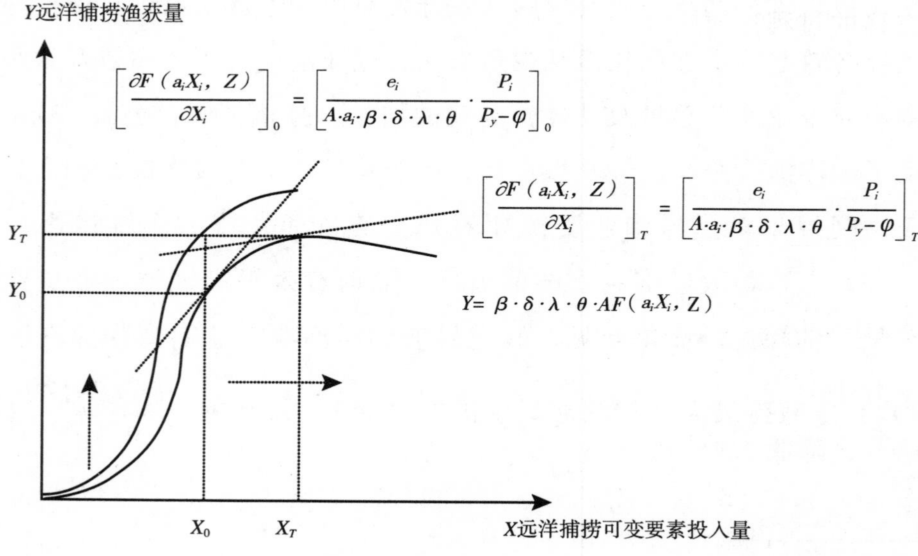

图 1　远洋渔业企业捕捞产出总量曲线图

① 下标 0 代表研究基期，下标 T 代表目标考察期。

第一种情况：远洋渔业企业最优捕捞作业行为决策点（X_0，Y_0）向上移至点（X_0，Y_T），这意味着此时远洋渔业企业在捕捞作业过程中实现了产出技术效率的提升。具体而言，等量的远洋捕捞可变要素投入 X_0 在考察期末获得高于考察基期的产出水平 Y_T。从实现手段来看，在其他条件保持不变的前提下，关键在于提高远洋渔业企业捕捞作业的技术水平（对应于增大 A 的取值）。实践中，提高 A 的数值除了远洋渔业企业积极采用先进远洋捕捞设备、加大一线员工捕捞技术培训之外，政府部门也起着重要的作用。整体而言，在此种情形下，实现远洋渔业资源的高效开发关键在于切实提高远洋捕捞作业的微观技术水平。

第二种情况：远洋渔业企业最优捕捞作业行为决策点（X_0，Y_0）向右移至点（X_T，Y_T），这意味着此时远洋渔业企业在捕捞作业过程中实现了生产规模的主动扩张。具体而言，远洋捕捞可变要素投入量从 X_0 增加到 X_T，与之对应的远洋捕捞渔获量也从 Y_0 增至 Y_T。根据前文假设条件，由边际报酬递减规律可知，在图 1 所示的远洋渔业企业最优捕捞作业行为决策点右移的过程中，所考察远洋渔业企业的边际产出水平是逐渐下降的，故而存在：

$$\left[\frac{\partial F(a_i X_i, Z)}{\partial X_i}\right]_T < \left[\frac{\partial F(a_i X_i, Z)}{\partial X_i}\right]_0 \text{ 等量代换可得：}$$

$$\left[\frac{e_i}{A \cdot a_i \cdot \beta \cdot \delta \cdot \lambda \cdot \theta} \cdot \frac{P_i}{P_y - \varphi}\right]_T < \left[\frac{e_i}{A \cdot a_i \cdot \beta \cdot \delta \cdot \lambda \cdot \theta} \cdot \frac{P_i}{P_y - \varphi}\right]_0$$

在保持 A 取值不变的条件下，要使上述不等式关系成立，显然可以采取以下方法。

第一，降低 e_i/a_i 的取值（或提高 a_i/e_i 的取值），即在保持其他因素相对不变的条件下，提高远洋捕捞物资的性价比。作为市场价格机制综合作用的结果，e_i 的取值具有不可控性，故增大 a_i/e_i 的数值关键还在于提高 a_i 的数值——提高远洋捕捞物资的内在品质和科技含量。这客观上也对远洋捕捞物资的科技研发工作提出更高的要求。

第二，提高 β 的取值，即在保持其他因素相对不变的条件下，提高远洋捕捞海域自然渔业资源的存量。显然，这是一个事关全球远洋渔业可持续发展的重要问题。对于大洋性渔业（即公海渔业），提高 β 的数值应重点强化国际区域性海洋渔业组织的功能和使命，重点做好公海渔业资源的科学评估工作，确保捕捞配额的发放能够保证远洋作业海域渔业种群数量的非负增长；对于过洋性渔业，若要提高 β 的数值，远洋渔业企业作业海域所属沿岸主权国家则担负着重要的职责——不但要科学合理发放各个渔种的捕捞配额，更重要的是还要主动承担并持续做好其专属经济区的海洋渔业资源养护工作。对于远洋渔业企业而言，提高 β 的数值则意味着其在进行远洋捕捞作业决策时，应该选择可捕渔业资源丰富、捕捞配额充分的海域进行生产作业。

第三，增大 δ 的取值，即在保持其他因素相对不变的条件下，改善远洋捕捞作业海域的生态环境，有效降低作业海域环境污染对远洋捕捞产出的影响程度。鉴于远洋捕捞海域生态环境质量保障的复杂性，提高 δ 的数值对于远洋捕捞企业而言，其更多的努力应倾向于在进行出海作业决策时尽量选择生态环境质量较高的目标海域，主动规避潜在的经济损失以确保自身远洋捕捞生产获得最大的经济效益。

第四，增大 λ 的取值，即在保持其他因素相对不变的条件下，减少远洋捕捞海域自然气候变化对远洋捕捞产出的不利影响。鉴于远洋捕捞海域自然气候条件的不可控性，提高 λ 的数值关键还在于要人为弱化作业海域自然气候变化的不利影响。这就需要远洋捕捞船队决策团体与海洋水域气候预报权威机构保持高频率的有效互动。通过及时掌握出航期间捕捞海域气候的动态变化，最大限度地实现人力掌控范围内的远洋捕捞平安作业，确保远洋渔业企业整体经营活动的最大经济效益。

第五，提高 θ 的取值，即在保持其他因素相对不变的条件下，提高远洋捕捞渔获物的商品化程度。从实践来看，远洋渔业企业出海作业通常需要进行大尺度的空间转移（特别是对于大洋性渔业企业而言），加之远洋捕捞渔获物易于腐烂，客观导致返回母港补给的远洋捕捞船舶所载渔获物的可交易性存在较大风险。所以，提高远洋捕捞船舶冷冻保鲜加工器械的装备水平，也是确保远洋渔业资源实现高效开发的一个重要工作抓手。

第六，减小 $P_i/(P_y-\varphi)$ 的数值，即在保持其他因素相对不变的条件下，确保远洋捕捞物资价格 P_i 与远洋捕捞渔获物售价和单位渔获量入渔费用价差 $(P_y-\varphi)$ 的比值趋于变小。显然，实现途径有二：其一，在保持 P_i 和 P_y 取值不变的条件下，采取减小 φ 取值（即降低单位渔获量的入渔费用）的方法；其二，在保持 φ 取值不变的条件下，采取单独增大 P_y 或减少 P_i 取值的方法，也可以采取同时改变 P_i 和 P_y 的数值但要确保两者增减幅度能够减小 $P_i/(P_y-\varphi)$ 数值的方法。前者要求远洋渔业企业与入渔国和公海区域性的海洋渔业管理组织建立和谐共享、稳定持续的新型国际渔业合作关系。后者则一方面提醒远洋渔业企业在后续的市场经营中理性选择提质提价、管理高效的远洋渔获经营模式；另一方面提醒行业管理部门通过整合社会各方力量持续加大远洋捕捞物质的科技研发投入，最大限度地降低远洋捕捞物资的市场售价。

综上分析，不难判断，远洋渔业资源的高效开发不仅需要使用现代物质条件（广泛使用蕴含较高科技含量的远洋捕捞物资，对应于减小 e_i/a_i 的数值）和先进的科学技术（对应于增大 A 和 λ 的数值、减小 P_i 的数值）改造远洋渔业，而且需要用市场化的经营理念（对应于提高 β、θ 和 P_y 的数值）和现代化的管理手段（对应于提高 δ 的数值和降低 φ 的数值）提升远洋渔业。毫无疑问，这也就是市场经济条件下实现远洋渔业资源高效开发的关键抓手。

三　远洋渔业资源高效开发推进措施的理性选择

作为蓝色粮仓建设支撑产业的重要组成部分，远洋渔业资源的高效开发不仅关系到远洋渔业在国民经济体系中的产业地位，而且决定着远洋渔业的发展前景。结合上文分析，可以看出，远洋渔业资源的高效开发不仅需要统筹优化远洋捕捞作业的要素配置，而且需要协同推进和谐共享的新型国际渔业合作关系建设；不仅需要远洋渔业企业全方位的投入和协调，而且需要政府管理部门多方面的支持和帮助；不仅需要做好远洋渔业产业内的生产经营管理工作，而且需要完善产业外部经营环境的建设工作。着眼于蓝色粮仓建设中远洋渔业自身功能的有效发挥，市场经济条件下的远洋渔业资源高效开发工作显然应以建设装备优良、配套完善、管理规范、布局合理、支撑有力的现代远洋渔业产业体系为目标，重点围绕远洋渔业资源高效开发的关键抓手，切实做好以下六个方面的工作。

第一，加大远洋捕捞物资研发投入。增加远洋捕捞物资研发的财政投入，引导和支持远洋捕捞物资生产企业加大 R&D 投入，积极采取财政贴息、减免税等行政措施支持远洋捕捞物资生产企业的科技研发活动，同时引导社会相关组织机构投身远洋捕捞物资的科技研发工作，最终通过有效整合社会各方力量确保远洋捕捞物资科技研发工作的持续稳定，在提升远洋捕捞物资品质的同时最大限度地降低其市场售价（对应于减小 e_i/a_i 和 P_i 的数值）。

第二，提升远洋捕捞微观操作技能。依托涉海高校院所和远洋渔业专业培训机构的教育平台，加强远洋捕捞作业人员的技能培训，重点加强远洋捕捞微观操作技能、海上无线通信和危机预警应急培训，同时积极推广远洋渔业新型专业人才订单式培养模式，全面提高远洋捕捞队伍的科学文化素质（对应于增大 A 和 λ 的数值）。

第三，提高远洋渔船冷链加工装备水平。着眼于远洋渔获商品化程度的提升（对应于提高 θ 的数值），在做好远洋渔船动力操作系统升级工作的同时，做好远洋渔船冷链加工装备的配置工作。通过系统配置无菌冷链加工装备，全面提高远洋渔获的冷冻加工水平，最大限度地保证远洋渔获及其加工成品的内在品质，促进远洋渔获商品化程度的提高，从而最终获得较高的市场回报。

第四，构建便捷、高效的远洋信息沟通机制。依托先进的全球卫星定位和通信系统，构建集海上无线通信和船舶行政管理功能于一体的远洋捕捞渔船信息管理平台，同时构建其与区域性海洋气象信息预报系统的信息共享机制，确保为远洋捕捞渔船提供实时海文气象、船舶定位救助等信息服务。最

终，通过构建便捷高效的远洋信息沟通机制主动规避远洋捕捞作业的海上风险，最大限度地提高远洋渔业资源开发的安全程度（对应于提高 β、δ 和 λ 的数值）。

第五，培育现代化的远洋渔业龙头企业。通过有效促进远洋捕捞、水产加工、冷链物流的融合发展或一体化发展，努力打造一批远洋渔业知名规模企业和名牌远洋水产品。重点瞄准国内外高端消费市场，积极推广高端品牌远洋水产品经营模式，同时借助互联网开展远洋渔获及其加工成品订单服务。最终，通过打造高端智慧远洋水产及其加工成品经营模式（对应于提高 P_y 的数值），最大限度地提升远洋渔业企业的经营效益。

第六，拓展和谐共享的远洋渔业国际合作关系。一方面，远洋渔业企业要遵守入渔国法律规则，尊重入渔国文化习俗，通过共建远洋捕捞作业海外基地，构建和谐稳定、利益共享的远洋入渔双边对话机制，巩固并有效拓展过洋性渔业的国际合作关系。另一方面，远洋渔业企业和行业管理部门要积极广泛地参与各类国际渔业管理组织的相关事务工作，努力争取最大数量的远洋捕捞配额，逐步提升远洋渔业事务的国际话语权，以此确保大洋性渔业的持续健康发展。最终，通过有效构建并拓展新型的远洋渔业国际合作关系，从整体上降低平均意义上的远洋入渔费用（对应于降低 φ 的数值），以此促进远洋渔业资源高效开发工作的持续开展。

参考文献

[1] 季星辉：《国际渔业》，中国农业出版社，2001。

[2] 全国科学技术名词审定委员会：《水产名词 2002》，科学出版社，2002。

[3] 胡振宇、龙隆、曹钟雄：《从国家视角看发展远洋渔业的战略价值》，《中国渔业经济》2008 年第 6 期。

[4] 沈汉祥、李善勋、唐小曼等：《远洋渔业》，海洋出版社，1987。

[5] R. Arnarson, "Fisheries Subsidies, Overcapitalization and Economic Losses," *Journal of University Iceland* 3 (1998): 27 - 29.

［6］陈大夫：《环境与资源经济学》，经济科学出版社，2001。
［7］陈新军：《渔业资源经济学》，中国农业出版社，2004。

Study on the Key to the Pelagic Fishery Resource Exploitation and the Relevant Promotion Measures

Lu Kun

Abstract: This paper reveals the inherent equilibrium law of pelagic fishery resource exploitation activities efficiently by constructing pelagic fishery enterprise operation model based on the microscopic perspective. The result of comparative static analysis shows that the efficient exploitation of pelagic fishery resource not only requires the use of the high-quality of offshore fishing supplies and advanced scientific technology, but also needs market-oriented business philosophy and modern management tools. Increasing pelagic fishing supplies R&D investment, enhancing the pelagic fishing operation skills, improving the cold-chain processing equipment level of pelagic fishing vessels, building the convenient and efficient ocean information communication mechanism, cultivating modern pelagic fishing leading enterprises and expanding the harmonious sharing relationship of the pelagic fishery international cooperation are the key measures to promote the efficient exploitation of pelagic fishery resource under the frame of the blue granary construction.

Keywords: Pelagic Fishery; Fishery Resource Exploitation; Pelagic Fishery Enterprise; Comparative Static Analysis.

（责任编辑：周乐萍）

促进中国海洋科考船队建设的海洋科技与产业发展对策

李乃胜*

摘　要　蓝色经济需要海洋科技引领支撑，而海洋科技创新以海洋认知为前提。海洋认知能力的提升又依赖于海洋调查、观测、勘探的能力和水平，而后者取决于海洋科学考察船的作业能力和装备水平。因此，海洋科学考察船是拓宽海洋认知最关键、最基础的支撑平台，也是海洋经济创新性发展和结构转型的保障条件。当前，中国经济正在由追赶型经济向创新型经济转型，海洋科技在提升产业层级、增加创新增长点方面的作用至关重要。打造中国新型的现代化海洋科学考察船队，既是提高海洋认知能力的必由之路，也是拓展蓝色经济空间，实现蓝色跨越的重要保证。

关键词　科学考察船　共建共管　海洋科技　深远海

科学合理地开发利用海洋、发展壮大海洋经济是人类文明进步的重要标志，也是实现海洋资源环境可持续发展的必然要求[1]。21 世纪是国内外公

---

* 李乃胜（1957 ~），男，博士，博士研究生导师，青岛国家海洋科学研究中心主任，研究员。主要研究领域：海洋科技与经济发展战略。

认的“海洋世纪”。面向海洋，认识海洋，经略海洋，已成为全球沿海国家的共识。在全人类共有一个海洋的大背景下，世界范围内出现新一轮“大国崛起”的较量和新一轮“蓝色圈地”的竞争。

在广袤的海洋中，70%以上是深达4000多米的深海远洋。而这些属于国际公共海底的“大洋盆地”蕴藏着全人类未来最重要的战略性资源，譬如深海油气、多金属结核、热液硫化物、海底可燃冰、极端环境下的生物基因资源等。而海洋科学考察船是认知海洋的最基本工具，是探索“深海洋盆”战略性资源最重要的平台，是漂浮在海洋上的“流动实验室”，是海洋观测调查的最前沿阵地，也是海洋原始数据、观测资料、样品标本的第一个集散中心。因此，世界海洋强国均把海洋科学考察船队建设作为探索海洋、开发海洋、管控海洋的最重要手段。随着对海洋认识的不断深入，人们对海洋资源的开发利用也越来越成熟，特别是在一些战略性资源的需求上，其产业化程度已经有了显著的提升。

党的十八届五中全会提出：“积极参与深海、极地等新领域的国际规则制定”，“拓展蓝色经济空间”。这标志着中国进入了探索海洋、开发海洋、利用海洋、保护海洋的新阶段。新的发展阶段、新的历史使命必然对海洋科学考察提出新的更高要求。

进入21世纪以来，中国推出建设海洋强国、构建“21世纪海上丝绸之路”等重大战略举措，对海洋科学考察船的需求也进一步增加，从而使考察船的建造进入了前所未有的“鼎盛期”。因此，在当前形势下，针对海洋科学考察船队的发展现状，以及存在的问题，研究与之相关的海洋科技与产业发展，对促进中国新型海洋科学考察船队建设是非常有必要的。

一 深海远洋调查勘探的基本情况

进入21世纪，全人类向海洋进军的步伐明显加快，“走向深海”成为世界海洋大国共同努力的方向。海洋空间、海洋食品、海洋药物、海洋资源、海洋环境越来越引起全世界的高度关注[2]。特别是蕴藏在深海底的战略性资源是全世界海洋调查的重点目标。因此，海洋科学考察船越来越显示出不可替代的重要作用。

（一）国外深海远洋调查的简要回顾

美、日、英、俄等发达国家通过实施国际海洋联合调查计划，引领推动深海资源勘探开发，试图通过攫取全人类未来战略性资源获得优势地位。美国实施并主导了“国际海洋考察十年计划”“深海钻探计划”“海洋专属经济区调查计划”“太平洋海底制图项目”“综合大洋钻探计划”等众多大型国际联合海洋调查活动，调查范围遍及美国周边海域，几乎涵盖四大洋和南北极水域。日本实施了“日法海沟计划”“日德联合调查海底热液矿床计划”“日美深海计划”等国际联合调查计划，完成了包括日本海、四国盆地、菲律宾海和部分中国海域的区域性海洋调查。

通过大量的国际联合海洋调查，发达国家获得关于海底可燃冰、海底热液硫化物、多金属结核矿产、深海生物基因等海洋战略性资源的大量第一手实测资料。新的海洋资源的发现，促进了相关科技的发展，也催生了新的海洋经济业态。

在海洋调查中，发达国家在深海资源调查勘探方面保持技术领先地位。例如，美国在深海测控技术、水声通信技术、设备制造技术、自动采矿技术、海洋材料技术等方面具有领先优势，研发了作业深度达 9000 米的缆控作业型深潜系统、可用于 7000 米水深作业的海底机器人、作业深度达 5000 米的深海岩芯机、水下机器人通信控制系统，以及远距离可控声源的高精度水下声学成像系统。日本在深海技术装备方面也取得一些突破性进展，研发了深海取样设备、水中释放器、水下传感器、水下电机、深海探测船、深潜器等深海矿产资源勘探与开采的先进装备。

（二）中国深海远洋调查的简要回顾

从 20 世纪 60 年代开始，中国开展了“东海大陆架调查”“太平洋铁锰结核调查”“中国大洋科考计划”“中国大洋发现计划”“中国近海海洋综合调查与评价专项”“南、北极科学考察计划”等大量深海远洋调查活动，实现了“查清中国海，探索四大洋，考察南北极”的宏伟目标，获得大量深海远洋的实测数据，并在国际公共海底获得四块专属矿区，为中国深海远洋战略性资源的勘探与开发奠定了基础。

中国的深海远洋调查不断取得新突破。中国海洋科学考察船的大洋调查、极地调查、环球调查已成为“新常态”。在深海技术方面，中国建立了世界上第五个深海技术基地，研制出具有世界先进水平的“三龙一马一鱼”的深潜作业体系，即“蛟龙”“潜龙”“海龙”系列和“海马”号深海作业系统、“彩虹鱼”号深潜装备，以及海底60米多用途钻机等深海勘探装备。在深海战略资源勘探与开发方面，中国在西太平洋和西南印度洋海底热液区的勘探与研究均取得较大进展，在太平洋关键海域首次布设了大规模深海浮标阵列。“蛟龙”号载人潜水器实现了在印度洋热液区下潜实地测量，并采集了硫化物“烟囱”碎片及岩石矿物样本，迈出了海洋矿业向深海领域发展的第一步。

然而，中国的深海远洋认知能力同美、日等海洋发达国家相比，仍有一定差距。特别是在极端环境海域的调查能力和深海专业技术方面，仍有较大的发展空间。中国深海远洋战略性资源勘探与开发水平，仍不能满足海洋国防和海洋经济的发展需求。

二 海洋科学考察船的发展现状

海洋科学考察船的性能水平，在一定程度上反映了船舶工业、海洋装备制造业、海洋信息服务业等一系列相关海洋产业的成熟度和科技能力。随着信息技术、材料技术、自动化技术的进步，以及深海远洋特殊海况环境的要求，海洋科学考察船在世界沿海主要国家发展迅速，在船舶动力、船载科学装备、船用实验条件、航行能力、定位能力、船上生活环境等各方面都有了长足的进展。总体上说，海洋科学考察船的航海能力和调查勘探能力大幅度提升。

（一）国外海洋科学考察船的现状

20 世纪 50 年代以来，世界海洋科考船的数量和质量有了突飞猛进的发展。据劳氏数据库统计，2011 年全球运营中的科考船共有 899 艘，其中 9 艘为破冰科考船。全球 43 个国家拥有科考船，其中美国达 173 艘，其次为俄罗斯、挪威、德国、中国、日本、波兰、芬兰、英国和荷兰。

综观世界海洋科学考察船的发展现状，可以看出三个明显的趋势。一是船舶综合功能日趋强大，船舶平台、观测装备、调查技术和科技人员的融合更加紧密，高精尖的仪器设备大量应用。二是两极和深海成为关注重点，各国陆续开发出能适应各大洋恶劣海况和极地冰雪环境的科学考察船。三是大多装备了无人或载人潜航器等现代化设备，能够直接到达深海洋底，并在高压、高黑、高热等极端环境中实施现场作业。

在推动科考船的管理与共享方面，美国推出“大学—国家海洋实验室系统”（UNOLS），由国家科学基金会资助，统筹协调调度 61 家科研单位的科考船舶、用船时间和调查任务，确保科研项目安排合理，实现船舶与仪器装备等资源的共享公用，既降低了船舶运行成本，又极大地提高了科学考察船的利用效率。欧盟在 2009 年启动了“欧洲海洋研究船队联盟计划”，由欧洲 16 个国家的 24 个海洋科研机构组成，大大提高了欧洲调查船的使用效率[3]。

（二）中国海洋科学考察船的现状

从 20 世纪 50 年代末第一艘改装船“金星”号问世，到 60 年代初建造“东方红”号，再至 80 年代，中国海洋科学考察船经历了一个快速发展阶段，形成了中国海洋科学考察船队的雏形。进入 21 世纪以来，伴随着“海洋强国战略”的实施，掀起了设计和建造新一代海洋科学考察船的高潮。2009 年，交付了综合地球物理勘探船“海洋六号”；2012 年，交付了具有全球航行能力及全天候观测能力的“科学”号综合海洋科考船。同时，一大批高等级、综合性远洋科学考察船正在建造过程中。例如，“向阳红 01”“向阳红 03”号科考船已于 2015 年成功下水，国家海洋局新一代南极考察船和“大洋二号”综合科考船获得国家发改委批复，中国地质调查局、中国水产科学研究院系统相关的专业科考船已开工建设，中国海洋大学、厦门大学、上海海洋大学以及中山大学正在筹建相关的考察船，眼下在建及筹建的3000吨级以上大型海洋科学考察船达11艘之多。

三 中国海洋科学考察船所面临的问题

中国是海洋大国，拥有30000多公里的海岸线与岛岸线。中国海洋科学考察船总体上数量不少，但海洋调查勘探能力与海洋大国的地位不相称。最初的考察船多由商船或渔船改造而成，机器陈旧、船体老化，基本上处于退役报废状态。后来，20世纪80年代至20世纪末建造的考察船大多满足于中国近海常规海况调查，调查勘探能力单一，调查水平落后。进入21世纪以来，才逐渐出现国际水准的、能满足全世界深海远洋考察的、保证各学科需求的综合性海洋科学考察船。概括起来，中国海洋科学考察船发展态势良好，但存在不少亟待解决的问题。

（一）各自为政，大同小异，船舶建设低水平重复

目前，全国海洋科研单位新建、在建及计划建造的各类科考船数量众多，但基本上大同小异，指标雷同。各单位只是根据自身的发展需求进行论证，缺乏通盘考虑，形成一哄而上、低水平重复局面。而且不少单位表现为有资金造船，没经费配套，更缺少后续发展的长远规划。大多数考察船表现为船舶排水量很大、船体很大、船舶动力很大、航速很快、耗能很大，但科学探测仪器装备相对落后、科研调查手段单一、调查勘探能力不够。与国外调查船的“专业性”和“实用性”相比，我们往往从指导思想上就喜欢“造大船”，因而造成了不少富丽堂皇的大船“好看不好用”的尴尬局面。

（二）船舶使用率低，共享管理不充分，有效船时不足

从国际经验来看，除船舶维修、保养、避风和补给外，海洋科学考察船

每年正常在航时间一般应为200天左右。目前中国海洋科学考察船，由于隶属于各个单位，受运行经费和考察任务所限，大多表现为有效船时不足。新型的综合性考察船任务还算饱满，在航时间较长；那些设备老旧及功能单一的考察船则应用率极低，大多处于“泡码头”状态。结果往往是，有些科研项目需要出海调查但找不到合适的船舶，许多科学考察船长期闲置无人使用。

有些海洋科研机构在探索海洋科考船共享共用方面进行了一些尝试，但由于体制机制障碍，总体上未形成有效的影响力。另外，科研任务的来源不同，调查数据难以共享，由此增加了海洋调查任务的交叉和重叠，甚至出现同一海区重复调查、重复采样，既造成了资源浪费，也为考察船的统筹协调增加了难度。

（三）航行能力先进，调查装备不足，科考能力不强

海洋科学调查已经由“浅近海”走向“深远海”，由单学科向多学科发展，因此，对海洋科考船的保障技术和配套设备提出新的要求。但中国新建的科考船由于经费来源单一，大多只能保障造船所需，对于海洋探测的仪器装备则缺乏充足的经费保障和长远考虑。因此，中国科考船表现为航海能力强劲，探测装备不足，科考能力不强，陷入“好看不好用”的被动局面。

而且大多船载海洋科学装备严重依赖进口，如数字地震、侧扫声呐、多波束、深水摄像、深水电缆和深水接插件等都需要进口，国产化程度非常低。近年来，中国虽然研发了一些海洋科学装备，但大多处于高校、研究院所的科研样机阶段，远没有达到批量化生产的水平，也缺少相应的技术标准，甚至没有专门从事海洋科学装备生产的大型企业。这造成了中国海洋科学考察船的配套链条脱节、重要科学装备难以实现真正的“国产化”局面。

（四）岸基码头不配套，养船花费巨大，运行经费困难

目前，中国海洋科学考察船基本都是各单位自行管理。各单位运行管理

和后勤保障均是自成体系，养船成本高昂。而且大部分海洋科研单位没有自己的专用码头，只能随机租用沿岸的空闲泊位，更谈不上岸基备航、维护、补给、样品处理等的有效管理。

各单位科考船管理各自为政，每家都有自己的船舶管理部门、指挥系统和船员队伍，造成船需资源的巨大重复浪费。在人力资源大量浪费的同时，专业化管理的技术人员又严重缺乏。此外，科学考察的船员队伍也出现不稳定的问题。近年来，高级船舶管理人员与船员流失严重，还出现单位间相互挖人的不良竞争现象。因此，亟须探讨对海洋科考船进行联合、集中、共享的管理体制与运行机制。

四 促进新型海洋科学考察船队建设的海洋科技与产业发展对策

当前，国际海洋科技竞争愈演愈烈，主要目标集中在深海底战略性资源勘探和蓝色圈地上。以海洋科学考察船为主体，以空中、水面、水下、海底立体化观测体系为补充，以深海底网络化实时观测为亮点的新的海洋科学考察体系基本形成。在这种新的国际形势下，海洋科学考察船队的重要性日益突出，打造新型海洋科学考察船队显得尤为迫切。

（一）建立“三权分离、两个统一”的开放管理新模式

所谓“三权分离”，是指海洋科考船的所有权、管理权、使用权分开，即所有权隶属于出资造船单位，管理权交给专业人员，使用权交给海洋科学家，达到整合船舶资源、专业队伍管理、综合共享使用的目的。所谓“两个统一”，就是统一调度船舶、安排船时，统一解决船舶运行、维护费用。

首先，在现有基础上，建立全国海洋科考船开放航次管理服务平台，配合科技管理体制改革，紧密结合海洋科考任务，组建专家委员会，统一审核用船申请，一个出口统筹全国海洋科考船航次安排，实行严格的多学科、多

单位共享与开放式管理。

其次，统筹规划科考船队的运行维护费用，从科研项目立题预算中剥离船舶运行费，实行统一管理。在批准科研项目的同时，审定其调查海区和船时需求，一并随项目通知下达用船安排和经费预算。

最后，从国家层面对科考船的更新改造、科考装备的改装升级提出统一规划，按计划、分批次建设、完善中国海洋科考船队，使之迅速达到世界一流水平。

（二）建设集约化、专业化海上作业队伍和陆基服务产业体系

基于目前国家的海洋科技力量布局，建议在青岛、上海和广州建设三大海洋科考母港，进而以母港为依托，把全国现有考察船科学搭配，形成三大科考船队。统一培训、调配海洋科考船员，打造现代化的海上作业队伍。实现船舶集中停靠并建设专业化的陆基服务体系，最大限度实现设施、人力资源等要素的集约、统筹。建设陆基指挥系统、船用物资补给系统、科考资料与样品存转系统、船舶保养与维修系统、科研设备调试系统等支撑服务体系，为科考船提供集约式、专业化的管理与服务。

（三）优化船载装备技术与产业

重点突破综合性海洋科学考察船的基础设计、船舶动力系统、高性能船舶材料技术、载人深潜器配备等核心技术，研发拥有自主知识产权的海洋探测装备，打造现代化的船载“实验室”系统，努力提高船舶的调查勘探能力。

1. 海洋综合考察船基础设计

依托新型航海技术、海洋拖缆系统研制及工程应用技术、大功率对转桨全回转推进技术、船舶动力定位技术、水声通信技术和彩色图像声呐技术等海洋调查相关先进技术，整合海洋地质、海洋物理、海洋生态、海洋化学、海洋国防等交叉学科的前沿技术，研发集成能满足全球大洋考察、深海海底探查、极端环境探测、恶劣海况作业的高性能海洋综合考察船。

2. 高性能船舶动力系统

依托柴油机综合电控技术、发动机清洗技术、高性能船用涡轮增压器技术、动力进气装置技术、超静音箱装体设计等动力系统技术，提高大型曲轴、高压增压器、涡轮、叶片、中冷器、回热器、可变几何导叶等关键部件质量，研制大型船用中低速大功率柴油发动机、高性能燃气轮机；依托船舶综合电力20MW、40MW级中压整流发电机技术，整合船舶电力推进装置及其调速技术、电力电子变流技术等，研发大型高功率综合电力推进系统及配套产品。

3. 高性能船舶材料

依托高端金属结构材料、先进树脂基复合材料、结构陶瓷材料、高温结构材料等新型船体材料和电磁力推进用超导材料、船舶消声与减振材料、水声换能材料、燃料电池贮氢材料、永磁电机材料等船舶特殊功能材料，整合船舶智能制造技术、系统集成技术、模块化建造技术、高效推进技术、减振降噪技术、舱室环境控制技术等热点技术，研制现代化、智能化的高性能船舶。

4. 载人深潜器

依托轻质高强浮力材料技术、水声通信技术、高效深水电机技术、特种传感器技术等深潜相关技术，整合海洋新材料、海洋焊接、智能控制、海洋传感器等交叉领域前沿技术，研制能够在全球海底作业的载人深潜装备及配套产品。

（四）引入社会投资，拓展海洋科考能力

近年来，社会资金投入科考船建设越来越多。例如，浙江太和航运有限公司与国家海洋局第二海洋研究所合建了4500吨级海洋科学考察船——“向阳红10”号，上海海洋大学的“张謇”号由上海彩虹鱼科考船科技服务有限公司投资建设，“海大”号由青岛海大海洋能源工程技术股份有限公司投资建设，“润江1号”由舟山润禾海洋科技开发服务有限责任公司投资建设，等等。

在社会资金自觉投入海洋科考事业的新形势下，出台相关政策，引导、培育社会力量参与海洋科考船、海洋考察装备的建造、使用和管理。积极培植海洋科学考察服务产业，特别是在海洋科考装备领域，通过引入民间资本，强化企业在海洋科考装备产业中的主体作用，推动中国海洋科考装备尽快形成完整的产业体系，迅速实现海洋科技装备的国产化。

参考文献

［1］余士斌：《国家海洋局长谈建设海洋强国——向海而兴背海而衰》，http：//blog. sina. com，最后访问日期：2015 年 7 月 3 日。

［2］李乃胜：《从海洋大国到海洋强国》，《政工学刊》2013 年第 2 期。

［3］李朗：《中国海洋调查船队建设研究》，硕士学位论文，中国海洋大学环境工程学院，2014。

Countermeasure of China's Marine Science and Industry Development Based on Marine Scientific Research Ship Construction

Li Naisheng

Abstract: Blue economy needs the support of marine science and technology, and innovation of marine science and technology derive from marine cognition. Marine cognitive abilities depends on the ability and level of marine survey, observation, exploration, and the latter depends on marine scientific research ship working ability and the level of equipment. So, marine scientific research ship is the key to broaden the ocean cognitive, and also theguaranteeconditionsof innovative development and structural transformation to marine economy. At present, the economy mode of China is changing from catching up to innovative, marine science and technologyisimportant to improving the industry level and create new point of growth, construct "co-management, co-construct" model, build new modern marine scientific expedition fleet, is the only way to improve the marine cognitive ability, but also important guarantee of expand the blue economic space and blue transformation.

Keywords: Scientific Research Ship; Co-management and Co-construct; Marine Science and Technology; Deep and Far Ocean

（责任编辑：王圣）

海洋区域经济

建设“一带一路”背景下山东发挥蓝色优势、促进陆海统筹发展的机遇与对策*

郑贵斌**

摘　要　加快推进“一带一路”建设，是国家新一轮改革开放的重大战略部署，中国各省区全面融入、协同推进“一带一路”建设的局面正在形成。山东海洋经济发展具有良好的基础。融入对接“一带一路”，将为山东陆海统筹联动发展提供新的发展空间，是山东构建发展新格局的重大机遇。山东融入“一带一路”，要促进陆海统筹协调发展。建议以陆海统筹视角科学把握山东的新定位，将“蓝黄两区”“一圈一带”全面融入“一带一路”战略体系，在全球布局中拉长蓝色经济产业链，积极构建山东东西联动区域协调发展的大格局，做足改革开放先行先试、创新探路这篇大文章。

关键词　“一带一路”　蓝色经济　陆海统筹　区域经济

---

* 本文是2014年山东省软科学研究计划委托重大项目“蓝色经济引领我省海陆统筹协调发展研究”（项目编号：2014RZC23002）阶段性成果，以及2014年山东省社科规划重点项目“加快推进海洋强省建设调研”阶段性成果。

** 郑贵斌（1954～），男，山东社会科学院研究员，博士研究生导师。主要研究领域：海洋经济、区域经济学。

国家的蓝黄两区规划、山东的“一圈一带”（省会城市群经济圈和西部隆起带）规划和国家的“一带一路”战略规划，从经济地理与区域布局上看，都具有陆海统筹、东西并举、对接融入、协同联动的丰富内涵和新颖格局。作为以蓝色经济为主导的陆海统筹联动发展的沿海地区，山东加快融入陆海“一带一路”重大战略，将具有更重要的战略价值，将对促进富民强省建设具有重大影响，对建设海洋强国和实现民族复兴发挥重大作用。在山东以蓝色经济为引领，加快融入“一带一路”战略，促进陆海统筹协调发展深入调研的基础上，本文提出山东省对接融入“一带一路”、促进陆海统筹协调发展的思路与对策建议。

一 “一带一路”建设的新形势与中国各省区陆海统筹加快融入的新态势

从2013年习近平首先提出“一带一路”，到2014年推动走入“务实合作环节”，从互联互通伙伴关系对话会提出“以亚洲为重点实现全方位互联互通”，到APEC会议进一步推进亚太自贸区建设，从博鳌论坛习近平总书记打造命运共同体的演讲，到国家发布《推动共建“一带一路”的愿景与行动》[1]，至此，一个全新的重大战略在世界经济版图上科学构建并付诸实施。“一带一路”战略的提出和实施，彰显了中国统筹陆海协调发展的新理念，为加强区域合作提供了新平台，翻开了中国全方位对外开放战略的新篇章。

目前，全国认真贯彻落实“一带一路”战略，协同推进“一带一路”建设的局面正在形成。各地全面融入、对接共享、加快推进已经成为“一带一路”建设的新亮点[2]。各地突出的特点有：一是明晰各地角色定位，努力走在前面。众多省区市利用自身优势纷纷提出争当核心区、排头兵和主力军，提出起表率领先作用。二是积极与国家战略对接，与本地优势结合。众多省区市按照国家战略的部署，利用自身优势创造性地提出自身的发展思路和国内外合作方案。三是在陆海两个扇面多策并举，深度开拓。在国家设

计的陆海经济走廊建设上，各地主动谋划，充实完善融入的内容和方式并积极推进。广东早就提出“以海带路，产业引领，深海推进”的统筹思路。福建努力从战略上规划海峡蓝色经济区和海上丝绸之路，从战术上设计统筹发展的体制机制。广西发挥与东盟国家陆海相邻的独特优势，构建面向东盟区域的国际通道，形成21世纪“海上丝绸之路”与“丝绸之路经济带”有机衔接的重要门户。总之，各地的陆海联动、融入对接、共建推进思路与动作有较大进展。

山东地处中国东部沿海，区位条件优越。山东半岛陆地海岸线总长3345公里，海洋空间资源综合优势明显。山东省海洋科研实力居全国首位，海洋科技引领作用明显增强。山东海洋经济优势凸显，港口在全国具有重要地位，腹地经济发展潜力巨大，对外海洋合作有较大进展，具有对外开放与对内拓展的巨大优势，在“中韩自贸区”建设中的地位突出。蓝色经济已经成为山东发展的特色和品牌，是21世纪“海上丝绸之路”建设的战略支点。[3]在融入陆海“丝绸之路”建设中，山东一方面将面临与沿海省区市间的较大竞争压力，但另一方面又可以借鉴这些省区市的先进经验，依靠自身的区位优势与雄厚的海洋经济基础，通过蓝色引领、陆海统筹、东西联动、区域融合、产业对接，构筑面向全球的区域合作网络，形成全方位开放、合作共赢的新格局。

二 融入“一带一路”战略是山东陆海统筹协调发展的重大机遇

（一）经济地理重组和发展格局调整的机遇

陆海一体、联动发展是山东发展格局的基本特征之一。山东半岛蓝色经济区作为全国第一个以海洋经济为主题的陆海统筹发展的新型经济区，是山东经济地理重组和发展格局重构的重要方面，已经成为区域协调发展的重要支撑。国家蓝区战略对山东半岛海洋经济发展的规划和有效的推动措施，对拓展陆海发展空间，进一步优化生产力配置，促进转变发展方式与实现区域协调产生了巨大的现实推进作用和深远的历史影响。近几年，海洋对国民经济的支撑作用日益增强，海洋产业的发展及其对沿海经济的带动明显呈现陆海一体联动的特征（见表1）。国家实施的“一带一路”是陆海双向的“丝绸之路”，蕴含着国际视野下陆海经济地理重组的理念和实践。“一带一路”东连亚太经济圈，西接欧洲经济圈，是世界上最长、最具发展潜力、发展前景良好、覆盖数十亿人口的“丝绸之路”经济大走廊（或叫大经济区）。这是一条横贯东西的大经济带，是更大范围的陆海统筹、东西并举、区域联动经济圈。作为陆海交汇点的山东半岛蓝色经济区，融入、对接“一带一路”，将为山东陆海统筹联动发展提供新的广阔空间，是山东构建发展新格局的重大机遇。

表1　2010～2013年山东半岛蓝色经济区主要经济指标

单位：万元，%

	2010年		2011年		2012年		2013年	
	总额	占全省比重	总额	占全省比重	总额	占全省比重	总额	占全省比重
GDP	18724.9	47.80	21395.1	47.20	23645.8	47.30	25728.8	47.00
固定资产投资	11557.3	49.70	13090.3	48.90	15028.8	48.10	17734.1	49.40
社会消费品零售总额	6055.9	41.40	7103.6	41.40	8169.1	41.60	9263.8	42.60
进出口总额	1481.9	78.40	1800.5	76.30	1909.9	77.80	2069.7	77.50
出口总额	819.4	78.60	966.9	76.90	996.9	77.40	1034.6	76.90
公共财政预算收入	1184.0	43.10	1480.0	42.80	1750.7	43.10	2115.2	46.40

资料来源：《山东统计年鉴2013》，中国统计出版社，2014。

（二）扩展陆海统筹试点与示范的机遇

山东半岛蓝色经济区承载着陆海统筹发展的试点任务，近5年的建设已经取得丰富的实践经验，基本的可复制经验表现在蓝色经济引领陆海统筹发展方面。也就是发挥半岛型地理优势，把海洋和陆地作为一个整体，实行资源要素统筹配置、优势产业统筹培育、基础设施统筹建设、生态环境统筹整

治，推动海洋经济加快发展，带动内陆腹地开发开放[1]。山东发展对蓝色经济的依赖度逐步增强，蓝色经济引领统筹发展最根本的是各要素（包括资源、资本、技术、制度、政策、管理等）的协调运作，以促使区域协调发展。国家“一带一路”建设行动方案是陆海结合的新“丝绸之路”建设，其基本内涵是弘扬“丝绸之路”精神，以点以线带面，逐步扩大区域合作范围，最终形成陆海“丝绸之路”经济圈的共同繁荣。“一带一路”战略彰显了中国在国际舞台上统筹陆海开放合作协调发展的新理念，对山东半岛蓝色经济区的陆海统筹试点与示范的深入探索有重大助推作用。依据初步建立的陆海统筹发展水平评估指标体系，山东省的陆海统筹发展试点，目前值和标准值还有差距，应当说还应有更高的目标（见表2）。因此，融入、共享“一带一路”建设，有利于山东半岛陆海统筹试点的推进和统筹发展水平目标值的实现。

表2　山东陆海统筹发展水平评估指标体系各指标标准值

单位：%

一级指标	二级指标	三级指标	目前值	标准值
陆海统筹发展水平	沿海地区发展状况	海洋生产总值占全省 GDP 比重	18.9	35
		海洋经济直接贡献率	30.8	40
		蓝色经济区生产总值占全省 GDP 比重	47.3	50
		蓝色经济区投资总额占全省比重	49.6	50
		蓝色经济区消费总额占全省比重	41.5	50
		蓝色经济区财政收入占全省比重	43.1	50
	园区经济发展水平	海洋园区工业总产值占全省园区比重	39.3	50
		海洋园区工业利税总额占全省园区比重	36.2	50
		海洋园区实际利用外资额占全省园区比重	43.0	50

注：评估指标体系由山东省发改委课题组提供。

（三）打造新的战略支点与开放平台的机遇

作为21世纪“海上丝绸之路”建设的战略支点和重要区域，山东加强与沿线国家合作的载体建设迫在眉睫。首先，要打造国际航运枢纽[5]。2013

年，山东省沿海港口货物吞吐量增长迅速，达到11.8亿吨，位居全国前列；青岛、日照、烟台三大港突破10亿吨，山东成为中国北方拥有亿吨大港最多的省份。2013年，青岛港在全球货物吞吐量前十大港口排名中列第7位，列于宁波—舟山港、上海港、新加坡港、天津港、广州港、苏州港之后，发展潜力还很大。其次，要特别重视各类交流合作平台建设，如园区合作平台、对外交流平台、国际合作平台、跨境服务平台等。再次，要深化改革，完善、优化有利于陆海统筹、联动发展的开放型经济体制与机制，打造海洋产业区域联动发展平台。融入、对接“一带一路”有利于推进陆海统筹开放发展的各类平台与载体建设。

三　发挥蓝色优势融入“一带一路”、促进陆海统筹协调发展的思路与对策

中国经济社会发展“十三五”时期是蓝黄两区和山东区域经济建设的冲刺阶段，也是海洋经济发展试点进入经验总结的关键阶段。能否抓住共建、共享“一带一路”战略机遇并有所作为，事关山东能否实现凤凰涅槃、浴火重生，能否在全面建成小康社会、实现富民强省建设历史进程中走在全国前列。贯彻落实国家“一带一路”战略，山东省要坚定地走在全国前列，努力提升在全国“一带一路”建设中的地位。在融入“一带一路”建设中，要提升精神境界，提升发展标杆，提升工作标准。为此，要进一步更新观念：改参与“一带一路”建设为融入、对接“一带一路”建设；改研究探讨为坚决贯彻、共享共建；改被动参与为主动对接、深度开拓；改执行落实为争当排头兵，率先创新突破，积极开拓全方位深度开放、陆海统筹、区域联动发展的新途径，开创区域合作与发展的新局面。

（一）将山东“蓝黄两区”“一圈一带”全面融入“一带一路”战略体系

把“蓝黄两区”和“一圈一带”融入“一带一路”，作为山东发展的

重大布局。蓝色经济区规划作为第一个以海洋经济为主题的规划，黄河三角洲高效生态经济区作为第一个以高效生态经济为主题的规划，对国家实施陆海统筹和建设经济增长极具有重要试点和示范意义，与“一圈一带”一起重构了山东的发展布局。把“蓝黄两区”和“一圈一带”融入全国“一带一路”战略体系，是发挥蓝黄战略更大作用的新的方向与目标选择。只有更大区域统筹，才能将内外一盘棋盘活，山东发展更不例外。要以世界眼光、陆海双向思维，更加重视区域融合，将海洋经济战略与区域战略统筹为陆海一体战略，发挥好已有重要区域载体与产业基地的作用，扬长避短，积极培育创新要素，配置建设资源，探索切实可行的建设路径，推动山东区域经济综合实力和竞争力的提升，既助力“一带一路”建设，也从开放发展中获益，增创山东发展的新优势。

（二）以陆海统筹视角科学把握山东的新定位

全面融入、有效对接“一带一路”，必须抓住共享、共建的机遇，科学把握山东发展的新定位。从山东省情出发，要着眼于港口、产业、园区、城市互动发展，通过更加强调海洋经济对陆域经济的带动，通过国际海洋经济合作、经贸合作和海洋综合保障服务等临港产业的集聚发展，充分利用海域和陆域两种资源、两个市场、两种优势，实现陆海两条“丝绸之路”齐头并进、相互支持、各具特色、异彩纷呈，实现沿带、沿路、沿海地区的共荣共生。要把山东打造成为内陆国家、地区走向海洋的重要出海口和海上国家、地区深入内陆腹地的重要通道，使山东成为沿“一带一路”扩大双向开放的重要区域。深入思考的新定位表现在：一是坚持蓝色经济引领产业发展，实现陆海统筹发展的产业定位；二是山东半岛蓝色经济区示范所要求的海洋建设战略支点的定位；三是在国家开放构想中强化陆海交汇的重要区域的功能定位；四是在整体开放格局中凸显东亚特别是中日韩合作前沿的空间定位。

（三）在全球布局中拉长蓝色经济产业链

要进一步落实习近平总书记在山东考察时提出的以蓝色经济为主导积极

打造经济增长极的要求，突出蓝色引领、海陆统筹、促进开放、扩展合作的战略导向，把山东具有竞争优势的蓝色经济放在“一带一路”建设的重中之重位置，在全球分工格局中拉长蓝色经济产业链。这应当是新形势下山东共享、共建“一带一路”的新的重点和亮点。首先要提高对山东港口及口岸地位和作用的认识，把港口列为“一带一路”的核心战略资源，发挥山东港口群的战略价值、内外联通、强力引擎和重要龙头作用，围绕海陆一体产业，建链、补链、强链，构建以高端技术、高端产业、高端产品为主体的现代蓝色产业体系，坚定不移追求全球链接，提高国际分工地位，重点开拓，深度开拓，提升产业在全球价值链中的地位，努力走出“微笑曲线”的底端，奋力打造“中高端”。要科学区分蓝色产业的不同发展阶段，推进关联度高的陆海产业发展。合作建设一批产业园区，切实落实一批重大基础设施和产业项目，如渤海海峡跨海通道和济南向西铁路干线延伸等，推动从陆海产业集群到陆海产业链的转变，并围绕这些海洋产业和项目，发展其前向关联或后向关联的陆域产业，促进产业融合，争取将产业链条延伸得更长，加速“走出去”。总之，在融入推进“一带一路”建设中，要特别重视打造蓝色经济在开放性经济中的新优势，促进陆海联动、东西并举的集资源环境、技术、产业和区位发展于一体的综合集成布局，扬长避短、统筹安排海洋与陆域资源的开发、科技的驱动、产业的发展和空间的拓展，实现融入、共建“一带一路”的科学协调与可持续发展。

（四）积极构建东西联动区域协调发展的大格局

山东陆海统筹联动发展的格局应在省内外、国内外两个方向展开，切实丰富合作内涵。

一是省内东西联动，延伸到省外。省内港口口岸、保税区与各类园区首先要联动发展。“蓝黄两区”“一圈一带”应不断优化区域发展布局，充分发挥各自优势和特色，进一步明确各自的功能、定位和发展方向，深挖潜力，打造特色经济，加强区域经济联系。要发挥东部地区龙头作用，推动资源要素、政策要素向中西部地区倾斜，构建经济紧密型和一体化发展的省会城市群经济圈，加快建设山东西部经济隆起带，增强区域发展活力和动力，全面提高区域的整体经济实力。省外方面，要利用山东省支援新疆等地建设的经济联系，加强重点项目开拓。

二是国内外东西联动。以强化与各经济走廊沿线的合作为主线，加快对外贸易、投资、合作的延伸。目前，山东省与中亚和环中亚区域国家和地区的合作存在不足（见图1)，特别是与中亚各国的经贸往来是短板，走出去投资、经贸交流空间很大。要积极充实合作项目，加强园区合作，进一步强化合作共赢，积极打造利益共同体、命运共同体、责任共同体。

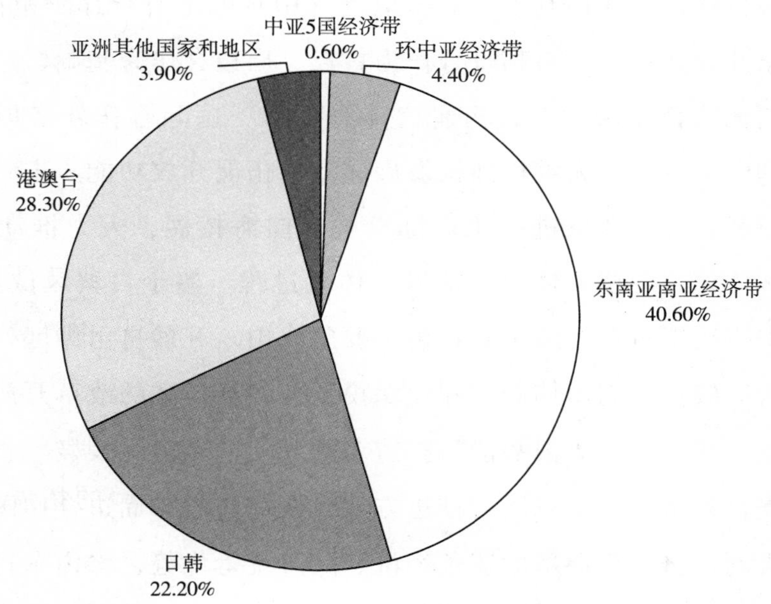

图1 2012年山东对“一带一路”沿线亚洲国家和地区投资项目地区分布

资料来源：郑贵斌《中国陆海统筹区域发展战略与规划的深化研究》，《区域经济评论》2013年第1期。

（五）做足改革开放先行先试、创新探路这篇大文章

全面融入、共同推进“一带一路”建设，迫切需要先行先试、创新探路。一要利用好已有的试点资源，二要争取新的试点。要继续做好山东半岛蓝色经济区发展试点。要早出经验，快出经验。发挥好“蓝黄”两块金字

招牌的综合优势，筛选论证一批大项目、好项目，发挥整体优势，集中进行推介，争取引进更多的战略投资与合作伙伴，或输出更多的产能和合作项目。新的海洋合作平台已经正式“落户”山东，体现了国家对山东发展的高度重视。刚刚起步，要下大气力建设好，实现以陆促海、以海带陆、陆海统筹联动发展，构筑国内外、省内外优势互补、合作共赢的区域发展新格局。为适应中韩自贸区建设，要把威海开发区和韩国仁川自由经济区作为中韩自贸区地方经济合作示范区，分别划定专门区域建立“平行园区”，在中韩平行园区合作共建方面争取先行先试，扩展资源配置范围并提高要素配置效率。在中日韩自贸区谈判中，要争取列入中日韩地方合作示范区的条款，以对接国家开放战略，以与韩日合作为重点、周边合作为基础、远洋合作为支撑，增创地缘合作新优势，构建“陆海一体”国际合作新格局。还要争取青岛、烟台、日照三大港口加快发展试点，拓展开放功能。进一步申请陆海统筹试验区，统筹考虑进一步向陆延伸、向海拓展，大力推动港城一体化、港带一体化、港桥一体化、陆海一体化进程。鉴于自贸区试点在开放、联动发展中扮演不可替代的重要角色，要争取山东开展自由港区、自由贸易区试点的新突破。要创新体制，深化保税区与各类园区的改革开放，更有效地深化开放合作，广泛集聚势能，打造名副其实的经济增长极。省级层面要推动制定先行先试的科学思路与推进方案，研究建立与周边合作国家和地区间的联动机制，努力打造新的蓝色经济、陆海统筹优势，将山东打造成为陆海“丝绸之路”交汇的交通物流枢纽，中国东西双向开放的主力军，国家海洋经济对外合作核心区，全国陆海统筹、东中西联动发展的重要引擎和中国深化国际区域合作的重要区域。

参考文献

[1]《推动共建丝绸之路经济带和21世纪海上丝绸之路的愿景与行动》，《人民日报》2015年3月29日。

［2］郑贵斌、李广杰：《山东融入“一带一路”建设战略研究》，人民出版社，2015。
［3］郑贵斌：《蓝色经济实践与海洋强国建设前瞻》，《理论学刊》2014 年第 3 期。
［4］《山东半岛蓝色经济区发展规划》，中国网，http：//www. china. com，最后访问日期：2015 年 2 月 23 日。
［5］蓝色半岛经济区，百度文库，http：//wenku. baidu. com，最后访问日期：2015 年 2 月 23 日。

Countermeasure and Opportunity of Sea－Land Overall Development Improvement by Using Blue Advantage in Shandong under the Background of “One Belt One Road” Construction

Zheng Guibin

Abstract: Speed up the establishment of “One Beld One Road”, is the important strategic deployment of new round of reform and opening up in china. The establishment of “One Beld One Road” by all provinces is forming a fully collaborative and coordinated push situation. Marine economic development in Shandong province has a good base, join into the “One Beld One Road”, will provide the new development space of sea-land overall development, and also the great opportunities of build new development situation. To join into the “One Beld One Road”, Shandong should make good use of blue advantages, promote the overall development of sea-land. We suggest scientifically assess the new positioning of Shandong in the view of sea-land overall development, fully integrated “blue yellow zone around a circle” into “One Beld One Road” strategy system, elongated blue economy industrial chain in the global layout, actively build the big pattern of linkage between east and west in Shandong, make a good work of reform and opening.

Keywords: “One Beld One Road”; Blue Economic; Sea – Land Overall Development; Regional Economy

（责任编辑：周乐萍）

浙江省海洋油气业与海洋经济转型升级研究

许建平*

摘　要　进入21世纪以来，海洋油气产业展现了前所未有的大好机遇，但地方政府尤其是民企和民间资本大规模参与海洋油气资源勘探开发领域还面临着诸多挑战。中国东海盆地的油气资源具有独特优势，在政策和技术上，海洋油气资源开发条件皆已具备。浙江省发展海洋油气业具有得天独厚的区位优势，但也面临着人才、技术以及配套产业的制约。推动浙江省海洋油气业发展要从体制机制入手，使产业发展模式及布局更加合理，充分发掘东海海洋资源的巨大潜力。这对浙江省乃至整个长江三角洲地区海洋经济转型升级和能源结构调整都有重大的战略意义。

关键词　海洋油气　资源开发　海洋经济　海洋工程

进入21世纪以来，全球掀起一股海洋开发热，世界海洋经济总产值已超过1万亿美元，占世界GDP总值的4%以上。预计到2020年，全球海洋

* 许建平（1956～），男，国家海洋局第二海洋研究所研究员，博士研究生导师。主要研究领域：海洋动力学、海洋区域经济。

经济产值将达3万亿美元。世界四大海洋支柱产业（即海洋石油工业、滨海旅游业、现代海洋渔业和海洋交通运输业）[1]业已形成，并呈现欣欣向荣的发展前景。在这四个全球海洋经济支柱产业中，除海洋石油工业几乎还是一片空白外，浙江省其他三大产业都已有较好的发展基础。中国沿海许多省市都在发展与海洋石油工业相关的产业，有的则直接或间接进入海洋油气的勘探开发领域，以此促进海洋经济快速发展。毗邻浙江省的东海盆地拥有巨大的油气资源，长三角地区，特别是浙江省有着得天独厚的地理优势，理应做好海洋油气资源开发利用这篇大文章，以促进浙江省的跨越式发展，从而为建设经济大省和海洋强省打下坚实基础。

一　东海油气资源分布、勘探及开发利用前景

（一）东海油气资源分布

东海处于中国海岸线的中部区域，北面濒临黄海，南面通过台湾海峡与南海相通，东面以琉球群岛为界与太平洋相隔，西面与中国大陆接壤。从海洋地质图上看，东海自西侧的上海、浙江和福建沿岸一直到东部的冲绳海槽，大部分海域的水深不足200米，属于典型的大陆架地形。中国著名的地质学家李四光曾预言，“中国未来海上石油的远景在南海和东海”。20世纪末，经中外专家预测，整个东海陆架油气地质资源量相当丰富，有望成为第二个中东。而浙江省宁波、椒江以东的西湖凹陷，以及瓯江凹陷和闽江凹陷，更是储油气条件十分理想的海域。经过数十年的地质勘探，中国在东海的西湖凹陷获得重大突破，发现了平湖等8个油气田和龙井等4个含油气构造带。东海油气资源以气为主，平湖、苏堤、西冷等是资源比较集中的构造带。此外，在钓鱼岛周边海域也发现了储量丰富的石油资源[2]。

从东海的地质历史发展过程来看，陆架凹陷带内沉积了巨厚的中、新生代滨海相、河流相、浅海相地层。石油与天然气在陆架南部的台湾海峡已开采多年。北部陆架经初步勘查，也发现多个成油构造，自北而南有福江凹

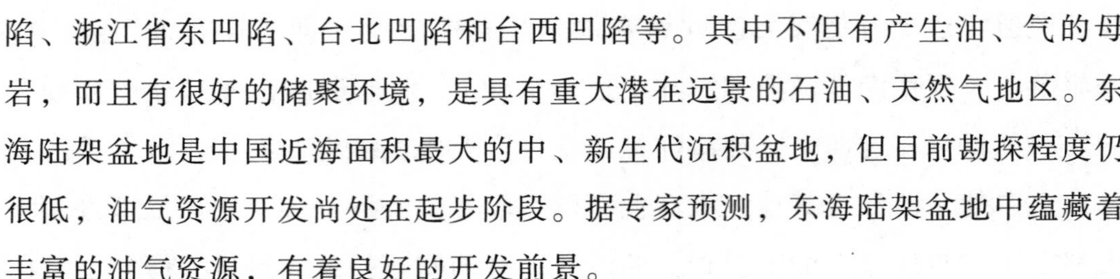

陷、浙江省东凹陷、台北凹陷和台西凹陷等。其中不但有产生油、气的母岩，而且有很好的储聚环境，是具有重大潜在远景的石油、天然气地区。东海陆架盆地是中国近海面积最大的中、新生代沉积盆地，但目前勘探程度仍很低，油气资源开发尚处在起步阶段。据专家预测，东海陆架盆地中蕴藏着丰富的油气资源，有着良好的开发前景。

（二）东海油气资源勘探现状

20 世纪六七十年代到 90 年代，中国仅在东海的勘探调查就已经先后投入至少 30 亿元，还不包括引进部分国外设备所花费的外汇。中国对领海区域全面勘探调查的结论是，东海是一个具有良好油气远景的盆地，其地质构造可称为“三隆三凹”，即由三个隆起带和三个凹陷带共同组成了整个东海盆地[3]。

80 年代以来，随着国外资金和技术的引入，以及合作勘探开发油气资源范围的扩大，中国才开始了东海的油气开发。所以，东海油气资源的开发在国内起步较晚。到目前为止，东海海域的勘探程度在中国几个海区中仍然是最低的[4]。但是，东海陆架盆地尤其是在西湖凹陷南部地区，油气勘探成功率较高，已形成一定规模的天然气气田群。在西湖凹陷西斜坡带，已发现平湖、宝云亭和武云亭油气田以及孔雀亭含油气构造，表明该带为油气富集带，油气层主要为平湖组，属于平湖组含油气系统；在西湖凹陷南部中央构造带，已发现黄岩 7 ~ 1、黄岩 14 ~ 1、黄岩 13 ~ 1（天外天）、天台 24 ~ 1（春晓）油气田以及宁波 27 ~ 1（玉泉）含油气构造，表明该带也为油气富集带，油气层主要为花港组，属于花港组含油气系统，形成了另一个油气富集带。此外，东海陆架盆地天然气资源前景评价结果表明，东海陆架盆地天然气资源同样非常丰富。目前已找到的天然气储量只是资源量的很少一部分，仅占西湖凹陷天然气资源量的 10% 左右，占东海陆架盆地天然气总资源量的 4% 左右。由此可见，东海陆架盆地天然气勘探前景同样十分广阔。但受外部因素的影响，目前东海油气产量仅限于东海陆架盆地西部，2011 年剩余可采储量仅占国内海上油气剩余可采储量的 2.16%，产量仅占国内海上油气产量的0.18%。由此可见，排除外部干扰，加大对东海油气资源的勘探开发势在必行。

经过30多年的不断勘探，浙江省以东海域的东海陆架盆地中部的西湖凹陷已发现平湖、春晓、天外天、残雪、断桥、宝云亭、武云亭和孔雀等8个油气田，其中平湖、春晓两个油气田已经投产。此外，还发现了玉泉、龙井等若干个含油气构造。

二　面临的机遇与挑战

浙江省是个经济大省，但是个资源小省，尤其是能源和矿产资源匮乏，95%以上的能源需从省外输入，对外依存度极高[5]。未来对资源的需求呈快速增长态势，在陆域自然资源供给不足的情况下，迫切需要新能源资源的补充，东海大陆架将成为未来浙江省经济发展的重要能源资源保障基地。拥有丰富油气资源的东海是中国未来获取能源战略物资的重要地区，而且大规模开发东海油气资源是保证浙江省和长三角地区，乃至全国经济持续发展的重要战略之一。

（一）机遇

1. 海洋经济发展得到党中央和国务院的高度重视

中国海洋经济的快速发展得益于党中央、国务院对海洋经济工作的高度重视，特别是进入21世纪以来，党中央和国务院领导就发展海洋经济曾多次做出重要批示。早在2002年，党的十六大报告中就做出“实施海洋开发”的战略部署；随后党的十七大报告中又提出“发展海洋产业”；2012年召开的党的十八大上，除了提出“提高海洋资源开发能力，发展海洋经济，保护海洋生态环境，坚决维护国家海洋权益”外，还强调要“建设海洋强国”。国务院在2004年下发《关于进一步加强海洋管理工作若干问题的通知》，也提出把海洋经济发展和海洋综合管理纳入国民经济和社会发展总体规划，统筹安排，同步实施；2010年10月15～18日，十七届五中全会审议通过的《中共中央关于制定国民经济和社会发展第十二个五年规划的建议》中，明确指出“十二五”时期发展海洋经济要“坚持陆海统筹，制定和实施海洋发展战略，提高海洋开发、控制、综合管理能力。科学规划海洋经济发展，发展海洋油气、运输、渔业等产业，合理开发利用海洋资源，加强渔港建设，保护海岛、海岸带和海洋生态环境。保障海上通道安全，维护我国海洋权益”[6]。2006 年底，胡锦涛总书记在中央经济工作会议上强调“从政策和资金上扶持海洋经济发展”；2009 年 3 月 5 日，温家宝总理在全国人大十一届二次会议上所做的《政府工作报告》中也强调：“搞好海洋资源保护和合理利用，发展海洋经济。”2013 年 7 月 30 日，习近平总书记在主持中共中央政治局第八次集体学习时指出，建设海洋强国是中国特色社会主义事业的重要组成部分，并强调要进一步关心海洋、认识海洋、经略海洋，推动中国海洋强国建设不断取得新成就。2015 年 10 月 29 日，党的十八届五次会议通过《中共中央关于制定国民经济和社会发展第十三个五年规划的建议》，提出要积极拓展蓝色经济空间，坚持陆海统筹，壮大海洋经济，科学开发海洋资源，保护海洋生态环境，维护中国海洋权益，建设海洋强国。这为海洋经济，乃至海洋石油工业的大发展提供了新机遇，也对海洋石油工业在新时期推动海洋强国建设提出新任务和新要求。这些都充分说明中国海洋经济迎来大发展的机遇期。

2. 海洋经济正成为全球经济发展的新增长点

海洋是 21 世纪人类社会可持续发展的宝贵财富和最后空间，是人类可持续发展所需要的能源、矿物、食物、淡水和重要稀有金属的战略资源基地。20 世纪 70 年代以来，以海洋开发与保护为主题的蓝色浪潮在全球范围内兴起，许多沿海国家纷纷从政治、经济、军事、科技等方面加大对海洋的开发、利用力度，把大力发展海洋经济作为推动社会经济发展模式转变和增加就业的动力之一。统计表明，世界海洋经济约每 10 年翻一番，2000 年以来呈加速发展趋势，海洋产业直接和间接的贡献率已从 1991 的 10% 上升到 2011 年的 20%。中国拥有约 300 万平方公里的蓝色国土和丰富的海洋资源。随着海洋问题愈来愈受到党和政府的高度重视，中国海洋资源开发的力度不断增强，海洋经济规模已从2001年的不到1万亿元提高到2014年的近6万亿元，成为国民经济新的增长点，海洋生产总值占国内生产总值的比重在10%左右，海洋经济发展面临重要的历史性机遇。

3. 浙江省海洋经济示范区和舟山群岛新区建设成为国家海洋发展战略

2011年，国务院正式批复了《浙江省海洋经济发展示范区规划》。这是浙江省第一个被纳入国家发展战略的规划，也是中国首个海洋经济示范区规划。正如国务院批复所言，建设好浙江省海洋经济发展示范区关系到中国实施海洋发展战略和完善区域发展总体战略的全局。规划中提出，借助加大舟山群岛开放力度的机遇，全力打造国际物流岛，建设海洋综合开发试验区，逐步建立舟山群岛新区。同年，舟山群岛新区正式获批设立，是第一个以海洋经济为主题的国家战略层面新区，是中国第四个国家级新区。国家海洋战略的推进为浙江省利用海洋资源、发展海洋经济、建设海洋强省创造了前所未有的机遇。

4. 海洋地质调查与勘探工作日益受到重视

随着海洋经济的发展，海洋地质调查与勘探作为先导性、基础性工作日益受到重视。2006年，国务院发布《关于加强地质工作的决定》（国发〔2006〕4号），提出要实施海洋地质保障工程、地质矿产保障工程及地质环境保障工程等重大决策，将海洋地质工作的重要性及其作用提到新的高度。《国土资源部中长期科学与技术发展规划纲要（2006—2020年）》与《全国地质勘查规划（2010—2020年）》，更是对油气资源领域、海洋地质调查技术和重大科技计划、科技队伍，以及基础条件支持体系建设等提出目标任务和总体部署。2011年1月，经国务院批准的《“127”工程方案》，提出要在“十二五”期间实施对天然气水合物、矿产资源勘探开发利用技术的研究任务。浙江省海洋地质调查与勘探工作也得到省委、省政府主要领导的高度重视。浙江省海洋地质调查与勘探工作将进入一个里程碑式的快速发展阶段。

5. 海洋油气资源大开发时代已经来临

2012年，国务院发布了《全国海洋经济发展“十二五”规划》，其中涉及海洋产业及海洋相关产业（包括海洋渔业、海洋船舶工业、海洋油气业、海洋工程装备制造业、海洋可再生能源业等）。“十二五”期间，中国海洋生产总值将年均增长8%，2015年占国内生产总值的比重达到10%。该规划还明确要加大海洋油气勘探力度，稳步推进近海油气资源开发，加强勘探开发全过程监管和风险控制。中国将提高渤海、东海、珠江口、北部湾、莺歌海、琼东南等海域现有油气田采收率，加大专属经济区和大陆架油气勘探开发力度，将依靠技术进步加快深水区勘探开发步伐，提高深远海油气产量。到2015年，争取实现新增海上石油探明储量10亿～12亿吨，新增海上天然气探明储量4000亿～5000亿立方米，海上油气产量达到6000万吨油当量。统计结果业已表明，近10年来，中国新增石油产量的53%来自海洋，丰富的油气资源对于中国来说具有重要意义，中国已进入海洋石油大开发的时代。

6. 中国大规模勘探和开发东海油气资源的条件已经成熟

东海油气资源不仅贮藏量丰富、水深和地质环境条件较好，而且濒临东海的沿岸省市经济发达、社会资本富裕、油气加工与服务产业基础扎实、油气需求量大、产业转型升级迫切。经过30多年的海上实践，中国也已完全掌握浅海（500米以内水深）油气资源开发技术，具备浅水勘探开发设备的国产化和技术配套能力，完全有能力以自营勘探开发为主来开拓浅水区油气资源。

7. 海工装备制造业的国家支持力度大

2010年10月，《国务院关于加快培育和发展战略性新兴产业的决定》（国发〔2010〕32号）将海洋工程发展列入新兴产业高端装备制造中。中国“十一五”期间用于海洋油气资源开发的投入已达1200亿元，市场容量巨大。目前而言，中国海洋油气业尚处于勘探中期，具有雄厚的资源基础，产业化潜力巨大，是未来中国能源产业发展的战略重点。2011年，国家发改委、科技部、工业和信息化部、国家能源局发布了《海洋工程装备产业创新发展战略（2011～2020）》，提出未来10年将围绕发展主力海洋工程装备、新型海洋工程装备和前瞻性海洋工程装备等五大战略重点，推动中国海洋工程装备产业由低端制造向高端集成发展。2013年7月，国务院印发

《船舶工业加快结构调整促进转型升级实施方案（2013—2015年）》，明确提出大力发展海洋工程装备，加大海洋油气资源勘探开发力度，发展钻井平台、作业平台、勘察船、工程船等海洋工程装备。2013年10月，国务院发布《关于化解产能严重过剩矛盾的指导意见》（国发〔2013〕41号），确定船舶行业为五大严重过剩行业之一，并明确指出要鼓励现有造船产能向海洋工程装备领域转移。目前，中国海洋石油产量约占全球海洋石油总产量的33%，预计到2030年该比例提高到45%左右。由此可见，不仅中国海工装备制造业的繁荣很快就会到来，全球海工装备市场也将保持长期快速增长的态势。

8. 民间资本已经被允许进入油气资源勘探开发领域

《国务院关于鼓励和引导民间投资健康发展的若干意见》（国发〔2010〕13号）已经明确提出，鼓励、支持和引导民间资本进入土地整治、矿产资源勘查开发等国土资源领域。2012年6月，国土资源部、全国工商联又联合下发《关于进一步鼓励和引导民间资本投资国土资源领域的意见》（国土资发〔2012〕100号），特别提到将“鼓励和引导民间资本参与油气资源勘查开采”。随后，国家能源局又发布了鼓励民间资本投资能源的实施意见，称列入国家能源规划的项目，除法律法规明确禁止的以外，均向民间资本开放，尤其支持民间资本进入油气勘探开发领域，以多种形式投资页岩气、油页岩等热门的资源勘探开发项目。一直以来，能源领域是传统上的垄断领域，民营企业进入该领域相当困难。但此前，中石油已将总投资千亿元规模的西气东输管道项目首次向民营企业开放。更早之前，中石油还曾携带众多项目到浙江省等地和民间资金接触。虽说国内能源价格仍将由政府定价，国有企业的垄断地位也依然不会有太大的改变，且该意见的实施效果还有待观察，但该意见的发布无疑给民营企业和民间资本的进入带来一缕曙光，民间资本也必将成为中国石油产业的有机组成部分和不可或缺的补充力量。

9. 浙江省拥有得天独厚的区位优势

东海油气资源具有大规模开发的条件和优势，浙江省有近水楼台的机遇。该省拥有的海域面积、大陆岸线和深水岸线资源等占了东海海域的1/3，且东海油气资源比较集中的瓯江凹陷和闽江凹陷构造带离温州仅200公里，西湖凹陷构造带离宁波、椒江也只有约300公里。因此，宁波、台州和温州等地都是东海油气登陆的理想场所，更是建立海上石油平台后勤基地和油气下游端基础设施等的不二选择。目前，中海油已经在宁波和温州投资建成2个陆上终端基地，但日处理天然气量还远未达到其设计能力。此外，浙江省沿海地区经济发达，社会资本富裕，油气加工与服务产业（如宁波镇海炼化、台州大石化，以及沿海众多大型油库、液化石油气库及其配套设施等）已有一定的基础，且油气用量大，产业转型升级迫切。这都为大规模勘探开发东海油气资源打下坚实基础。

（二）挑战

尽管海洋油气产业展现了前所未有的大好机遇，但受传统发展理念和发展模式的制约，地方政府尤其是民企和民间资本大规模参与海洋油气资源勘探开发还面临着诸多挑战。

1. 海洋人才与海洋高新技术相当短缺

进入21世纪的海洋经济已经驶入发展的快车道，海洋经济年平均增长率达到20%，在社会经济中发挥着极其重要的作用。就中国油气资源保障而言，迫切要求加大对近浅海海域油气资源的探查，以便在新的区域和深部新层位（中生界、古生界地层）发现新的油气资源，提高和稳定现有近浅海的油气开发储量，提高油气资源保障能力；迫切需要在深水油气勘探开发领域取得突破和新的发现，提高资源储备和可持续开发能力，大力发展海洋油气业和海洋装备制造业等海洋高新技术产业。目前，浙江省海洋人才与高新技术储备不足。能否在短时间内建立海洋人才培养、流动、使用机制，建立海洋高新技术研发与转化基地，是浙江省进军海洋油气勘探开发领域、发展和壮大海洋经济所面临的重要挑战。

2. 海洋地质调查与勘探工作相当薄弱

浙江省海洋经济发展虽已提升为国家战略，但薄弱的海洋勘探工作影响了该省海洋经济的快速发展。近年来，随着海洋经济快速发展，沿海一些省份的省级海洋地质调查队伍快速形成。海洋开发，地质先行。为加快推进海洋地质工作，更好地服务于地方建设，组建一支强有力的专业化海洋地质调查队伍已成为各省份的共识。从目前各地海洋地质调查力量的发展情况来看，辽宁、江苏、福建等省份的海洋地质调查力量经过多年发展积累，已经相对成熟；上海、山东等省份也已初具规模；广西、海南等省份也已建立相应的机构，并逐步走上正轨；天津、河北等省份近些年也在积极筹建中。浙江省作为经济强省和海洋大省，相关工作进展已远落于其他省份后，海洋地质调查与勘探工作几乎还是空白，与浙江省海洋大省地位，以及浙江省海洋经济发展示范区和舟山群岛新区的国家战略要求极不相符。

3. 海工装备市场中的浙江省企业不多见

目前，中国已成为世界上自升式平台的主要建造基地之一，但在国内建造自升式平台的众多企业中，似乎还难以找到浙江省企业的踪影；中国浮式生产储存卸货装置（FPSO）的整体技术已达到世界先进水平，并在某些领域领先，但在中国建造 FPSO 的主要造船厂名录中，甚至在有能力改装 FPSO 的船厂名单中，也是鲜见浙江省企业。在国际金融危机来临之际，当浙江省还在争夺外国造船订单，争当全国船舶制造业大省地位时，国内一些大型船舶企业已调转方向，纷纷进军海工装备市场。现在不少企业已经成功转型为海工制造装备企业，并实现了海工产品的全覆盖。而曾经是中国船舶制造业大省的浙江省，在海工装备市场，海工装备制造的企业却是屈指可数。江苏的深水岸线资源和海洋资源等都远不如浙江省丰富，但在海工装备市场却已成为后起之秀，尤其如“海洋石油 201”的建造者——江苏如皋的民营企业熔盛重工有限公司，不仅是目前中国第二大船企和最大的私营船企，并已进入全球十大船企之列，而且向上海外高桥的国内龙头老大地位发起挑战。

4. 海洋油气业在浙江省仍是空白

早在 1998 年，浙江省曾提出要积极配合参与对东海油气资源的联合开发，成为东海油气开发基地。但在此后的 10 多年中，有关参与东海油气资源开发，甚至配合建设油气开发后勤基地的提法，逐渐淡出历届浙江省政府工作报告以及浙江国民经济和社会发展五年规划，甚至有关海洋产业规划中，发展海洋油气产业似乎与这个海洋大省毫不相干。相反，同是沿海省份的广东，一直以来对南海油气资源的勘探开发高度重视并积极参与，很快成为全国年产油气超千万吨的石油大省，在全国海洋油气业中占有很大比重。早在2006年，广东的油气业增加值就占到全国的40%多，此后几年增长速度虽有所放缓，但2010年仍然占到全国的24%。尽管浙江省近海和外海的东海盆地拥有丰富的油气资源，但在能源日趋紧张的大背景下，以及在广东、山东等省份海洋油气业快速发展的竞争环境下，浙江省在这一领域至今还是一片空白。况且，山东和广东同样是海洋经济发展的试点省份。浙江省如何发挥优势，尽早介入海洋油气勘探开发领域还面临着严峻的挑战。

5. 民间资本参与海洋油气资源勘探开发的政策措施亟待细化

目前，中国对石油等战略性资源实行“统一管理”的一级管理模式。海洋油气资源的勘探开发，主要由中海油、中石化等国有企业进行。虽然国家已经出台相关政策鼓励民营资本参与海洋油气资源的勘探开发，但尚未出台相应的实施细则，比如民营资本参与海洋油气资源勘探开发的准入与退出机制，以及民间投资与国有资本的合作模式等。国家只有在政策上有所突破，保证民间资本至少能享受到与国外资本同等的国民待遇，才有可能吸引民间资本参与国家海洋油气资源的开发利用。但目前一些政府部门受传统观念的影响，面对海洋油气资源现有的垄断开发模式，缺少主动突破的意识；对民间资本参与“高风险、高技术、高投入”的油气资源开发有顾虑，甚至抱有怀疑的态度；而且许多地方海洋经济规划基本沿袭省里的规划，没有涉及海洋油气资源的勘探开发领域，更没有设立民间资本参与油气资源勘探开发的协调机构等。虽然民营企业的积极性较高，但政府职能部门的准备工作显然还不够充分。

三　加快推进东海油气资源开发利用的对策与建议

目前，中国海洋油气资源的勘探开发存在“南轻北重”的局面。为此，

加大对中国南部海域海洋资源的开发力度，充分发掘东海海洋资源的巨大潜力，加快东海陆架盆地的油气勘探，对浙江省乃至整个长江三角洲地区海洋经济的转型升级和能源结构调整有着重大战略意义的共识已经基本形成。应该看到，中国东海海域油气资源丰富，适当调整各海域开发力度，实现共同开发，将对东海海洋经济乃至全国经济的可持续发展起到举足轻重的作用。

1. 进军海洋油气业，是发展壮大浙江省海洋经济的必然选择

中共中央、国务院对发展海洋经济高度重视，并对浙江省寄予厚望。早在2012年，浙江省海洋生产总值已经达到4850亿元，在全国11个沿海省市中排名第四，但与排名第一的广东（11000亿元）相比，依然差距甚大。究其原因，与广东海洋油气业起步早、发展快有关。从眼前或长远来看，浙江省参与东海油气开发应该是迟早的事。无论是发展海洋经济也好，还是节能减排或者产业转型升级，都离不开石油和天然气产业。目前仅靠港口和海洋运输业、海洋渔业和围海造地等传统海洋产业，是建设不成海洋强省或经济强省的。唯有介入海洋油气工业，才能使浙江省的海洋经济实现跨越式发展。为此，浙江省应充分发挥濒临东海的优势，加快推进东海油气资源勘探开发步伐。这是浙江省拓宽发展空间、加快经济转型升级、培育新的增长极的战略选择。油气资源既是能源又是多种工业产品的原料，有利于规模化工业和系列化工业等大型工业基地的建设。所以，进军海洋油气业应是加速浙江省工业化进程的重要动力，完全可以成长为浙江省工业的主导产业。各级政府应尽早就发展海洋油气产业达成共识，并提上议事日程，适时修改和完善相应的发展规划，积极主动地承担国家大规模勘探和开发利用东海油气资源的重任。加快发展海洋油气业，应是浙江省未来海洋经济发展的重点，更是浙江省建设经济大省和海洋强省的必然选择。

2. 加强战略谋划，积极争取进入东海油气勘探开发领域

浙江省应审时度势，抓住机遇，积极谋划，从战略上主动介入国家大规模勘探开发丰富的东海油气资源，并从国家给予浙江省的两大海洋战略入手，提出“先行先试”的相关政策建议，从国家、地方和民营三个层面上考虑，提出推进东海油气资源开发利用的对策与建议。如从国家层面，希望

国家重视并加大对东海油气资源的勘探力度，以及中海油对东海油气资源的开发力度，出台相关政策，允许地方参与东海油气资源的勘探开发。从地方层面，积极参与东海油气资源开发活动，并配合中海油做好后勤基地建设和油气下游端的基础设施建设等。从民营层面，鼓励民营资本参与发展海工装备产业和油气加工与利用产业，研究制定出台有关发展天然气后继产业的优惠政策措施。目前，海上勘探集中在大陆架和深海盆地，近海一带相对空白。浙江省作为地方政府，可以从近岸管辖范围逐步向大陆架、外海海盆推进。同时，积极做好油气产业下游产业链的项目投资建设，将油气资源优势转化为新的经济优势、产业优势，从而将浙江省建设为中国新兴油气资源勘探开发的战略基地。

3. 细化政策措施，探索建立海洋油气勘探开发的体制机制

目前，中国的油气开发由国有专业企业垄断。虽然中海油独享中国管辖海域海洋石油开发权的垄断地位已经被打破，但地方政府或民营企业进入海洋油气资源勘探开发领域的障碍仍未全部扫清。争取国家给予特殊优惠政策或以入股的形式参与海洋油气的勘探开发，是目前地方政府或民营企业介入东海海洋油气开发较为可行的方式。为此，应主动与中海油探讨浙江省民间资本进入海上油气资源开发的前景，以准许民资进入中海油对外合作为起点，逐步争取国家放开民资准入条件。深化从外交和国家战略高度研究地方政府或民间资本进入部分争议海域勘探开发油气资源的可行性，从而撬动地方政府或民间资本进入海洋油气产业的大门。同时，在开发模式上，应鼓励外资和民营资本享受同等国民待遇进入海洋油气开发领域，充分利用民间资本、国际资本的商业化运作模式，共同开发，促进投资的多元化。积极与国外、国内资本等社会力量合作，同时尝试成立地方石油勘探开发公司，加快推进海洋油气资源的勘探开发，争取尽快在东海油气勘探开发上取得重大突破。

4. 共同勘探开发，开创多模式合作的良好局面

中国的海洋资源勘探是以国家层面为主的，第一手地质资料集中在央企和国家级科研单位手中，因此积极争取与央企、国家科研单位的合作，共同勘探开发是初始阶段地方进行海洋油气开发的必要之选。鉴于海洋地质调查

与勘探工作在海洋经济发展中的先导性、基础性、战略性地位，建议尽快组建一支专业的海洋地质勘探队伍，从而为推进浙江省海洋地质调查与勘探工作打下基础。此外，浙江省还应统筹考虑，争取中海油等国企的更大支持，为与央企和国家级科研单位展开全方位合作做出积极的态势，开创合作共赢的良好局面。

5. 引导项目布局，加快推进浙江省产业结构调整

海洋油气业是重要的战略物资产业，对解决能源短缺、发展化学工业意义重大。浙江省应组织力量，重点研究介入这一新兴海洋产业的对策，以促进本省的跨越式发展。浙江省的工业发展、汽车市场发展和人民生活水平的提高，对石油和天然气能源的需求愈来愈大。尽早介入这一产业不但能取得直接的经济效益，而且能够促进国家油气工业的发展，并推进浙江省相关工业发展。建议利用浙江省海岸线曲折、水深港优的条件，在宁波市和温州市建设石油炼制、天然气化工产业基地，重点发展合成氨、化肥和甲醇等产业；在舟山市建设石油储备中转和海工装备制造基地；在台州市建设石油化工一体化产业基地，重点构建基础化工、精细化工等炼化一体的产业链，引导对油气资源下游产业链的项目投资，将油气资源优势转变为浙江省的经济优势、产业优势。加快推进煤改气、油改气的步伐，大力发展天然气发电和新能源汽车，促进全省能源结构调整，为完成日益艰巨的“节能减排”任务留出发展空间。

参考文献

［1］许启望：《国外海洋经济发展概况》，《海洋信息》1998 年第 1 期。

［2］姜亮：《东海陆架盆地油气资源勘探现状及含油气远景》，《中国海上油气（地质）》2003 年第 1 期。

［3］汤文权：《东海陆架盆地石油、天然气资源的开发利用前景》，《科技通报》1990 年第 6 期。

［4］顾宗平：《东海油气勘探开发现状和展望》，《海洋地质与第四纪地质》1996 年第 4 期。

[5] 何广顺：《“十一五”海洋经济发展情况述评》，《海洋经济》2011 年第 3 期。
[6] 李文增、鹿英姿、王刚等：《“十二五”时期加快中国战略性海洋新兴产业发展的对策研究》，《海洋经济》2011 年第 4 期。

The Study on Developing Marine Oil and Gas Industries and Promoting Transformation and Upgrade of Marine Economy of Zhejiang

Xu Jianping

Abstract: Since the 21st century, marine oil and gas industry shows the unprecedented opportunities, but the restriction of the traditional development concept and development model, the local government, especially private companies, and private capital, involved in offshore oil and gas resources exploration and development on a large scale is also facing many challenges. Will intensify development of marine resources in the southern ocean, fully tap the huge potential of the marine resources in the East China Sea, speed up the exploration and development of the marine oil and gas resources in the East China Sea, and all of these in Zhejiang province, and even the whole Yangtze river delta region, transformation and upgrading of the marine economy and energy structure adjustment has great strategic significance.

Keywords: Marine Oil and Gas; Resource Development; Marine Economy; Transformation and Upgrade

（责任编辑：周乐萍）

山东海洋经济发展形势分析与对策*

李广杰　王春龙　陈 琛**

摘　要： 山东省海洋产业依托山东半岛蓝色经济区建设的契机，继续保持了较好的发展态势。同时，山东海洋经济发展也面临新的形势与挑战：世界海洋科技步入密集创新时代，国际海洋开发战略导向日益凸显。2014 年，国家提出“一带一路”经济发展战略，使中国海洋经济发展战略出现新变化。山东必须在积极探索海洋开发国际合作新机制、加强战略性海洋新兴产业的培育、推动海洋科技创新、加大政府扶持力度，以及加强海洋生态保护等方面，加快推进海洋经济发展。

关键词： 海洋经济　科技创新　海洋产业　“一带一路”

一　山东海洋经济发展态势

2015 年，山东省海洋生产总值达 1.1 万亿元，占全省 GDP 的 18%，蓝

* 本文为山东省软科学研究计划项目“新常态下山东省海洋经济拉动作用研究”（项目编号：2015RKC23002）成果。

** 李广杰（1964～），男，山东社会科学院国际经济研究所所长，研究员。主要研究领域：国际经济研究。王春龙（1979～），男，东营市东营区海洋与渔业局助理工程师。主要研究领域：海洋产业管理。陈琛（1981～），男，中石化胜利石油工程有限公司海外工程管理中心项目管理部主任，高级经济师。主要研究领域：海洋工程管理。

色经济区主要指标增幅均高于全省平均水平。山东省海洋产业依托山东半岛蓝色经济区建设的契机，继续保持了较好的发展态势。海洋生物、海洋装备制造、现代海洋渔业及水产品精深加工、海洋运输物流及文化旅游五大优势产业，成为今后山东省着力打造的对象[1]。

（一）海洋渔业

山东省是中国的传统渔业大省。2015 年，山东省渔业总产值为 3700 亿元，较 2014 年同期增长 5.49%（见表 1）。其中，海水养殖依然在全国各沿海省份中位列前茅。2015 年，“海上粮仓”建设顺利实施，山东省实现渔民人均纯收入 1.7 万元，按可比价格计算，同比增长 10%，尽管增速有所放缓，但仍处于缓中趋稳的区间。

表 1　中国主要沿海省份渔业总产值

单位：亿元

年份	山东	辽宁	江苏	浙江	广东	海南	福建
2004	426.12	272.22	449.48	361.99	466.45	116.66	397.57
2005	465.80	306.90	512.00	380.80	523.80	132.30	434.60
2006	537.67	366.36	552.21	403.52	570.37	148.31	463.44
2007	580.30	326.10	579.00	369.90	541.90	121.30	473.30
2008	686.30	374.50	665.70	407.80	652.60	139.80	549.30
2009	747.42	441.89	719.25	435.48	661.23	154.51	565.58
2010	847.37	491.00	805.25	522.18	741.44	173.53	674.18
2011	999.11	560.05	1060.44	655.75	843.01	204.58	782.64
2012	1267.07	618.74	1235.40	687.05	914.04	236.27	903.36
2013	1397.42	689.30	1351.11	757.97	975.28	275.53	986.28
2014	3507.44	—	—	—	—	—	—
2015	3700.00	—	—	—	—	—	—

资料来源：农业部渔业渔政管理局《中国渔业统计年鉴》，中国农业出版社，2013；各省渔业统计信息网站。

2014 年底，全省海产品人工养殖产量达 479.9 万吨，占全国总产量的 26.4%；海洋捕捞产量基本保持稳定，为 266.2 万吨，较上一年增长 9%，但远洋捕捞发展仍相对较慢。2013 年，全省渔用机动船 13.31 万艘，总功率

232.44 万千瓦，其中绝大部分为近海渔船。在海产品的种类上，贝类 382.33 万吨，占 53.8%；藻类 59.06 万吨，占 8.3%；虾蟹类 39.75 万吨，占 5.6%；鱼类 187.07 万吨，占 26.3%；其他海产品 42.23 万吨，占 5.9%（见图 1）。

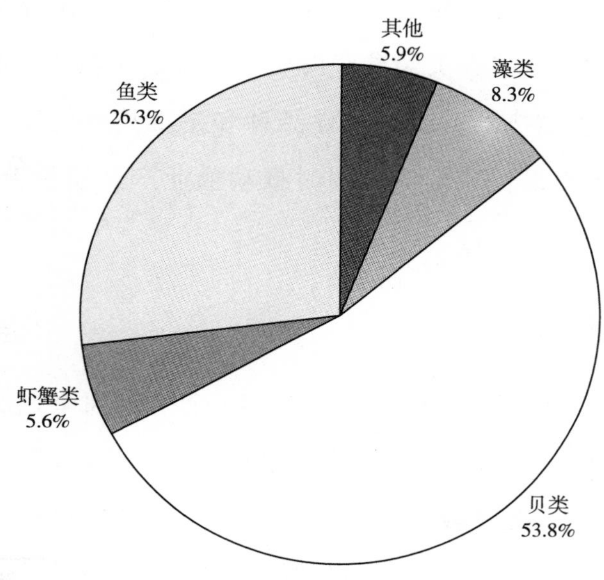

图 1　2013 年海产品产量结构

2014 年，山东省渔业工作主要以“科技、创新、质量、服务”为核心，并在顶层设计、园区建设、远洋渔业、产品质量、科技研发、环境保护、机制创新和法制建设方面提出八项重点任务。其中，远洋渔业发展是急需解决的问题。由于 2014 年初海洋捕捞作业收益少，影响了渔民出海的积极性，因此 4 月鱼汛时期，山东省拖网渔船大部分仍处于停港待产状态，近岸流刺网、笼壶等其他类型作业渔船已开始出海作业，但受渔业资源衰退以及部分渔获物价格下降的影响，大部分渔船捕捞收益仍不理想，威海、潍坊、日照等地的大马力拖网渔船 80% 以上因捕捞效益不佳仍未出海作业[2]。为贯彻落实关于建设“海上粮仓”重大部署的具体举措，同时提高渔民的生产收益，提高远海作业的积极性，山东省多次开展了“海上粮仓”建设调研，并有针对性地提出多项对策建议，重点在远洋渔业的后勤保障能力建设、远洋渔业产品的市场渠道拓展、科技创新能力的支持、国际渔业海上合作方面实现突破，提升山东省远洋渔业实力。

科技支持方面，在广泛征集意见和专家务实论证的基础上，山东省海洋与渔业厅发布了2014年山东省渔业主导品种和主推技术，包括褐牙鲆、黑鲪、南美白对虾、三疣梭子蟹、海湾扇贝等28个渔业主导品种，以及刺参池塘安全度夏及健康养殖、贝藻参浅海生态养殖、鱼类工厂化梯度式多品种养殖等10项渔业主推技术。渔业主导品种和主推技术的发布，可使一批先进的渔业科学技术得以快速推广，同时推动渔业产品质量升级和结构优化，提升渔民收益。

（二）船舶制造业

2012年，山东省船舶工业企业单位149个，位列全国第三，以渔船制造为主，工业总产值730.8亿元，其中出口交货151.28亿元，主营业务收入68.2亿元，平均从业人数46919人，利润总额325833万元（其中，金属船舶制造172866万元，非金属船舶制造4546万元，娱乐船和运动船的建造和修理12962万元，船用配套设备制造123788万元，船舶修理及拆船9021万元，航标器材及其他浮动装置的制造1943万元）（见图2）。

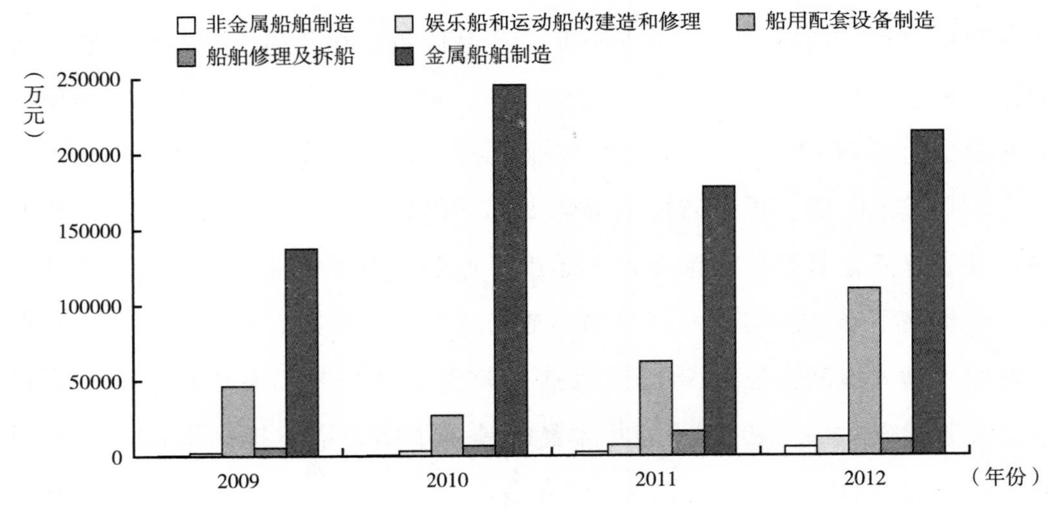

图2　山东省船舶工业利润构成

注：由于航标器材及其他浮动装置的制造利润较少，在图中无法看出柱形，故未显示。

从图2可以看出，金属船舶制造在山东省船舶修造业的利润结构中占相当大的比重。但在2010年后，随着沿海渔业发展的放缓，以及国际经济的持续低迷，船舶工业特别是金属船舶制造方面出现明显的下滑。与此相反的是，船用配套设备制造快速壮大，成为船舶工业利润结构中仅次于金属船舶制造的一个重要组成部分。娱乐船和运动船的建造和修理、船舶修理及拆船以及非金属船舶制造所占比重相对较小，并且变化范围不大。在平均从业人数上，金属船舶制造的从业人数逐年降低，而船舶的建造和修理以及船用配套设备制造领域的从业人数呈持续增长的态势，尤其是娱乐船和运动船方面，依托邮轮母港以及滨海旅游业的发展，产业从业者规模迅速壮大（见表2）。从以上变化特征中不难发现，以船壳制造为主的传统利润来源，其支柱地位正在逐步瓦解；海洋装备、仪器仪表等船用配套设备正在逐步取代金属船舶制造，成为船舶工业利润结构中的主要来源，船舶工业的产品结构正在向高附加值和高科技方向转型。

表2　山东省船舶工业主要领域平均从业人数

单位：人

年份	金属船舶制造	非金属船舶制造	娱乐船和运动船的建造和修理	船用配套设备制造	船舶修理及拆船
2009	36209	645	1097	9029	1323
2010	35876	767	1260	10033	992
2011	34526	877	1361	10384	1015
2012	32248	982	2092	10621	1232
2013	27765	845	1801	9144	1060

资料来源：中国船舶工业年鉴编辑委员会《中国船舶工业年鉴》，2013。

在船舶工业订单方面，从2012年开始，山东省船舶企业手持船舶订单量、手持出口船舶订单量、新承接出口船舶订单量均出现了明显的下滑，尤其是新承接出口船舶订单量的减少将直接影响2013年的船舶工业产值。此外，受宏观经济环境的影响，国际贸易持续低迷，2012年新承接订单的单船载重吨出现显著下降，平均载重吨为22772吨，而2011年及之前以5万吨级以上的订单为主（见表3）。

表 3 山东船舶工业订单情况

年份	手持出口船舶订单量		手持船舶订单量		新承接出口船舶订单量	
	载重吨	艘	载重吨	艘	载重吨	艘
2009	8311560	307	8440891	415	262111	35
2010	7885778	243	8518585	470	1762571	29
2011	7786086	199	9170124	415	3283252	49
2012	4982898	111	6187514	294	705948	31

资料来源：中国船舶工业年鉴编辑委员会《中国船舶工业年鉴》，2013。

（三）海洋运输业

总体来看，山东省航运业在目前国际物流业持续低迷的背景下，基本保持相对稳定的态势，但复苏仍十分缓慢，BDI 指数长期处于 1000 点左右。2014 年前三季度，山东省水路货运量达 10060 万吨，较 2013 年同期增长 0.2%，占全国总货运量的 2.87%。2013 年，山东省水路货运量为 13478 万吨，水路货运周转量为 1211.99 亿吨公里，分别较上一年减少 1.7% 和 50.3%，远洋货物贸易运输量明显下降。从历年的水路货运量数据来看（见图 3），水路货运量在 2008 年出现拐点，之后在经济刺激计划的作用下迅速提升，但受制于国际经济的影响，航运运价持续下跌，航运业复苏乏力，并且在 2011 年后开始下滑。首先，2012 年前后全球国际贸易量持续低迷。其次，该时期内中国与欧美等主要出口国家或地区的贸易纠纷持续不断，对橡胶、钢铁等初级产品交易影响较大。最后，中国开始逐步进行出口产品结构调整，附加值较低的初级产品比重有所降低，导致货运总量下滑。

2014 年 1 ~ 10 月，山东省各沿海港口货物吞吐量达 10.68 亿吨，较上年同期增长 8.12%，继续保持较快的增长态势，虽然增速有所放缓，但仍高于全国规模以上港口货物吞吐量的平均增长水平。其中，集装箱吞吐量完成 1883.07 万标准箱，同比增长 7.36%；外贸吞吐量完成 5.62 亿吨，同比增长 1%，增幅明显回落[3]。近年来，山东省主要港口的货物吞吐量保持稳

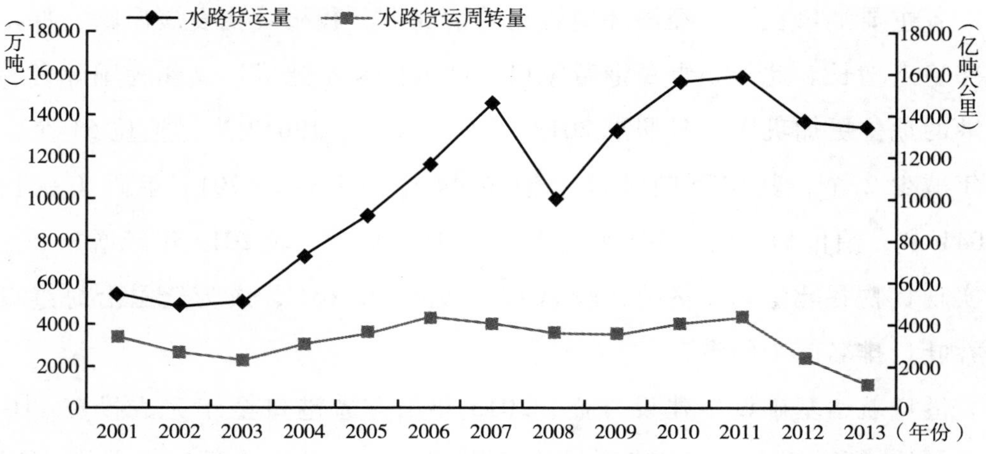

图 3　山东省历年水路货运量及水路货运周转量

资料来源：国家统计局，http：//www.stats.gov.cn/。

定增长的态势，但增速逐渐放缓。其中，青岛港依旧保持货物吞吐量的领先地位，并且增速高于省内其他港口（见表 4）。货运品种方面，主要结构未出现明显改变，煤炭、金属矿石和石油仍是货物运输的主要种类。

表 4　山东省主要港口货物吞吐量

单位：万吨，%

年份	烟台		青岛		日照	
	货物吞吐量	增速	货物吞吐量	增速	货物吞吐量	增速
2003	2936	—	14090	—	4507	—
2004	3431	16.86	16265	15.44	5108	13.33
2005	4506	31.33	18678	14.84	8421	64.86
2006	6076	34.84	22415	20.01	11007	30.71
2007	10129	66.71	26502	18.23	13063	18.68
2008	11189	10.47	30029	13.31	15102	15.61
2009	12351	10.39	31546	5.05	18131	20.06
2010	15033	21.71	35012	10.99	22597	24.63
2011	18029	19.93	37230	6.33	25260	11.78
2012	20298	12.59	40690	9.29	28098	11.24
2013	22157	9.16	45003	10.60	30937	10.10
2014	21796	-1.63	42620	-5.30	30826	-0.36
2015	23344	7.10	44580	4.60	30857	0.10

资料来源：国家统计局，http：//www.stats.gov.cn/。

各主要港口在国际经济环境恶化的情况下，积极寻找发展出路，保持了业务稳定增长。此外，青岛港董家口亿吨港区基本建成，其作为国际贸易枢纽港的地位更加巩固。日照港 2013 年码头总长度 13013 米，泊位 51 个，较上年减少 2 个，其中万吨级以上泊位 44 个。烟台港 2013 年码头总长度 19041 米，泊位 98 个，其中万吨级以上泊位 59 个，较 2012 年新增 3 个，全年实现货物吞吐量 2. 2 亿吨，较 2012 年增长 9. 16%，成为全国沿海港口货物吞吐量排名前十的港口。

港口航运基础设施建设方面，2013 年山东省港口全年完成投资 116 亿元，同比增长 15. 1%。在建项目快速推进，日照港岚山港区北作业区通用泊位工程等 15 个项目建成投产，沿海港口新增万吨级以上泊位 18 个，总能力达到 5. 7 亿吨，港口服务能力大幅提升。2014 年上半年，山东港口航运基础设施建设累计投资 40. 6 亿元，其中沿海和内河港口航运基础设施投资分别为 39. 7 亿元和 0. 7 亿元，完成全年计划的 35. 3%，在建 61 个项目顺利推进。沿海港口航运方面，青岛港着重加强了专业化码头和大吨位码头的基础设施建设，包括液化天然气（LNG）项目，以及 30 万吨级原油码头（董家口港区）；日照港岚山港区加强完善了码头原油运输管道的配套设施建设；烟台港西港区 30 万吨级矿石码头建设完成，并已进入试运行阶段。

（四）滨海旅游业

与其他北方旅游目的地类似，山东省滨海旅游业具有明显的季节性，游客旅游集中在 5 ~10 月。从历年山东省旅游人数的情况看，山东旅游人数基本保持了快速增长的态势，年均增长率超过 20%，并在 2012 年达到峰值，但 2013 年出现明显的下降（见图 4）。

与全省情况类似，青岛、潍坊、烟台、日照、滨州、威海等沿海城市的入境游人数也在 2012 年出现了拐点。一方面，人民币的升值抬高了国外入境游客的旅游成本，使外国游客人数有所减少。另一方面，人民币的升值也使出境旅游变得相对便利，许多潜在的旅游消费者开始将目光从国内旅游市场转向国外，同时出国游相对低廉的价格也对国内的旅游市场造成了不小的

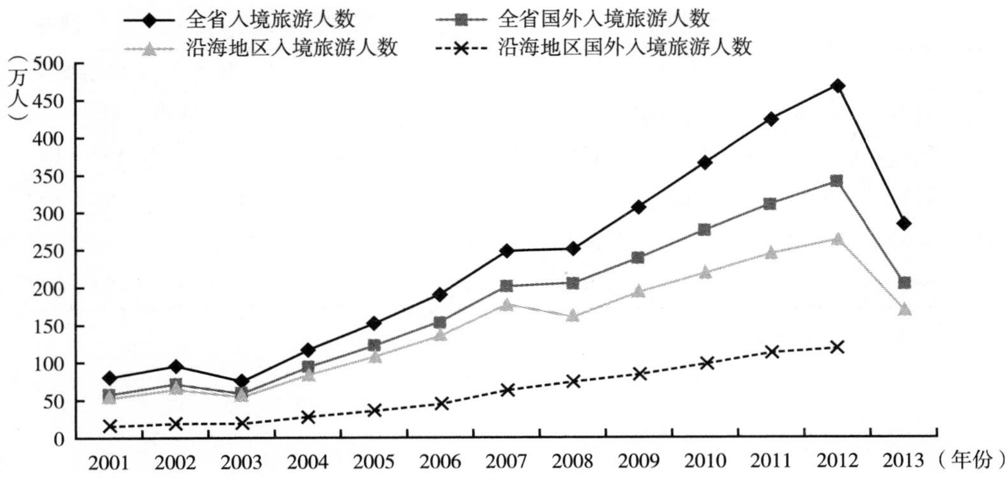

图 4　山东省历年入境旅游人数和国外入境旅游人数

资料来源：国家统计局，http：//www. stats. gov. cn/。

冲击。然而，尽管山东省沿海城市近年旅游人数较往年有较为明显的下降，但旅游收入并未出现相应的波动，基本维持在相对稳定的水平（见表5）。在旅游收入的分布上，青岛市具有十分明显的优势。随着青岛邮轮母港项目的建设，青岛市的旅游核心城市地位将进一步凸显。

表 5　山东省沿海城市国内旅游收入

单位：亿元，%

年份	青岛		烟台		威海		日照		滨州		潍坊	
	收入	增速	收入	增速	收入	增速	收入	增速	收入	增速	收入	增速
2001	178.0	—	—	—	—	—	—	—	—	—	—	—
2002	240.0	34.83	71.6	—	51.5	—	19.1	—	6.8	—	33	—
2003	181.0	-24.58	65.3	-8.80	49.1	-4.66	16.9	-11.52	11.2	64.71	32.2	-2.42
2004	292.0	61.33	—	—	—	—	—	—	—	—	—	—
2005	415.0	42.12	106.7	—	79.7	—	36.9	—	14.2	—	51.1	—
2006	543.0	30.84	134.6	26.15	94.4	18.44	48.9	32.52	16.9	19.01	61.9	21.14
2007	675.0	24.31	168.9	25.48	121.4	28.60	63.8	30.47	20.6	21.89	95.9	54.93
2008	500.0	-25.93	209.9	24.27	149.2	22.90	78.6	23.20	26.2	27.18	143.6	49.74
2009	551.0	10.20	252.1	20.10	177.6	19.03	96.1	22.26	33.3	27.10	181.4	26.32
2010	601.0	9.07	306.2	21.46	207.3	16.72	116.1	20.81	43.3	30.03	237.0	30.65

续表

年份	青岛		烟台		威海		日照		滨州		潍坊	
	收入	增速	收入	增速	收入	增速	收入	增速	收入	增速	收入	增速
2011	689.0	14.64	373.4	21.95	239.0	15.29	144.0	24.03	55.4	27.94	302.1	27.47
2012	824.0	19.59	445.1	19.20	281.3	17.70	174.7	21.32	69.6	25.63	368.6	22.01
2013	830.0	0.73	—	—	324.1	15.22	—	—	—	—	426.7	15.76
2014	1060.0	27.71	614.0	—	364.0	12.31	239.0	—	93.4	—	499.5	17.06

资料来源：山东省统计局，http：//xxgk. stats - sd. gov. cn/。

二　山东省海洋经济发展面临的国内外形势

（一）世界海洋经济发展新变化

世界海洋经济格局已基本成型。随着全球主要沿海强国接连实施了新的以海洋资源开发为主的战略，海洋经济在总经济结构中的地位开始逐步上升，其中美国、中国、日本、印度的表现尤为突出，其海洋经济已经占到全球海洋经济的近50%。

1. 美国

美国在海洋资源的开发上具有雄厚的经济基础，并且在海洋资源权利归属的争取方面行动较早。因此，相对于其他国家，美国在对海洋经济的发展态度上显得比较从容。在政策导向以及技术研发的方向上，美国更多地侧重于对海洋环境的保护、对海洋资源的管理以及对未来经济可持续发展的支撑，如奥巴马政府，非常关注可再生能源的开发和利用，并加强了在该方面的财政预算。据估计，水动力的能力来源将在未来满足美国10%的能源需求。

2. 日本

日本是典型的岛国经济系统，资源相对匮乏，海洋是其主权资源中的重要来源。因此，日本的海洋经济模式多以港口为节点，通过腹地经济的支撑，实施“陆海联动”策略。相对于其他国家，日本在海洋产业上的技术优势明显，特别是在基础资源和战略资源的勘探和开发上，大多具有世界领先水平。对资源的迫切需求使日本在海洋资源的开发利用上显得过于急迫，在迅速发展相关产业的同时，也对环境造成了相当程度的破坏。因此，近年来，日本在海洋政策上，更多地侧重于海上环境违法查处以及油污损害赔偿保障等制度的建设。

（二）不同经济增长模式的比较

本研究认为，以要素投入为驱动力，以规模报酬不变为手段实现经济增长的经济发展方式为外延式增长，其经济增长的函数表达式为：

$$Y(X) = Y(X1) + Y(X2) + Y(X3) + Y(X4) + Y(X5) + \cdots \quad (1)$$

而以技术进步和创新性劳动为动力，以提高全要素增长率为手段带动经济增长的发展方式为内涵式增长，其经济增长的函数表达式为：

$$Y(X) = a \times Y(X1) + a \times Y(X2) + a \times Y(X3) + a \times Y(X4) + a \times Y(X5) + \cdots \quad (2)$$

可以看出，两种不同经济增长方式之间经历了质的飞跃。一方面，通过对生产技术的改造，使生产从规模报酬不变阶段进入规模报酬递增阶段，意味着资源价值的转换效率提升。另一方面，在资源有限的情况下，内涵式经济增长为可持续发展战略目标的实现，以及政策的稳定性提供了保障。

（三）中国海洋经济发展战略新变化

2014 年，“一带一路”战略进入务实合作环节。山东处于“一带一路”的交汇地区，具有重要区位优势。作为中国的沿海经济大省，山东应积极融入和推进“一带一路”建设，努力推动与“一带一路”沿线国家和地区在更宽领域、更高层次上开展交流合作。这有利于提升山东开放型经济发展水平，促进山东经济转型升级，增强山东在全国区域经济发展大格局中的作用[4]。山东在参与“一带一路”建设中，一方面将面临较大的竞争压力，但另一方面又可以借鉴其他省份的先进经验。广西、广东、上海、陕西等省份积极利用国家大力发展“一带一路”的新机遇，结合自身优势，取得较为明显的成效（见表6）。

表6 中国沿海省份参与“一带一路”建设的做法

省份	发展目标	总体思路
山东	“一带一路”海上战略支点	加强与沿线国家基础设施互联互通合作，深化与沿线国家的投资贸易合作，加强与沿线国家海洋领域合作，加强与沿线国家的人文交流合作，抓好“一带一路”节点城市、支点城市建设，加强与国内其他省份的合作
广东	“海上丝绸之路”桥头堡	发挥广东优势，积极构建全方位对外开放新格局，深耕周边，加强与东盟等国际经济区域的新兴市场多层次、多方式、多领域的合作
上海	将以上海为首的长三角地区建成“海上丝绸之路”的中枢	上海将结合自身优势，与“四个中心”建设、具有全球影响力的科创中心建设、自贸试验区建设等国家战略联动，重点聚焦经贸投资、金融合作、人文交流、基础设施建设等四大领域

资料来源：从各地政府网站收集整理。

三 促进山东海洋经济发展的对策与建议

（一）建立完善的科技创新法规保障体系，加强政策引领与保障作用

围绕提高自主创新能力促进成果转化，广泛吸取科技创新先进国家和地区的经验和做法，在充分掌握本地情况、充分发挥本地特长的基础上，对科技创新风险投资、产学研合作、创新型人才流动等与科技创新密切相关的制度进行改革，切实实施国家关于小微企业以及创新型企业的税收优惠政策，并通过政府采购、财政贴息以及行业奖励等方式对具有带动作用的领军型企业进行重点扶持，按照中央的政策导向，逐步完善、补充和修订不适应科技创新发展形势的旧有政策、地方法规和内部文件，形成协同化、人性化、现代化的科技创新服务体系，营造鼓励创新、支持创新、培育创新的社会环境。

以新修订的《科技进步法》作为科技创新的基本依据，加快制定相应的配套法律制度与行业细则，使科技创新行为有法可依，使科技创新主体

的利益得到切实保障，使侵犯知识产权的行为得到依法严惩。同时，废除和纠正侵害他人知识产权、具有地方性保护主义的政策规定，净化科技创新环境。对于新出现的创新型业态和经济增长点，要及时把握动向，对有良好发展前景的要给予扶持，同时酝酿制定相应的制度政策，保障新兴产业良好健康的发展态势，并对为追求短期利益而破坏行业秩序的行为予以纠正。

（二）加大海洋科技创新投入，建立多元融资机制

鼓励和引导地方财政、企业和社会加大对海洋科技研发的投入力度，推进多元化、社会化的海洋科技开发投入体系建设，有效形成政府资金和市场资金的对接。以海洋科研和产业化平台、人才队伍建设为载体，积极争取国家财政支持，加大国家对海洋科研平台、海洋科技队伍、海洋科技研发配套设施等的专项经费支持。鼓励涉海科研机构、高校及企业进一步完善激励制度，充分调动科研人员的积极性和创造性，促进创新团队建设，大力承担国家科技发展规划中确定的重点领域、优先主题和重大专项计划，增强国家财政对区域海洋基础科学研究、海洋高新技术研发的支持力度[5]。优化山东“自主创新重大专项资金”投入结构，增加海洋科技创新投入比重。设立“山东半岛蓝色经济区建设海洋科技创新与成果转化专项引导基金”，以政府投入为引导，吸引社会资本加入，对与地方海洋产业发展密切关联的科技创新体系、基础设施配套、重大专项技术或产品攻关与成果转化、海洋战略新兴产业和海洋环境保护等领域增强支持力度。

积极推动符合国家产业政策、规模优势突出、发展前景好的涉海企业在主板上市融资，支持符合条件的已上市创新型涉海企业再融资和进行市场化并购重组；结合实施山东战略性新兴产业发展工程，建立创业板和中小板上市涉海企业资源库，大力扶持海洋生物医药、海洋可再生能源、海洋材料、高端船舶与海工装备等海洋战略性新兴产业中的科技型涉海中小企业在创业板上市，支持其利用资本市场加快发展，做大做强；积极探索发展场外交易

市场，完善产权交易市场交易和监管制度，加强科技型中小企业股份转让系统建设，为包括非上市科技型涉海企业在内的中小企业提供流转顺畅的产权（股份）转让和交易平台。

（三）建立海洋科技成果产业化的激励机制

结合山东海洋科技发展的实际情况，对现有海洋科技成果产业化的激励机制进行不断完善。一方面要完善国家和地方的海洋科技成果奖励政策，严格规范海洋科技项目的招标、申请等程序，促使海洋科技成果转化的效率不断提高，建立科学高效的海洋科技成果激励机制。另一方面积极推进科研经费管理体制改革，创新资助方式以促进海洋科研团队的稳定性，注重对成果转化者、管理者、中介者的奖励，提高从事成果转化工作人员的积极性，同时推进科研机构和高校的考核评价机制改革。加强对产业化的投入支持，建设开发和转化技术支撑人才队伍，培养既懂技术又善于经营的复合型人才，完善股权激励政策，制定出台鼓励海洋科技人员自主创业的政策[6]。

（四）建立健全海洋教育体系

积极发展海洋高等教育和职业培训，将海洋科技开发与海洋人才培养相结合，培养高素质的海洋科技人才和经营管理人才。以中国海洋大学和中国石油大学等为平台，加强海洋重点学科建设，加大海洋教育设施和研究设备的投入，增设一批涉海专业博士后流动站、博士点、硕士点和国家级重点学科、本科重点专业。此外，还要推动山东中高等职业技术院校的发展，加强海洋相关专业职业培训工作，如与现代海洋装备制造业密切相关的“蓝领”技工的培养，进一步完善和健全山东的海洋教育体系[7]。在加快海洋科技人才培养的同时，还要进一步加强高层次科技研发人才、工程技术人才、企业管理人才的引进工作，加快培养学科带头人和创新型人才，有效发挥领军人物作用。健全有利于人才创业及团队形成的引进、使用、培养、评价和激励机制。

参考文献

［1］王得格：《山东半岛蓝色经济区建设重点画定蓝图》，http：//news. shm. com. cn/2014-02/18/content_ 4200169. htm. 2014-02-18，最后访问日期：2015 年 3 月 29 日。

［2］秩名：《鱼汛旺期山东省渔船捕捞效益仍不佳》，http：//www. hssd. gov. cn/article/news/20145/news_ 81960. asp. 2014-05-05，最后访问日期：2015 年 7 月 8 日。

［3］茅婷婷、严远：《1～10 月份全省沿海港口货物吞吐量突破 10 亿吨持续快速增长》，http：//www. sdjt. gov. cn：19080/home. ejf. 2014-11-11，最后访问日期：2015 年 12 月 3 日。

［4］杨金卫：《谱写陆海丝绸之路新华章——〈山东融入“一带一路”建设战略研究〉书评》，《东岳论丛》2015 年第 11 期。

［5］马吉山：《区域海洋科技创新与蓝色经济互动发展研究》，硕士学位论文，中国海洋大学，2012。

［6］王苧萱：《论山东半岛蓝色经济区海洋科技成果产业化机制的构建》，《海洋开发与管理》2013 年第 9 期。

［7］谢筱筠：《基于区域经济视角的北钦防地区高等教育发展研究》，硕士学位论文，广西师范大学，2014。

Analysis and Countermeasures of Marine Economic Development Based on Situation in Shandong

Li Guangjie, Wang Chunlong and Chen Chen

Abstract: Relying on the opportunity of the construction of Shandong Peninsula Blue Economic Zone, Shandong province marine industry maintain the good momentum of development. At the same time, the development of marine economy in Shandong is facing new situation and challenge, marine science and technology in the world into the era of innovation intensive, international marine development strategy oriented has become increasingly prominent. In 2014, the government put forward "One Beld One Road" strategy, which cause some new changes in marine economy development stratigy. Shandong must actively explore new mechanisms for international cooperation in marine development, strengthen the cultivation of marine strategic emerging industries, promote the marine science and technology innovation, increase government efforts to support and strengthen the protection of the marine ecosystem and to accelerate the development of marine economy.

Keywords: Marine Economy; Technological Innovation; Marine Industry; "One Beld One Road"

（责任编辑：王圣）

海洋生态经济与绿色发展

科学维护海洋生态系统视角下的海洋经济健康发展

韩立民　闫金玲*

摘　要　在海洋经济可持续发展理念中，海洋生态系统的可持续发展是基础，对人类发展具有重要意义。只有充分认识和把握海洋生态系统的地位和作用，积极做好海洋生态系统的保护和修复，才能更好地将其转换为经济效益和社会效益。本文在认真梳理已有文献的基础上，建立海洋生态系统健康评价指标体系，并运用层次分析法对各指标赋予权重。结果显示海洋生态系统自身的修复能力是最为关键的影响因素，其次是海洋生态系统的组织结构。本文根据排序结果，并结合对已有文献的梳理，系统阐述了如何科学维护中国海洋生态系统的健康，以期为海洋经济的可持续发展提供参考。

关键词　海洋生态系统　海洋经济　层次分析法　健康评价　陆源污染

---

* 韩立民（1960～），男，中国海洋大学管理学院教授，博士研究生导师。主要研究领域：海洋经济与区域经济。闫金玲（1986～），女，中国海洋大学水产学院博士研究生。主要研究领域：渔业经济与管理。

海洋约占地球表面积的71%。海洋生态系统是海洋生命系统与海洋环境系统在一定时空范围内组成的、具有一定结构和功能的整体。海洋生态系统是全球生产力最大的生态系统，其地位举足轻重。一方面，海洋生态系统作为社会进步的重要支撑，给人类的生存和发展提供不可或缺的物质文化供给，包括丰富的海洋资源与原材料等物质利益以及娱乐消遣、知识获取等非物质利益。另一方面，海洋生态系统还具有调节和支持功能，能够维持生态平衡、优化生态环境，是全球环境的天然净化器。然而，近年来经济社会快速发展、人口急剧增长，特别是20世纪70年代以后人类对海洋的认识不断加深，对沿海地带资源过度开发和利用，造成物种骤减、海洋资源枯竭等严重后果，致使海洋生态系统正面临着严重威胁。为了避免重蹈陆域发展先开发后保护、先污染后治理的覆辙，科学统筹海洋经济发展的速度、规模与环境资源承载能力之间的关系，保护海洋生态系统，维护海洋环境安全，必须作为一项长期的战略任务，贯穿于海洋经济发展的始终。

一　文献回顾

随着世界各国对海洋认识的不断加深，20世纪70年代兴起的以海洋开发为主题的“蓝色浪潮”在世界范围内蓬勃发展，愈来愈多的国家将目光投向海洋，不断加大对海洋资源的开发力度。尤其是20世纪90年代以来，伴随着海水养殖、海洋油气、滨海旅游、海洋生物制药以及海洋新能源等海洋新兴产业的兴起，人类进入了海洋产业发展新时代。然而，对海洋资源的无序过度开发却导致海洋生态系统的运行状况越来越恶劣，全球海洋灾害频发、海洋生物锐减、海洋净化与平衡能力不断衰退。经济发展与海洋环境保护的矛盾日益尖锐，促使越来越多的学者对海洋生态系统进行研究。

纵观已有文献，国内对海洋生态系统的研究主要集中在海洋生态系统多样性、服务功能及价值评估、存在问题与可持续发展能力、海洋生态系统修复现状及健康评价，以及海洋生态系统的管理等方面。王友绍阐述了按不同标准划分的海洋生态系统的多样性，介绍了海洋生态系统多样性的国内外研究进展，提出了当前中国海洋生态系统多样性的研究重点[1]。海洋生态系统的服务功能及其价值评估方面的研究，成果颇多，尤其是自国家海洋局2005年启动“海洋生态系统服务功能及其价值评估”研究计划以来，国内学者开始借鉴和引入国外较为成熟的估算方法（Daily[2]和Costanza[3]等的研究工作最具代表性），在由定性分析向定量评估转化方面取得很大突破。陈仲新等采用Costanza等人的研究方法得出中国海洋生态系统的效益价值为21736.02亿元/年[4]。他指出，由于计算方法的缺陷，得到的还仅仅是一个偏低的数值。受国家海洋局的资助，陈尚等以胶州湾生态系统为研究对象，率先构建了中国海湾生态系统的服务功能分类体系，并对其服务功能进行了说明[5]。徐丛春等从海洋生态系统服务功能的内涵入手，引用Costanza等人的评价指标，构筑了其服务功能价值的估算框架体系[6]。王丽等采用问卷调查的方法，基于条件价值法评估了罗源湾生态系统的生物多样性维持服务价值，并总结了影响生态价值评估的主要因素[7]。李志勇等基于广东省的区域概况，采用市场价格法等生态评估方法，在建立广东近海海洋生态系统服务类型体系的基础上，得出2009年广东省近海海洋生态系统服务价值和平均单位海域生态系统服务价值，并得出四种服务功能的价值排序，其中，文化服务价值最大，调节服务价值次之，而供给服务功能价值最小[8]。其结果显示广东省海洋生态资源开发较为落后，污物处理能力很低。张朝晖等界定了海洋生态系统服务的内涵，从海洋生态系统的组成结构、生态过程及生物多样性三个方面分析了海洋生态系统的服务功能，并将其归纳为15种类型[9]。朱明远介绍了黄海大海洋生态系统的自然环境，指出黄海生态系统面临着污染严重、生态系统退化、渔业形势严峻、气候变化等一系列问题，并分析了黄海海洋管理存在的问题，最后提出实现可持续发展的战略行动计划[10]。狄乾斌等构建了海洋生态系统可持续发展能力评价指标体系和基于信息熵的评价模型，得出中国海洋生态系统可持续发展能力总体呈上升趋势[11]。姜欢欢等给出了海洋生态修复的定义，分析了几种中国典型的海洋生态系统修复的现状并指出存在的问题，提出今后中国海洋生态修复的工作重点[12]。蔡云川等重点探讨了广东省近海海洋生态系统修复的10种技术管理措施[13]。李会民等分析了影响海洋生态系统健康的因子并筛选出13个参选因子，运用层次分析法建立了海洋生态系统健康评价指标体系，对海洋生态系统的健康程度做出评价[14]。祁帆等从海洋生态系统健康的概念和标准出发，分析了海洋生态系统健康的两种评价方法，其中系统阐述了指标体系法，并提出海洋生态系统健康评价存在的问题[15]。王晓静指出，海洋生态系统管理不同于传统的单一部门管理，是一种新型的海洋管理模式[16]。她从海洋生态系统管理的概念、政策及实施三个方面，分析了中国取得的成果和面临的挑战。叶属峰等总结了生态系统管理的研究进展，结合中国海洋生态系统的特征，阐述了中国海洋生态系统面临的问题并分析了产生的原因，最后提出发展中国海洋生态系统的管理战略[17]。

二　中国海洋生态系统健康评价指标体系

当前，国内学者对海洋生态系统的研究颇多，从文献回顾来看，海洋生态系统的各个研究视角均有涉及。学者们都认识到海洋生态系统对于人类经济、社会乃至人类文明的延续和发展发挥着极其重要的作用，也意识到当前中国海洋生态系统已经处于过度开发利用的状态，海洋生态系统的健康状况前景堪忧。但学者对于如何维护海洋生态系统的研究却不多见。本文在吸收借鉴前人研究成果的基础上，试图通过建立海洋生态系统健康评级指标体系，运用层次分析法对评价指标进行排序，以期从定量的角度得到影响海洋生态系统的关键因素，力求根据排序结果并结合前人的研究成果系统地阐述如何科学维护中国海洋生态系统的健康，确保海洋经济健康可持续发展，并为后续问题的探讨提供借鉴。

（一）指标体系的构建

1. 构建原则

在充分考虑海洋生态系统健康评价指标体系建立的科学性、全面性、特殊性等基本原则和数据可获得性的基础上，结合海洋生态系统具有脆弱性、复杂性和易变性等独有特点，所选取指标应尽可能具差异性、相对稳定性、主导性等特点，且易理解、易搜集、易量化，能够通过主客观综合赋权法对各指标权重进行赋值[18]，并能用统计方法进行评价。

2. 构建方法

（1）借鉴 Costanza 等对生态系统健康提出的定义，即健康的生态系统必须能够维持自身的组织结构并进行自我调节，在面对外界压力时具有一定的弹性，具有进行自我恢复的能力，即具有稳定性、可持续性和可保持活力。表现在数学公式上面，即生态系统健康程度（CHI）=组织结构×活力×恢复力[19]。

（2）沿海及近海地区是人类活动的主要区域之一，其健康程度与人类活动程度和活动方式相互作用、相互影响。因此，必须把人类社会因素置于对海洋生态系统健康的研究之中[20]。基于海洋生态文明建设已经成为沿海地区海洋生态环境保护工作的重点内容[21]，结合评价指标设置原则，借鉴前人成果，本文设置了包含组织结构、活力、恢复力、生态文明 4 个准则层、17 个指标层的针对性强、层次清晰、较全面综合反映海洋生态系统健康状况的评价指标体系。

（二）评价指标权重的确定

比较常用的确定指标权重的方法有层次分析法（Analytic Hierarchy Process，AHP）、主成分分析法、灰色关联度法等[22]。因评价指标选取的准确与否在很大程度上会影响对研究对象影响因素的综合评价，故应根据研究对象的特点进行针对性选择。层次分析法是由美国著名运筹学家、匹兹堡大学教授 T. L. Saaty 在 20 世纪 70 年代中期提出来的。它的本质是把复杂的问题分解为各组成因素，将这些因素按支配关系分组，以形成有序的递阶层次结构。该方法通过对客观现实的主观判断，就每一层次的相对重要性给予定量表示，最后用数学方法确定每一层次中全部因素的相对重要性次序。由于层次分析法将定性与定量相结合，它常常被运用于多准则、多要素、多层次的非结构化复杂决策问题，具有广泛实用性，故本次评价采用层次分析法。

运用层次分析法确定指标的权重分为以下四个步骤。

第一，构造层次结构模式。根据前面海洋生态系统健康评价指标的选取，将其分为目标层 A、准则层（一级指标）B 和方案层（二级指标）C。

第二，构造两两判断矩阵。通过专家打分，即对指标的重要程度进行两两判断，得到如下判断矩阵：$B = [b_{ij}]_{m \times m}$。$b_{ij}$表示对于上一层级 A 来说，$b_i$ 相对于 b_j 重要程度（同等重要、稍微重要、明显重要、强烈重要、极其重要）的数值体现。通常 b_{ij}取数值 1 ~9 以及它们的倒数作为标度。根据专家打分结果，利用 Excel 计算结果如下。

对判断矩阵 A – B，有：

$$W = \begin{bmatrix} 0.3192 \\ 0.1064 \\ 0.4079 \\ 0.1665 \end{bmatrix}, \lambda max = 4.4125, CR = 0.0534 < 0.1$$

对判断矩阵 B_1 – C，有：

$$W = \begin{bmatrix} 0.3498 \\ 0.0637 \\ 0.1476 \\ 0.0451 \\ 0.2105 \\ 0.1078 \\ 0.0756 \end{bmatrix}, \lambda max = 7.1802, CR = 0.0221 < 0.1$$

对判断矩阵 B_2 – C，有：

$$W = \begin{bmatrix} 0.6483 \\ 0.1220 \\ 0.2297 \end{bmatrix}, \lambda max = 3.0037, CR = 0.0036 < 0.1$$

对判断矩阵 B_3 – C，有：

$$W = \begin{bmatrix} 0.1220 \\ 0.2297 \\ 0.6483 \end{bmatrix}, \lambda max = 3.0037, CR = 0.0036 < 0.1$$

对判断矩阵 B_4 – C，有：

$$W = \begin{bmatrix} 0.4832 \\ 0.2717 \\ 0.0882 \\ 0.1569 \end{bmatrix}, \lambda max = 4.0145, CR = 0.0054 < 0.1$$

第三，计算各指标的权重系数。本文采用方根法计算权重，计算结果如表 1 所示。

表 1　海洋生态系统健康评价指标体系及权重

目标	一级指标	一级指标权重	二级指标	二级指标权重
海洋生态系统健康 A	组织结构 B_1	0.3192	溶解氧 C_1	0.1116
			无机磷 C_2	0.0203
			无机氮 C_3	0.0471
			化学需氧量 C_4	0.0144
			底栖生物 C_5	0.0672
			浮游生物 C_6	0.0344
			浮游植物 C_7	0.0241
	活力 B_2	0.1064	初级生产力 C_8	0.0690
			单位面积养殖容量 C_9	0.0130
			单位面积渔获量 C_{10}	0.0244
	恢复力 B_3	0.4079	无机磷环境容量 C_{11}	0.0498
			无机氮环境容量 C_{12}	0.0937
			无机化学需氧量(COD)环境容量 C_{13}	0.2644
	生态文明 B_4	0.1665	海洋科技投入比 C_{14}	0.0805
			万人拥有海洋科技人才 C_{15}	0.0452
			适合游泳天数占比 C_{16}	0.0147
			海洋文化科普力度 C_{17}	0.0261

第四，进行各判断矩阵的一致性检验。一般情况下，由于决策者不可能给出精确的两两判断矩阵，因此要进行特征根的一致性检验，直到特征根 CR <0.1。本例中，各个判断矩阵均通过抑制性检验，结果见上文判断矩阵的计算结果。

（三）结果分析

根据层次分析法的基本原理，本文确定的一级指标的权重和各二级指标相对于总指标的权重如表 1 所示。得到一级指标排序为 $B_3 > B_1 > B_4 > B_2$，二级指标排序为 $C_{13} > C_1 > C_{12} > C_{14} > C_8 > C_5 > C_{11} > C_3 > C_{15} > C_6 > C_{17} > C_{10} > C_7 > C_2 > C_{16} > C_4 > C_9$。即海洋生态系统的恢复力和组织结构对海洋生态系统健康是最重要的，而海洋生态系统的活力（产出效率）占比最小。这和前人的计算结果基本吻合。

三 海洋生态系统的维护与管理

海洋生态系统是一个整体。只有彻底转变观念，从海洋生态系统的组织机构和机理特征出发，尊重自然规律，维持海洋生态系统的稳定，才能谈及海洋生态系统健康，海洋生态系统才会给人类回馈丰富的资源，提供优美的环境。当前，中国多地海洋生态系统正处于亚健康或不健康的状态（参见路文海、曾容和向先全[21]，蓝文陆和李天深[19]，狄乾斌和韩雨汐[11]）。这就要求我们必须采取切实有效的行动和措施来维护和管理海洋。对此，依据“陆海统筹、河海兼顾”的原则，以海洋生态系统及其功能的可持续发展作为调控和管理的目标，本文提出“预防与监管、治理与修复、保护与开发”三位一体的管制思路。

（一）健全近岸海域污染防治法律法规，加强监管力度

近岸海域的防治工作应遵循“预防为主，防治结合”的策略方针。各级环保部门应明确分工、各司其职并相互协调配合，编制实施近岸海域污染防治的相关法律法规，给海洋环境保护的防治工作提供有力的保障。

第一，陆源污染是造成海洋水质污染和富营养化的根源。因此，必须采取相关措施从源头上加以预防。根据生态区域的生物多样性特征和环境状况的整体特征，明确规划各流域的受保护河流、河段，禁止在此区域建坝和水电站、热电站等，并制定有关标准严格控制陆源污染物的入海量。各地应根据实际情况制定休渔期，并调整规范捕捞活动，以获得长期可持续性开发的渔业资源，大力发展生态养殖业和远洋捕捞业。建立外来物种监控和预警机

制，构建濒危物种资源库，保护海洋生物多样性；按照旅游资源的承载力，制定相关规划，合理发展旅游业等。

第二，大力加强陆海一体化的海洋环境监测和监管能力。在现有基础上，加强对海洋生态监控区的监测与管理能力，学习先进省市的成功经验，成立海洋监测预报中心及沉积物站、水质站、生物站等相关监测站，设立专业部门，设专人对海洋环境实施无间断监测。建立突发事件和风险的监控和预防系统，并实行专门化管理[23]。及时评估、预测、预报、警报和采取调控措施，并积极推进海洋自然保护区、海洋特别保护区建设。

（二）多管齐下，促进海洋生态系统健康修复

生态系统的修复是一项复杂的工程，受人类活动和自然因素的双重影响。本文从以下三个方面对海洋生态系统提出修复建议，为维护海洋生态系统健康提供参考。

第一，空间层面上，合理规划海洋开发的活动和时间，兼顾生态保护和海洋经济发展。协调复杂多样、利益相互冲突的用海活动。海洋开发与保护应当统筹陆海协调发展，遵循“生态和谐、河海一体”的原则，全面评估近岸各海洋综合经济区的发展对生态系统可持续的影响。各区应建立维护生态系统稳定的目标体系，针对海洋生态变化进行全面监控，使海洋开发限制在生态系统可承载或功能可恢复程度之内。

第二，技术层面上，加强科学技术研究开发，为提高海洋环境管理水平提供科技支撑。一方面，充分利用高等学校教育和实验资源，加大校企合作，依托科研开展海洋生态修复实验等，通过控制污染或改变营养盐及污染物的输入、控制物理参数、控制生物学生产力、干预社会和经济过程等，修复和改善生态系统功能，致力于海洋环境的保护与治理。另一方面，除坚持实施人工鱼礁、增殖放流等传统技术措施外，还要积极开发研究新技术，如科学评估特定海域养殖容量，开发环境友好型捕捞技术，优化海水养殖模式，实施海产品质量可追溯管理，研究开发恢复有益物种的新技术等。

第三，人文层面上，加大科普宣传力度，加强海洋生态文明建设。在全社会营造人人关心、支持并积极参与环保的浓厚氛围。组织筹划相关环保活动，树立正确的海洋发展观，强化公民的海洋资源危机意识和环境保护意识；改变居民生活习惯，减少陆源污染，培养低碳生活意识；建立监督机制，将企业环保规划和计划纳入政府部门的管理计划，邀请相关企业及环保人士参与监督检查和监测工作，支持管理部门环境保护和生态管理措施的落实[17]。

（三）强化环保意识，加快转变海洋资源开发方式

长期以来，中国对海洋资源一直进行掠夺式的开发利用，忽视了环境的承载力和资源的可持续性，对海洋生态环境造成极大的破坏和不可挽回的损失。对此，我们应该全面审视原有开发模式，借鉴发达国家的发展经验，探索适合本国国情的海洋资源开发模式。

第一，海洋资源的开发利用必须以保护环境和生物多样性为前提。唯物辩证法认为，事物都是辩证统一的。短期来看，资源开发与环境保护是相互矛盾的，但从长远来看，二者又是有机统一的。未来海洋资源的开发是以当下的保护为前提的。因此，海洋资源开发必须以海洋生态系统可持续发展为前提。

第二，海洋资源的开发利用必须平衡海洋生态系统的各种服务功能和价值。海洋生态系统具有供给、调节、文化和支持四大功能。许多近海和海岸带存在着各种服务功能相重叠的现象。这些地方既是鱼虾贝的育苗场，又拥有风景秀丽的自然景观；既能保护堤岸净化水质，又可成为人类生存活动的优良场所，其各种服务功能之间的利用矛盾突出。因此，各地区必须根据当地的实际情况，平衡经济社会发展和生态保护之间的矛盾，让海洋生态系统发挥最大的功能价值。

第三，积极探索海洋经济发展的新领域。大力发展海洋新兴产业，尤其是海洋科技产业，如加大对潮汐能、海洋风能等新能源的开发利用；加大对海洋科技人才的培养力度，积极激励科技攻关，突破传统产业技术难点。加

大对绿色技术的投入和推广，积极推进滨海旅游业、现代海洋物流业等海洋服务业开发进程，推进第一、二、三产业的协调发展。

参考文献

[1] 王友绍：《海洋生态系统多样性研究》，《中国科学院院刊》2011 年第 2 期。

[2] C. G. Daily, *Nature's Services: Societal Dependence on Natural Ecosystems* (Washington DC: Island Press, 1997).

[3] R. Costanza, R. Arge, R. Gvoot et al., "The Value of the World's Ecosystem Services & Natural Capital," *Nature* 387 (1997): 253 – 260.

[4] 陈仲新、张新时：《中国生态系统效益的价值》，《科学通报》2000 年第 1 期。

[5] 陈尚、张朝晖、马艳等：《中国海洋生态系统服务功能及其价值评估研究计划》，《地球科学进展》2006 年第 11 期。

[6] 徐丛春、韩增林：《海洋生态系统服务价值的估算框架构筑》，《生态经济》2003 年第 10 期。

[7] 王丽、陈尚、任大川等：《基于条件价值法评估罗源湾海洋生物多样性维持服务价值》，《地球科学进展》2010 年第 8 期。

[8] 李志勇、徐颂军、徐红宇等：《广东近海海洋生态系统服务功能价值评估》，《广东农业科学》2011 年第 23 期。

[9] 张朝阵、石洪华、姜振波等：《海洋生态系统服务的来源与实现》，《生态学杂志》2006 年第 12 期。

[10] 朱明远：《黄海大海洋生态系统的变化和可持续发展研究》，《生态文明建设——环保·园区·教育专家论坛论文选编》，杭州，2013。

[11] 狄乾斌、韩雨汐：《熵视角下的中国海洋生态系统可持续发展能力分析》，《地理科学》2014 年第 6 期。

[12] 姜欢欢、温国义、周艳荣等：《中国海洋生态修复现状、存在的问题及展望》，《海洋开发与管理》2013 年第 1 期。

[13] 蔡云川、冼凤英、姜志勇：《加强广东近岸海洋生态系统修复技术的研究》，《中国水产》2009 年第 8 期。

[14] 李会民、王洪礼、郭嘉良：《海洋生态系统健康评价研究》，《生产力研究》2007 年第 10 期。

[15] 祁帆、李晴新、朱琳：《海洋生态系统健康评价研究进展》，《海洋通报》2007 年第 3 期。

[16] 王晓静：《海洋生态系统管理：概念、政策与面临的问题》，《海洋开发与管理》2014 年第 7 期。

[17] 叶属峰、温泉、周秋麟：《海洋生态系统管理——以生态系统为基础的海洋管理新模式探讨》，《海洋开发与管理》2006 年第 1 期。

[18] 闫金玲、赵慧峰、薛永杰：《基于河北省农民专业合作社参与的农超对接制约因素分析》，《贵州农业科学》2013 年第 3 期。

[19] 蓝文陆、李天深：《钦州湾生态系统健康主要存在问题及保护对策》，《环境科学与管理》2013 年第 1 期。

[20] 袁兴中、刘红、陆健健：《生态系统健康评价——概念构架与指标选择》，《应用生态学报》2001 年第 4 期。

[21] 路文海、曾容、向先全：《沿海地区海洋生态健康评价研究》，《海洋通报》2013 年第 5 期。

[22] 李会民、王洪礼、郭嘉良：《海洋生态系统健康评价研究》，《生产力研究》2007 年第 10 期。

[23] 欧阳田军：《去年上海海洋环境质量基本稳定》，《中国海洋报》2014 年 5 月 27 日。

Healthy Development of Marine Economy from the Perspective of Scientific Maintenance of Marine Ecosystem

Han Limin, *Yan Jinling*

Abstract: In the concept of sustainable development of marine economy, the sustainable development of the marine ecosystem is the foundation, which is of great significance to the development of human beings. Only fully understand and grasp the status and role of marine ecosystems, and actively do a good job in the protection and restoration of marine ecosystems, in order to better convert it into economic and social benefits, better for human services. The carefully combing the existing literature based on, through the establishment of the system of marine ecosystem health assessment indicators, and the use of analytic hierarchy process (AHP) to each index weights are given. The results showed that marine ecosystem self repair ability is the key factor, followed by the organizational structure of the

marine ecosystem. According to the sorting result, and combining with the existing literature, the paper systematically expounds how to maintain the health of the marine ecosystem in our country so as to provide reference for the sustainable development of the marine economy.

Keywords: Marine Ecosystem; Marine Economy; Analytic Hierarchy Process; Health Evaluation; Land-based Pollution

（责任编辑：管筱牧）

关于海洋经济绿色转型的若干思考

刘容子　刘 堃*

摘　要：“十三五”时期，是中国拓展蓝色经济空间、调整优化经济结构的关键时期。在这一时期，海洋经济发展的宏观背景和市场需求都发生了深刻的变化，长期积累的资源环境与经济发展之间的矛盾日益凸显。在新的形势下，海洋经济绿色转型的任务将更加紧迫。海洋经济绿色转型是向低碳、资源节约、环境友好转变的过程。本文探讨了海洋经济绿色转型的内涵特征、影响因素与主要路径，分析了中国海洋经济绿色转型面临的国际形势，总结并整理了目前中国海洋经济中存在的问题，并结合海洋经济发展实际，从顶层设计、资源评估、科技创新和金融投资四个方面提出了相应的对策建议。

关键词：海洋经济　发展模式　绿色转型　转型影响因素

党的十八届五中全会提出“创新、协调、绿色、开放、共享”五种发展理念。其中，绿色是永续发展的必要条件和人民追求美好生活的重要体

* 刘容子（1960～），国家海洋局海洋发展战略研究所主任，研究员。主要研究领域：海洋经济政策。刘堃（1986～），博士，国家海洋局海洋发展战略研究所助理研究员。主要研究领域：海洋产业经济理论与政策。

现。在海洋领域落实绿色发展理念，是加快海洋经济向质量效益型转型、建设海洋生态文明的必然选择。“十二五”以来，中国海洋经济先于国民经济进入“新常态”的进程演变，已步入产业结构深度调整和发展方式加快转变的关键阶段。在转型升级过程中，长期积累的资源环境与海洋经济发展之间的矛盾更加凸显，部分地区海洋资源环境承载能力已接近极限。作为国民经济增长的新动力，海洋经济加快绿色转型、实现提质增效的形势在“十三五”阶段将更加紧迫。

一 海洋经济绿色转型的理论探讨

海洋经济绿色转型是“绿色发展”理念在海洋经济领域的具体表现，其实质是海洋经济发展模式由粗放、低质、低效向低碳、资源节约、环境友好转变的过程。这种转型不仅充分考虑到海洋资源、生态与环境的承载力，而且高度重视海洋开发的可持续性[1]。

（一）海洋经济绿色转型的影响因素

结合海洋经济绿色转型的内涵特征，统筹考虑海洋经济发展的“供给侧”与“需求侧”，本文将影响海洋经济转型的基本要素归为六大类，即海洋资源、科技创新、人力资本、资金支持、政府行为、需求条件。各种要素既单独作用，又相互影响（见图1）。

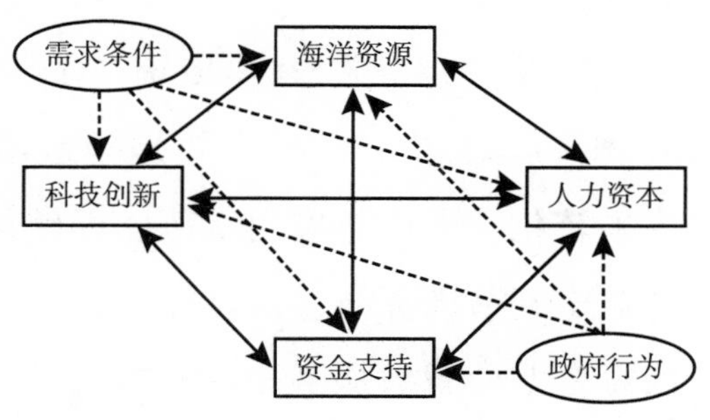

图1　影响海洋经济绿色转型的基本要素

1. 基本生产要素

海洋经济基本生产要素主要包括海洋自然资源、涉海劳动力、资本等。海洋经济绿色转型不仅有数量上的要求，还有质量上的条件。人力资本存量、资金投放的多元化、海洋资源的丰度与优质度，是海洋经济实现“绿色化”的基本支撑条件。

2. 科技创新

推动中国海洋经济绿色发展，首先要实现发展动力的转换，即将资源和要素驱动的发展方式，转向以创新驱动为主，逐步形成以创新为主要引领和支撑的海洋经济新体系[2]。不可否认的是，在海洋经济整个转型过程中，海洋资源、资本、涉海劳动力等传统要素仍然发挥着不可替代的作用，但创新却上升到第一位。

3. 外部条件

影响海洋经济绿色转型的外部条件主要包括需求与政府行为。其中，由国家战略需求与市场需求组成的需求条件为海洋经济绿色转型提供了更直接的推动力，是影响海洋经济发展质量与规模的重要因素。政府行为是对市场机制的补充和完善。海洋经济绿色转型仅依靠市场的资源配置将导致部分公共产品出现供给投入不足的问题，需要政府充分发挥引导、扶持、保障等作用。

（二）海洋经济绿色转型的主要路径

海洋产业是海洋经济实现绿色转型的基本载体与具体表现形式。积极培育发展绿色新兴海洋产业以及“绿化”海洋传统产业，是推动海洋经济绿色转型的主要路径（见图2）。其中，“绿化”是指运用提质增效与节能减排等关键技术，促使成果转化、推广与应用示范，促使传统海洋产业技术水平、经济效益与生态效益得到共同提高。具体而言，在市场需求拉动和激励政策等外部引导下，涉海企业应积极从事绿色技术研发、应用等工作，不断创新产学研合作模式，加速生产要素的重组与流动，从而提高产品供给的质量和效率。

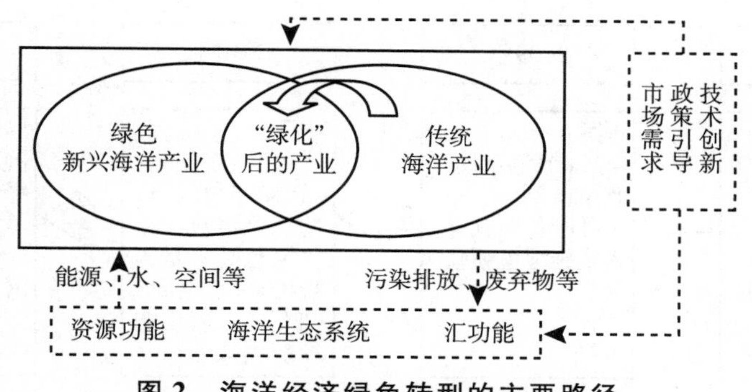

图 2　海洋经济绿色转型的主要路径

二　中国海洋经济绿色转型面临的国际形势

只有科学开发利用海洋资源才能有效解决人口膨胀、资源短缺和环境恶化等问题已逐渐形成全球共识。近年来，国际许多政府与非政府组织的研究焦点也逐渐转向海洋领域[3]。韩国、欧盟等世界海洋强国或地区也特别关注海洋产业绿色发展问题，把科技创新作为海洋经济绿色发展的主要动力，通过加强机制建设、综合运用政策手段引导和促进海洋经济绿色发展。

（一）蓝色世界里的绿色经济

有关海洋经济绿色发展的代表性观点见于 2012 年由联合国环境规划署、开发计划署等多家机构联合发布的《蓝色世界里的绿色经济》[4]。该文章综合国际有关报告与指导性文件，梳理了近年来海洋经济绿色转型理念的演进脉络（见图 3）。

《蓝色世界里的绿色经济》通过对海洋渔业、海洋交通运输业、海洋新能源业、海洋旅游业、深海矿业等具体产业门类进行实例分析，阐述并提出一系列发挥其经济和环境潜能的建议。报告指出：

海洋经济发展面临严峻的资源环境形势。当今世界上约有 40% 的人口居住在距离海岸线 100 千米的范围内。人类活动对海洋和沿海环境造成的影响是，已经破坏 20% 的红树林，超过 60% 的热带珊瑚礁面临严峻的直接威胁。目前，世界上超过 30% 的渔业资源已被过度开发、需要恢复或面临枯

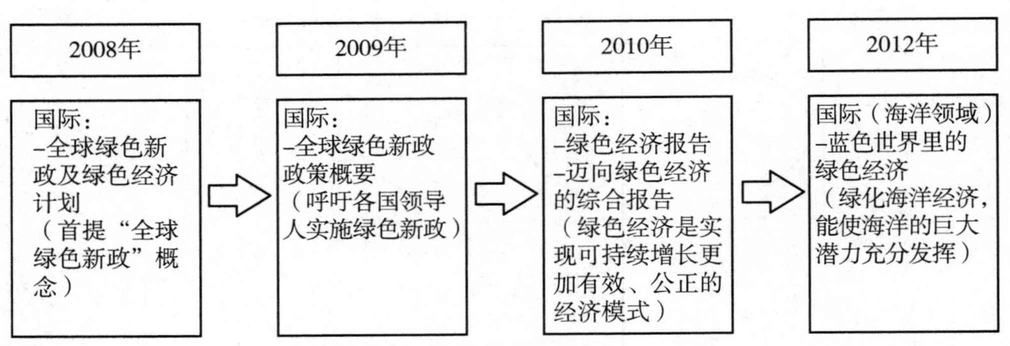

图3　海洋经济“绿色转型”理念的演进脉络

竭，同时在全球范围内还存在着超过400个缺氧“死区”。在全球经济亟须向低碳型和资源有效型绿色经济转变的时期，海洋无疑是转型过程中的重要部分。因此，有必要采取减少海洋环境影响的措施，从而一方面使传统和新兴产业变得更有效率，在获取更多利润的同时变得更加可持续，另一方面为其他产业的可持续性、生产效率以及依赖海洋和沿海环境谋生计的人们做出直接贡献。

海洋经济绿色发展需要跨区域、多部门协作。海洋的流动性使得渔业管理或污染管理比在陆地上更具有难度，因此，海洋环境管理面临着特殊的挑战。海洋几乎没有资产权和保有权，所以导致了所谓的“公共物品的悲剧”。产业部门以及其他海洋相关部门，像海洋交通运输业有关部门，都超出国家司法权的管辖范围。并且单个政府保护海洋环境的力量是有限的，区域和全球性的框架才是绝对必要的工具。只有它们变得更有效力，才能担负起保护海洋环境的重任。从全球来看，固化了的“灰色”不可持续经济必须转变为绿色经济，环境外部性也必须反映在海洋商品和服务的定价之中。

海洋经济绿色发展需要建立基于生态系统的管理模式。发展目标必须由单纯地以GDP衡量市场价值转变为更为广阔的社会目标，比如，社会公平、安全以及自然资本的维护。在自然资本维护方面，生态系统服务的重要性并没有完全被认知，也没有被纳入政策规划以及投资决策之中。因此，在推动海洋经济绿色发展过程中，有必要实行并推广基于生态系统的管理方法。该方法不仅要求进行跨部门综合管理，而且以所有人类活动与生态系统间相和谐为目标。相关公共部门和私营部门的参与，以及海洋空间规划的实施，能够帮助确保用海人和海洋环境以最佳的方式共存。

（二）欧盟的“蓝色经济”

2012年，欧盟委员会发布了题为《蓝色增长：海洋及关联领域可持续增长的机遇》的报告，把“蓝色经济”定义为与蓝色增长相关联的经济活动（但不包括军事活动），特别将蓝色能源、水产养殖、海洋旅游、海洋矿产、蓝色生物技术五个领域作为蓝色经济下一步发展的重点。与传统的以劳动和资源密集型为主的海洋产业相比，五类产业的资源消耗和环境影响程度相对较小[5]。目前，蓝色经济已成为欧盟科研投资的重点领域之一。2015年，“地平线2020”科研规划用于发展蓝色经济的投入已超过1.45亿欧元，而且后续资金还将不断增加[6]。

（三）韩国的“绿色增长战略”

为应对金融危机，韩国政府于2008年后推出“绿色增长战略”（见表1），相继公布了《绿色增长国家战略及五年计划》《绿色能源技术开发战略路线图》《新动力规划及发展战略》等一系列政策文件，明确指出要通过发展绿色产业，使韩国在2020年底跻身全球七大“绿色大国”[7]。其中，海洋也是实施“绿色增长战略”的重点领域之一。

表1　韩国“绿色增长战略”主要内容

三大目标	节能减排、增加就业、创造经济发展新动力
三个重点	一是减少能源和资源的使用，同时保持经济的稳步增长 二是最大限度地减少二氧化碳的排放，如利用新的或可再生能源，同时建立低碳、环保型基础设施 三是实施3G战略（绿色创新、绿色结构调整和绿色价值链）等，让韩国企业有新的增长引擎
六个新增长点	新再生能源、低碳能源、高质量水处理、LED应用、绿色交通系统、高科技绿色城市
15类“朝阳产业”技术	清洁能源生产（5类）、化学燃料清洁化（2类）、提高能源效率（8类）

资料来源：韩国知识经济部官方网站，http：//www. motie. go. kr。

三　中国海洋经济发展现状与存在问题

2015 年，全球经济复苏缓慢，中国宏观经济正处于增速换挡期、结构调整阵痛期、前期政策消化期“三期叠加”的阶段。面对国内外更加严峻的形势，中国海洋经济发展在“新常态”下总体呈现增速趋稳、结构趋优、效益向好的态势。《2015 年中国海洋经济统计公报》显示，2015 年，中国海洋生产总值近 6.5 万亿元，占国民生产总值的 9.6%，涉海就业 3589 万人。

（一）中国海洋经济发展现状

1. 海洋产业结构调整步伐加快

2015 年，全球贸易增长低位徘徊，对外向型的海洋产业发展造成负面影响。但由于主要海洋产业主动适应、积极应对，海洋产业结构转换逆势提速。海洋传统产业总体平稳，海洋新兴产业“亮点”频现，海洋服务业比重稳步提高。受劳动力等要素成本上升、海洋资源环境约束、市场空间收窄等限制，海洋传统产业发展面临较大的下行压力。但忧中有喜的是，随着新技术、新管理、新模式的不断推广应用，海洋传统产业转型升级加速，海洋渔业生产技术水平和效益明显提升，海洋油气勘探开发进一步向深远海拓展，高端船舶和特种船舶的新接订单有所增加，海盐综合开发利用产业链不断拓展，邮轮、游艇等旅游业态快速发展，海洋科技服务业及涉海金融服务业快速起步，创新模式层出不穷。2015 年，中国仅海洋旅游业和海洋交通运输业增加值就占主要海洋产业增加值近 60%。

2. 海洋新兴产业成为重要增长极

现阶段，海洋新兴产业日趋多元化、规模化、效益化。海洋医药和生物制品业、海洋可再生能源业、海水利用业等，引领着中国海洋新兴产业发展的新态势。2015 年，海洋新兴产业总体保持较快发展：海洋药物与生物制品业规模迅速扩大，发展驶入快车道；海洋电力业发展平稳，海上风电场建设稳步推进；海水利用业保持平稳的增长态势，发展环境持续向好。在经济下行压力较大的情况下，海洋新兴产业发展进入全面深入推进期，对海洋经济的支撑引领作用更加凸显，其增长速度在海洋经济各产业中处于领先地位。

3. 海洋经济在"21世纪海上丝绸之路"建设中取得阶段性成果

随着"21世纪海上丝绸之路"的推进实施，丝路基金的顺利启动、亚洲基础设施投资银行的正式成立，促使中国海洋经济的外向性特征更为明显，使中国与周边国家的海洋经济合作关系更具建设性和丰富性。

合作规模不断扩大。近10年来，中国与"海上丝绸之路"沿线国家的贸易额不断增长，年均增长率保持在20%左右，占对外贸易总额的比重从2005年的14.6%提高到2015年的20%，对"海上丝绸之路"沿线国家的直接投资额从2.4亿美元猛增到92.7亿美元，年均增长率高达44%。

合作领域不断拓宽。中国与"海上丝绸之路"沿线国家正在基础设施建设、金融、环保、公共服务等领域展开务实合作。本着建立开放合作新机制的愿望，中国正与沿线国家和地区积极探讨建立蓝色经济交流合作机制、海洋产业发展合作机制、海上互联互通合作机制和海上公共服务合作机制。

合作项目扎实推进。巴基斯坦瓜达尔港、缅甸皎漂港等项目正在有序推进，中马钦州产业园、中印尼综合产业园等园区正在加快建设。这些项目不仅促进了投资和消费，也创造了许多需求和就业机会，有力带动了当地国民经济和社会发展。

（二）中国海洋经济发展面临的瓶颈问题

中国海洋经济取得长足发展，经济基础不断夯实，综合实力稳步提升，活动范围已实现向多维度、多层次、多领域推进。但是，也面临着资源、环境、科技创新能力等一系列束缚，诸多问题也日益引起人们的关注，主要表现在以下几个方面。

1. 海洋产业布局趋同现象严重

海洋产业布局的雷同主要体现在各沿海省（区、市）产业布局的雷同和区域内（辖区内各沿海地市）产业布局的雷同两个方面。比如，中国近50个主要集装箱港口中，利用率低于70%的有近20个，低于40%的有近10个[8]。再如，各沿海地方政府在“十二五”阶段遴选的海洋新兴产业普遍存在方向、领域、项目设计上过度趋同问题。而在区域内部，产业布局的雷同和产业布局的分散是联系在一起的。一个产业在区域内多地均有分布，这种情况使区域内的优势资源难以形成聚集效应，尤其是容易使科技水平要求比较高的新兴产业出现基础差、规模小等问题。从长远来看，缺少市场约束、不结合地方特色和不发挥当地优势的产业布局，容易引发产能过剩和资源浪费等问题。

2. 海洋产业结构有待深度调整

2015年，海洋渔业、海洋船舶工业、海洋油气业、海洋盐业等传统的资源和劳动密集型产业增加值占海洋产业增加值比例超过30%，而具有物质资源消耗低、成长潜力大、综合效益好等特征的海洋生物医药业、海洋电力业等战略性新兴产业规模都较小。对于中国海洋经济而言，尽管第三产业占据绝对优势地位（2015年，海洋三次产业占海洋生产总值比重分别为5.1%、42.5%和52.4%），似乎已经实现产业结构的优化，但是，海洋产业多以海洋资源的开发为基础。如果仅有少量资源实现开发利用，其他资源尚未得到充分开发利用，那么产业经济学上所谓的以“三、二、一”为序的产业结构很难说是结构形成中的优化[9]。

3. 近海承载过重与深远海开发严重不足并存

现阶段，中国海洋整体开发程度比较低，海域开发利用高度集中于10米以内等深线的海域，10～30米的浅海和滩涂利用率不足10%。以海洋渔业为例，海洋捕捞主要集中在近海海域（离岸200千米以内），海水养殖主要集中于近岸海域（20米等深线以内）和滩涂[10]。此外，由于城市建设加速、人口趋海转移、港口扩建和海洋旅游资源开发等诸多原因，近海受到陆源污染范围不断扩大，氮、磷、化学需氧量（COD）及重金属污染明显。

海水养殖污染、海上石油采掘、船舶排放废油和污水及海上事故所造成的石油泄漏等，使得赤潮、绿潮等海洋灾害事件频发。《2014 年中国海洋环境状况公报》显示，中国陆源排污压力依然较大，近岸局部海域海水环境污染依然严重，河流排海污染物总量居高不下，陆源入海排污口达标率仅为 52%。

四　中国海洋经济绿色转型的政策建议

海洋经济绿色转型应有自己的运行机制和资源配置方式，转型过程离不开政策扶持与机制保障。“十三五”阶段是中国适应与引领经济发展“新常态”、推进海洋生态文明建设的“战略机遇期”。要深入贯彻“绿色发展”理念，营造有效的政策环境，完善政策扶持体系。

（一）启动编制“绿色经济发展国家行动计划”

建议编制出台“绿色经济发展国家行动计划”，提出中国绿色经济未来 5～10 年发展的总体要求，谋划拟发展的重大项目、重大工程和拟制定的重大政策（简称“三重大”），明确“三重大”的时间节点、目标任务、支出成本、经济与生态效益等。统筹考虑海洋与陆域，兼顾国内与国际两个大局，努力形成全社会积极推动向绿色经济过渡的整体合力，实现经济发展方式提质增效。

（二）尽早部署“海洋自然资源资产负债表”编制工作

2015 年 11 月，国务院办公厅印发了《编制自然资源资产负债表试点方案》，标志着中国探索编制自然资源资产负债表工作正式启动。目前，有关部门已经在全国多个地区试点开展了“编制自然资源资产负债表”工作，海洋应是探索的重点领域之一。建议开展“中国海洋资源资产负债表编制试点”遴选，将其作为推进海洋经济绿色发展的重要手段与工作内容之一。

与编制海洋自然资源资产负债表的目标和要求相比，现行海洋领域的统计制度、统计基础，还存在诸多不相适应的方面。为此，在充分开发并夯实放大第一次全国海洋经济调查成果的基础上，迫切需要切实开展海洋自然资源资产统计基础工作，以此作为扎实推进海洋自然资源资产负债表编制工作的不可或缺的基础。

（三）在“国家重点研发计划”中设立“海洋经济绿色发展”专项

科技创新是引领推进海洋经济绿色转型的关键力量。当前，新一轮科技体制改革正在组织实施。下一步，要围绕科技计划管理改革的方向，重点推进深水、绿色、安全等领域的海洋高新技术发展。建议在“国家重点研发计划”中设立“海洋经济绿色发展”专项。围绕国家“建设海洋强国”“实施创新驱动发展”“21 世纪海上丝绸之路”的战略核心，聚焦海洋节能减排技术和战略性海洋新兴产业技术两大体系，以“需求牵引、应用带动、平行推进、互动发展”为原则，针对中国海洋传统产业升级、海洋新兴产业培育中亟须解决的资源环境等问题，从基础前沿、重大共性关键技术到应用示范进行全链条创新设计，以期大幅提高中国海洋科技自主创新能力，整体推进海洋经济绿色发展。

（四）加快国家海洋经济绿色转型的投融资体系建设

采取分层次、分类别的投融资支持策略，充分利用民间投资、债券融资、产业基金和风险担保等各种资金来源渠道，缓解融资约束，打造“政府引导，市场运作，风险共担，利益共享”的投融资体系，助推中国海洋经济绿色转型升级。建议各涉海高技术企业针对技术创新活动的实际需求，积极进行国家新兴产业创业投资引导基金的申报，加快促进技术与市场融合、创新与产业对接。通过政府和社会、民间资金协同发力，促进金融资本与海洋产业资本的高效融合与良性互动，实现海洋产业绿色转型升级。

参考文献

[1] UNEP, Towards a Green Economy: Pathways to Sustainable Development and Poverty Eradication, www. unep. org / green economy, 2011.

[2] 刘堃:《积聚创新要素　驱动海洋经济绿色发展》,《中国海洋报》2015 年 11 月 25 日,第 1 版。

[3] 刘容子:《中国海洋产业绿色转型的政策建议》,《中国海洋报》2015 年 2 月 9 日,第 3 版。

[4] UNEP, FAO, IMO, UNDP, IUCN, World Fish Center, GRID - Arendal, Green Economy in a Blue World, www. unep. org/greeneconomy and www. unep. org/regionalseas, 2012.

[5] 李大海、韩立民:《蓝色增长:欧盟发展蓝色经济的新蓝图》,《未来与发展》2013 年第 7 期。

[6] 刘堃、刘容子:《欧盟"蓝色经济"创新计划及对中国的启示》,《海洋开发与管理》2015 年第 1 期。

[7] 黄启才:《韩国的科技教育与社会发展政策及启示》,《亚太经济》2014 年第 6 期。

[8] 何广顺:《海洋产业转型升级重任在肩》,中国船舶新闻网,http://www. chinashipnews. com. cn/ show. php? contentid = 5772,最后访问日期:2015 年 2 月 3 日。

[9] 纪玉俊、姜旭朝:《海洋产业结构的优化标准是提高其第三产业比重吗?——基于海洋产业结构形成特点的分析》,《产业经济评论》2011 年第 3 期。

[10] 韩立民、王金环:《"蓝色粮仓"空间拓展策略选择及其保障措施》,《中国渔业经济》2013 年第 2 期。

Thinking about the Green Transformation of Marine Economy

Liu Rongzi, Liu Kun

Abstract: The 13th Five - Year period, is the critical period of expanding blue economic field, adjust and optimize the economic structure. The macro background and market demand of marine economic have changed profoundly, the contradiction between resource environment and economic development has become increasingly prominent. Under the new situation, the task of the green transformation of the marine economy will be more urgent. This paper discusses the connotation of the green transformation of the marine economy, the main factors and the main path, analyzed the international situation of the marine economy in China, summarized and sorted out the present problems existing in the marine economy in China, and combined with the situation of marine economy, puts forward the corresponding countermeasures and suggestion from the top-level design, resource assessment, scientific and technological innovation and financial investment.

Keywords: Marine Economy; Develop Model; Green Transformation; Influence Factor

（责任编辑：管筱牧）

海洋经济理论

国内外海洋经济统计核算与贡献测度的实践研究*

姜旭朝　刘铁鹰**

摘　要　国内外海洋经济的统计核算一直是学术界和政界重视的问题，不同的国家对此问题的测算内容和结果存在较大差异。本文通过梳理国内外海洋经济核算的框架、方法和结论，比较和评述了国内外海洋经济统计核算的差异。国外大多数国家经历了从传统海洋产业核算到新兴海洋产业核算过程，且海洋经济统计侧重于传统产业，统计类别较为局限，而中国对海洋经济活动的分类较细致，但是海洋产业和陆地产业的剥离存在较大困难，数据精确度不足。因此，应明确国内外海洋经济的核算口径、测度方法以及可能的原因，为进一步完善中国海洋经济的统计核算体系提供参考和借鉴。

关键词　海洋经济　统计核算　贡献测度　绿色 GDP

---

* 本文为国家社科基金重点课题"中国现代海洋经济史问题研究"（项目编号：13AJL002）、中国海洋发展研究中心重大项目"中国海洋经济发展现状研究"，以及国家海洋局全国海洋经济调查研究子课题"中国海洋经济统计核算与地区贡献测度研究"（项目编号：B15M00190）的阶段性成果。

** 姜旭朝（1960～），男，中国海洋大学经济学院教授，博士研究生导师。主要研究领域：海洋经济、产业经济。刘铁鹰（1985～），男，北京交通大学经济管理学院。主要研究领域：区域经济、产业经济。

当前，世界海洋经济的快速发展已经成为各国普遍关注的重要议题。之所以受到社会各界的普遍关注，一方面是因为陆地主要能源资源开发殆尽，陆地环境破坏程度日益加剧，为了寻求新的经济增长点，人们将视线转移到海洋。海洋经济普遍被认为是可持续发展的重要路径之一。另一方面，海洋经济的发展有其自身的独立性和特殊性。海洋经济本身的开放性、资本技术密集性、发散性以及耗散结构特征等，决定了海洋经济系统有其内在的独立性。但海洋经济系统本身和陆地经济系统是相对独立的，并非绝对的闭合孤立，这与海洋经济系统本身的开放性以及海岸带生态系统的陆海统筹特点密切相关[1]。从这个角度讲，在研究海洋经济问题的同时，有必要明确海洋经济的核算范畴以及海洋经济的统计标准。

随着海洋经济地位的逐渐提升，迫切需要测度其对国民经济的影响程度。同时，海洋经济发展自身的内在要求需要分析其对国民经济的影响。海洋经济系统的有序良好发展与国民经济的健康发展密切联系，海洋产业的发展也和陆地产业是否有效发展密切相关。研究梳理这个问题，有利于分析海洋经济和陆地经济相关投资决策的权衡，以及海洋经济投入对陆地经济作用的微观层面的分析。海洋经济本身属于资源经济、产业经济范围，海洋经济的资源属性决定了其产品的公共物品属性和非市场特征。研究海洋经济的统计核算，从学理上是将海洋生态资源纳入主流经济学分析框架中，从而在更大程度上加强人们对海洋经济的理解和认识。基于此，本文的贡献主要体现在以下两个方面：一是明确梳理了世界主要沿海国家统计核算的范围并进行比较分析；二是对既有的海洋经济统计核算口径、贡献测度的可比性等进行了区分，为进一步深入研究海洋经济的国民经济贡献提供了借鉴和参考。

本文包括以下四个部分：第一部分是国外海洋经济统计核算的比较分析；第二部分是国内海洋经济统计核算的实践；第三部分对比国内外海洋经济统计核算与贡献测度的研究方法以及优缺点，提出当前海洋经济统计核算存在的问题和解决的思路；第四部分是讨论和总结。

一　国外海洋经济统计核算的比较分析

（一）英国海洋经济统计核算

英国的海洋经济核算统一在国民经济核算体系框架下，没有单独区分出来。英国海洋经济部门以国民经济相关产业的形式表现出来。在此框架下，英国海洋经济的部门分类实际上与国民经济核算框架实现了较好的对接。英国海洋经济统计核算和贡献结果主要表现为两个方面：一是统计门类齐全，但三次产业的划分不够明确，代之以国民经济部门分类；二是海洋石油和天然气产业对地区经济发展贡献较大（见表1）。从表2可以明显地看出，英国海洋产业门类共分为18个类别，英国海洋经济的国民经济贡献率为4.2%，贡献最大的产业是油气业、港口和航运业务；就业贡献率为2.9%，贡献最大的产业分别为油气业、设备制造和休闲游憩产业。Pugh和Skinner在更新已有研究的基础上，分析了英国海洋经济的国民经济贡献。1999～2000年，英国海洋经济估计有390亿英镑贡献，相当于GDP的4.9%；1994～1995年估计的贡献是278亿英镑，占GDP的4.8%；不包括旅游的话，1999～2000年的贡献率是3.4%[2]。Pugh统计核算了海洋经济活动在英国的基本情况，结果表明，2005～2006年，直接海洋相关活动占英国国内生产总值的4.2%，共价值460亿英镑，890000个就业岗位与海洋相关，占总数的2.9%，总的（直接和间接）海洋活动对英国经济贡献率在6.0%和6.8%之间，其中石油和天然气产业以及水产贡献较大[3]。

表1　英国海洋经济部门分类（1999，SIC 1992）

单位：%

国民经济部门	海洋产业	占GDP比重
农业	渔业	1.1
采矿和石油开采	油气业	2.1
制造业	造船、休闲工艺、仪器	18.5

续表

国民经济部门	海洋产业	占 GDP 比重
电力、天然气和水	—	1.9
建筑业	海上防御口岸、平台和管道	5.0
批发和零售	—	15.2
运输和通信	货运、客运、电缆	8.0
金融、商业服务	保险	26.7
公共管理	海军、政策、安全	4.8
教育、健康	科研院所	11.8
其他服务业	污水处理、码头	4.8

资料来源：D. Pugh，*Socio-economic Indicators of Marine-related Activities in the UK Economy*，Working Paper，2008。

表 2　英国海洋经济贡献（2005，SIC 2007）

海洋产业	营业额（百万英镑）	增加值（百万英镑）	经济贡献率（‰）	就业人数（人）	就业贡献率（‰）
油气业	28693	19845	18.1	290000	9.4
港口	8108	5045	4.6	54000	1.8
航运业务	8820	3399	3.1	28100	0.9
休闲游憩	7435	3326	3.0	114670	3.7
设备制造	7880	3268	3.0	181688	5.9
防卫	8185	2841	2.6	74760	2.4
电缆	4993	2705	2.5	26750	0.9
商业服务	3006	2086	1.9	14100	0.5
船舶制造	2720	1193	1.1	35000	1.1
渔业	3740	808	0.7	31633	1.0
环境产业	981	482	0.4	16035	0.5
研发	797	426	0.4	10360	0.3
建筑	558	228	0.2	6200	0.2
导航和安全	450	150	0.1	5000	0.2
聚合物	242	114	0.1	1670	0.1
执照和租赁	93	90	0.1	50	0.0
教育	73	52	0.05	350	0.01
可再生能源	32	10	0.01	50	0.0
合计	86806	46068	41.96	890416	29.0

资料来源：D. Pugh，*Socio-economic Indicators of Marine-related Activities in the UK Economy*，Working Paper，2008。

（二）法国海洋经济统计核算

法国海洋经济核算主要包括滨海旅游、水产、造船、海运和河运、海洋总提取、海水发电、海事土木工程、海底电缆、油气离岸服务、非商业公共部门等 10 个大类部门，产业分类不是很细致，对教育、健康等海洋服务业的分类不是很明确。以 2007 年为例，增加值排在前三位的海洋产业分别是：滨海旅游、海运和河运、海洋和沿海水上交通，就业人数排在前三位的是滨海旅游、非商业公共部门、海运和河运。值得注意的是，法国的海洋运输是把河运计算进去的。从 2005 ~ 2007 年海洋产业增加值和就业人数增长率分析，商船的增加值增长率最高，为 174. 03%，海藻加工的增加值增长率最低，为 -40. 54%。船用设备的就业人数增长率最高，为 83. 33%，海鲜加工的就业人数增长率最低，为 -20. 28%。总体上看，这段时间，法国海洋经济的增加值增长了 25. 52%，涉海就业人数增加了 9. 28%。R. Kalaydjian 等在介绍法国海洋经济核算部门基础上，测量法国海洋相关经济活动，评估增加值和就业。可以看出，2007 年法国海洋经济增加值近 280 亿欧元，劳动力接近 485000 人。旅游业仍然是主要的海洋经济活动，吸纳了一半左右的海洋经济就业人口。航运和海上石油贡献了较多的附加价值。2005 ~ 2007 年处于海洋经济周期的顶部，这主要是由运输、造船、海上石油工业建设和沿海旅游贡献的[4]。

表 3　法国海洋经济部门核算

单位：百万欧元，人

海洋产业分类	2007 年		2005 年		2007 年增长率（%）	
	增加值	就业人数	增加值	就业人数	增加值	就业人数
滨海旅游	11080	242558	9220	207684	20. 17	16. 79
水产	2129	42335	2313	47489	-7. 96	-10. 85
海洋渔业	634	11396	643	11937	-1. 40	-4. 53
养殖	426	10394	414	11187	2. 90	-7. 09
海藻加工	110	1655	185	1800	-40. 54	-8. 06
渔业贸易	447	7740	433	8579	3. 23	-9. 78

续表

海洋产业分类	2007 年		2005 年		2007 年增长率(%)	
	增加值	就业人数	增加值	就业人数	增加值	就业人数
海鲜加工	512	11150	638	13986	-19.75	-20.28
造船	2272	48429	1775	38107	28.00	27.09
商船	211	3650	77	3708	174.03	-1.56
军船	834	11995	912	12159	-8.55	-1.35
船用设备	600	22000	300	12000	100.00	83.33
船舶修理	99	1533	76	1667	30.26	-8.04
船建筑	528	9251	410	8573	28.78	7.91
海运和河运	7098	54704	4278	52642	65.92	3.92
海洋和沿海水上交通	4712	14346	1999	13307	135.72	7.81
内河航行	235	3822	216	3912	8.80	-2.30
海运保险	508	4183	553	4398	-8.14	-4.89
港口服务	949	8706	920	9685	3.15	-10.11
港口装卸	694	5638	590	5192	17.63	8.59
其他港口企业	—	18009	—	16148	—	11.52
海洋总提取	25	100	10	100	150.00	0.00
海水发电	—	6539	—	6475	—	0.99
海事土木工程	381	4720	308	3499	23.70	34.90
海底电缆	150	1419	110	1641	36.36	-13.53
油气离岸服务	2300	27800	2112	26200	8.90	6.11
非商业公共部门	2163	55944	1861	59570	16.23	-6.09
海军	1750	49279	1481	53259	18.16	-7.47
公共干预	200	3300	200	3300	0.00	0.00
海洋研究	213	3365	180	3011	18.33	11.76
总计	27598	484548	21987	443407	25.52	9.28

资料来源：R. Kalaydjian et al.，*French Marine Economic Data 2009*，Working Paper，2010。

（三）加拿大海洋经济统计核算

从海洋经济核算的分类上看，加拿大海洋经济包括私人部门、联邦政府部门和省级政府部门三大类 12 个小类，海洋产业的细分程度不高，海洋经济相关服务业没有完全纳入，以传统海洋产业和海洋科研为主。Mandale 等评估了加拿大新斯科舍地区海洋经济发展的地区经济贡献，认为海洋经济贡献包括私人贡献和公共贡献。私人部门的贡献包括鱼类加工，公共部门的贡献主要是国防。海洋经济对加拿大新斯科舍地区的直接贡献率是9.6%，加上间接贡献和引致影响，贡献率合计达到17.5%。其第一产业相当于国内生产总值的4.4%，第二产业相当于国内生产总值的10.5%，服务行业约占11%。就业方面，直接贡献沿海产业9.4%的工作，加上间接贡献和引致影响，贡献率合计达到24.6%。这意味着，几乎1/4人口从事海洋经济活动[5]。加拿大 Economics and Statistics Branch 估算了纽芬兰和拉布拉多地区海洋经济发展的地区贡献。2001～2004年，海洋经济相关活动平均贡献63.6亿美元，占地方GDP的41.3%，除此之外还贡献了27.2%的劳动收入和25.0%的相关产业劳动就业。其中石油和渔业为主要产业，平均贡献GDP的35.4%（包括间接和剥离的影响）、19.9%的劳动收入和18.0%的就业。海洋相关活动的贡献，比如旅游、交通、船舶等行业平均约贡献4.4%的GDP、4.3%的劳动收入和4.7%的就业。公共部门贡献了1.5%的GDP、2.9%的劳动收入和2.2%的就业[6]。GS Gislason & Associates Ltd. 研究了加拿大不列颠哥伦比亚省的海洋经济统计核算以及对地方经济的贡献，结果表明有许多商业活动依赖海洋经济，包括：一是资源开采、加工和分布，二是产品建设和制造，三是服务。此外，许多公共（政府）和民间部门参与海洋的监管业务活动、海洋相关的教育和研究等，海洋相关经济活动集中在私人部门，如海洋娱乐、海洋运输、海鲜、海洋高科技，以及联邦政府部门。这几个行业占海洋部门的占比超过90%，2005年海洋部门直接创造了57亿美元的GDP和84400人的就业，间接和引致消费影响合计111亿美元和167800人的就业。海洋部门的贡献占经济总量的7%～8%[7]。

（四）澳大利亚海洋经济统计核算

20世纪80年代，澳大利亚编制了《澳大利亚海洋产业统计框架》。1997年，澳大利亚发布的《海洋产业发展战略》将海洋产业分为四大类：海洋资源开发（海洋油气、海洋渔业、海洋药物、海水养殖和海底矿产）、海洋系统设计与建造（船舶设计/建造与修理、近海工程、海岸带工程）、海洋运营与航行（海洋运输、漂浮或固定海洋设施的安装、潜水作业、疏浚和废物处理）和海洋仪器与服务（机械制造、电信、航行设备、海洋研发与环境监测、教育与培训）[8]。澳大利亚的海洋经济包括滨海旅游业、海洋油气业、渔业、海洋运输业、造船和建筑业、港口基础活动等六大类。这些海洋经济门类比较传统，高新技术产业基本没有涵盖。1995～2003年，澳大利亚海洋产业的增加值总体增长45.95%，就业人数总体增加14.85%。其中就增加值而言，海洋油气业增长75.62%，海洋运输业下降了24.59%。从就业人数上看，海洋运输业虽然增加值大幅下降，但就业人数涨幅最大，为39.59%，造船和建筑业就业人数下跌1.98%。这里的核算包括直接影响和间接影响。The Allen Consulting Group 在分析澳大利亚海洋经济对国民经济巨大的直接和间接贡献基础上，测算了海洋产业经济活动的贡献。在2002～2003年，海洋经济直接贡献了大约267亿美元的附加值，相当于澳大利亚工业增加值总量的3.6%，解决了大约253130人的就业。此外，在海洋产业相关的活动中，大约460亿美元附加价值产生在其他经济部门，贡献了大约690890个工作岗位。贡献最大的海洋产业是海洋旅游业，贡献了42.3%的增加值和75.3%的就业岗位。近海石油和天然气贡献了41.8%的增加值和大多数海洋产业出口额[9]。

表4 澳大利亚海洋经济总体核算（1995～2003年）

海洋产业	增加值(百万美元)		就业人数(人)		变化率(%)	
	1995年	2003年	1995年	2003年	增加值	就业人数
滨海旅游业	27573.80	39447.93	546.78	641.58	43.06	17.34
海洋油气业	11908.58	20914.19	63.45	81.63	75.62	28.65
渔业	2798.37	4071.55	72.38	73.56	45.50	1.63
海洋运输业	2705.97	2040.65	22.71	31.70	-24.59	39.59
造船和建筑业	2178.52	2872.07	76.60	75.08	31.84	-1.98
港口基础活动	2821.66	3611.76	40.01	40.47	28.00	1.15
合计	49986.90	72958.14	821.96	944.02	45.95	14.85

资料来源：The Allen Consulting Group Pty Ltd.，*The Economic Contribution of Australia's Marine Industries*，2004。

（五）爱尔兰海洋经济统计核算

爱尔兰海洋经济部门主要分为海洋服务部门、海洋资源部门和海洋制造部门，其中海洋服务部门的直接就业人数和增加值在三大部门中的比例最高。以2007年为例，爱尔兰海洋服务部门直接就业人数占52.9%，增加值占65.5%，其中潜水旅游业的增加值和直接就业人数最多。就直接就业人数而言，2007年和2003年相比，可再生能源业涨幅最大，海鲜加工业跌幅最大。就增加值而言，海洋运输业涨幅最大，海洋渔业跌幅最大（见表5）。Hynes和Farrelly明确分析了爱尔兰海洋经济发展的统计核算范围和重要指标，并分析了海洋经济区域贡献。结果表明，爱尔兰的海岸带经济活动与国

表5 爱尔兰海洋经济核算（2003～2007年）

单位：人，百万欧元

	直接就业人数		增加值	
	2003年	2007年	2003年	2007年
海洋服务部门	8055	9014	482	927
海洋运输业	2005	2194	102	328
潜水旅游业	5271	5836	306	453
国际邮轮业	0	0	23	30
高技术服务业	—	350	—	27
海洋贸易业	—	65	—	27
其他海洋服务业	779	569	51	62
海洋资源部门	6962	6427	338	379
海洋渔业	2142	2200	118	100
水产养殖	1394	1061	42	42
海鲜加工业	2802	2090	94	88
海藻和生物技术	175	185	6	8
油气业	439	790	78	137
可再生能源	10	101	0	4
海洋制造部门	907	1600	45	110
海洋制造业	907	1600	45	110
总计	15924	17041	865	1416

资料来源：K. Morrissey et al.，"Quantifying the Value of Multi－sectoral Marine Commercial Activity in Ireland，" *Marine Policy* 2011（35）：721－727。

家经济活动基本吻合，海岸带地区经济产值占国家经济产值的96%[10]。Morrissey 和 O'Donoghue 认为以往对爱尔兰海洋经济贡献的研究侧重在总体宏观视角，他们从爱尔兰国家区域差异的角度分析了海洋经济的贡献。结果表明，海洋部门的增加值区域差别较大，都柏林和国家西南部地区贡献了较高的绝对增加值，而西部和西南部地区的增加值占比较大。从就业的角度看，爱尔兰西部和西南部提供了最多的就业机会，并且和区域发展水平相一致。都柏林的海洋部门生产率最高。对于爱尔兰5/8 的地区而言，海洋产业生产率增长速度快于整个地区国民经济的发展[11]。Morrissey 和 O'Donoghue 在之前仅仅研究海洋产业直接贡献的基础上，进一步扩展研究海洋产业的间接贡献，运用投入产出分析方法检验了爱尔兰海洋产业对国民经济的生产影响和产业关联效应、就业乘数效应等。结果表明，爱尔兰海洋产业具有较低的前向贡献、较高的后向影响，同时对国民经济具有较高的生产引致效应和劳动力就业效应[12]。

（六）美国海洋经济统计核算

Colgan 在比较海洋和海岸带经济的基础上，统计核算了 1990 ~ 2001 年美国海洋经济的就业和工资数据。结果表明，从 1990 年到 2001 年海洋产业部门就业人数从 190 万增加到 230 万，同期总工资增长 46. 3%，但相关数据均低于国民经济相应数据。海洋部门平均年工资增长 23. 5%，严重滞后于美国平均工资的名义增长率 48. 6%[13]。Kildow 在分析海洋经济和海岸带经济区别的基础上，认为从海岸带经济上看，4/5 的美国人生活在沿海地区和五大湖沿岸，他们创造了 83% 的国家产出；沿海的制造业逐渐被服务业所取代，1997 年和 2007 年超过 3/4 的美国经济增长发生在沿海地区；从海洋经济上看，2004 年，美国海洋经济生产总值为 1380 亿美元，占美国 GDP 的 1. 2%，沿海旅游和娱乐两大主导产业的就业人数为 170 万，海上运输产值，约为 276 亿美元，占海洋经济的比重为 20%[14]。Colgan 认为美国海洋经济部门共分为 6 大部门 21 个产业，包括海洋建筑、海洋生物资源、海洋矿产、海洋船舶制造、海洋旅游、海洋交通运输产业等。2007 年，美国的海洋经济为当地 GDP 贡献了 1. 7%，解决了地方就业的 2%[15]。

表 6　美国海洋经济统计与核算

单位：%

	2005～2007 年		2007～2009 年	
	就业贡献率	GDP 贡献率	就业贡献率	GDP 贡献率
建筑业	8.07	-9.66	-7.2	55.4
生物资源业	-5.04	5.38	-4.7	-4.9
矿业	14.07	8.93	-0.2	171.1
造船业	5.39	17.98	-16.4	-13.7
旅游休闲娱乐业	5.36	6.93	-2.6	4.6
运输业	5.41	31.45	-5.7	-2.4
海洋经济	3.05	14.43	-3.8	44.9
国民经济	2.85	4.62	-4.9	-3.8

资料来源：C. S. Colgan, "The Ocean Economy of the United States: Measurement, Distribution, & Trends," *Ocean & Coastal Management* 71 (2013): 334-343。

（七）日本海洋经济统计核算

日本的海洋经济统计核算大体上分为两个部分——海洋部分以及海洋相关部分。海洋活动包括海洋资源勘探、海洋空间商业利用、海洋空间商业保护管理，非海洋活动包括对海洋部门的服务供给和由海洋部门创造的对其他行业的支撑（见表 7）。2000 年，日本海洋经济增加值为 7.4 万亿日元，占当年 GDP 的 1.48%，海洋经济从业人数为 101 万人[16]。

表 7　日本海洋经济统计与核算

活动	商业部门	产业分类
海洋活动	海洋资源勘探	海洋渔业、海洋盐业、海洋文化、港口运输服务业、港口与水运管理、水运相关产业等
	海洋空间商业利用	
	海洋空间商业保护管理	
非海洋活动	对海洋部门的服务供给	人造冰、绳网、重油、船舶修造、其他通信服务
	由海洋部门创造的对其他行业的支撑	鱼类、贝类冷冻，腌制、风干、烟熏的海产品，瓶装、罐装的海产品，其他方式处理的海产品，批发贸易

资料来源：H. Nakahara, "Economic Contribution of the Marine Sector to the Japanese Economy," *Tropical Coasts* 7 (2009): 49-53。

二 国内海洋经济统计核算

2006 年 12 月 29 日发布的国家标准《海洋及相关产业分类》（GB/T 20794—2006），对“海洋经济”下了定义（指开发、利用和保护海洋的各类产业活动以及与之相关联活动的总和），并根据海洋经济活动的性质，将海洋经济划分为三个层次，即：海洋经济核心层，包括海洋渔业、海洋油气业、海洋矿业、海洋盐业、海洋船舶工业、海洋化工业、海洋生物医药业、海洋工程业、海水利用业、海洋电力业、海洋交通运输业和滨海旅游业等；海洋经济支持层，包括海洋科研教育管理服务业，如海洋科学研究、海洋教育、海洋地质勘查业、海洋技术服务业、海洋信息服务业、海洋保险与社会保障业、海洋环境保护业、海洋行政管理、海洋社会团体与国际组织等；海洋经济外围层，包括海洋相关产业，是指以各种投入产出为联系纽带，通过产品和服务、产业投资、产业技术转移等方式与主要海洋产业构成技术经济联系的产业，包括海洋农林业、海洋设备制造业、涉海产品及材料制造业、海洋建筑与安装业、海洋批发与零售业、涉海服务业等[17]。近 20 年来，沿海地区经济快速发展。“九五”期间，沿海地区主要海洋产业总产值累计达到 1.7 万亿元，年均增长 16.2%，高于同期国民经济增长速度[18]。“十五”期间，2000 年中国主要海洋产业增加值达到 2297 亿元，占国内生产总值的 2.6%。“十一五”期间，中国海洋生产总值翻了一番，年均增长速度超过 13.5%。2010 年，全国海洋生产总值达到 3.8 万亿元，占国内生产总值的比重将近 10%，涉海就业人员达到 3350 万人，人均创造价值为 11.34 万元。海洋经济已经成为中国经济的重要组成部分和新的增长点[19]。Zhao 等计算了 2001 ~ 2010 年中国主要海洋产业的增加值和增长速度，认为 2010 年中国主要海洋产业贡献了国民生产总值中的 239.09 亿元，海洋经济的发展提供了 900 万个就业岗位[20]。

三 国内外海洋经济统计核算比较分析

国内外海洋经济统计核算大多起步于 20 世纪 90 年代后期，统计核算体系不断完善。通过海洋经济的国别分析可以看出，很多国家经历了从传统海洋产业核算到新兴海洋产业核算的过程。国外的海洋经济统计侧重在传统产业，统计类别较为局限；国内的海洋经济统计核算对海洋经济活动的分类较为细致、全面。但是，国外海洋经济统计核算的可操作性强，数据较为精确，而在中国的海洋经济统计核算中，很多海洋产业和陆地产业的剥离存在较大困难，计算结果比较粗糙。到目前为止，多数国家有了自己的海洋经济投入产出表，但中国在这一领域仍然局限在理论框架描述，这与分类程度有关。不同国家的海洋经济统计核算分类差异如表 8 所示，不同国家同一海洋产业的统计口径和核算标准差异很大，因而国家间海洋经济产值以及国民经济贡献的可比性仍然没有得到统一。

表 8 主要国家海洋经济统计比较

产业	美国	英国	加拿大	澳大利亚	法国	日本	韩国	中国
海洋渔业	√	√	√	√	√	√	√	√
海洋油气	√	√	√	√	√		√	√
海洋矿业	√	√	√	√	√	√		√
海洋交运	√	√	√	√	√		√	√
海洋修造船	√	√	√	√	√			√
滨海旅游	√	√	√	√	√			√
海洋盐业								√
海洋建筑	√	√	√	√	√			√
海洋保险					√			
海洋服务		√		√	√			√
海洋制造		√	√	√				
海洋环保		√						√
海洋科技								√
海洋教育								√

资料来源：何广顺《海洋经济核算体系与核算方法研究》，中国海洋大学出版社，2006。

表 9　主要国家和地区海洋经济的国民经济贡献比较

单位：%

国家和地区	研究年份	GDP 贡献率	国家和地区	研究年份	GDP 贡献率
美　国	2004～2006	4.2	加　拿　大	1988～2000	1.5
法　国	2007	1.5	澳大利亚	1996～2003	3.6
爱尔兰	2007	0.8	新　西　兰	1997～2002	2.9
西班牙	2009	2.9	中　　国	2010	10
欧　盟	2008～2011	4.0			

资料来源：J. C. Surís－Regueiro，"Marine Economy：A Proposal for Its Definition in the European Union，" *Marine Policy* 42（2014）：111－124。

纵观国内外海洋经济统计核算与贡献测度研究，大抵存在以下几个方面的问题。首先，国内外海洋经济的统计核算标准错综复杂，统计口径不一致。例如，中国的海洋经济统计核算仅限于沿海区域的海洋经济统计核算，交通运输业指以船舶为主要工具从事海洋运输以及为海洋运输提供服务的活动，不包括内河航运；而法国等一些发达国家将内河航运包括在海洋经济核算中。多数发达国家不核算海洋经济服务业等相关产业，如日本、韩国，中国的海洋经济核算则包含海洋教育、科研和环保等产业。这也是为什么国外海洋经济对国民经济的贡献低于中国海洋经济对国民经济的贡献。相比较而言，国外有关海洋经济统计核算的思路较为理性和客观，统计较为精准。中国海洋经济核算的范围过大，不利于后续研究工作的开展。其次，海洋经济核算没有考虑到绿色发展的理念。当前，世界海洋经济统计核算缺乏对资源环境账户的关注，没有考虑到可持续发展。由于海洋经济本身属于一种资源经济，海洋资源开发对海洋生态系统的破坏比陆地资源开发的影响程度大，绿色 GDP 的理念尤其需要在海洋经济统计核算中得到推广和应用。尽管部分国家进行海洋环境污染与治理的统计，但是缺乏对绿色投入产出表的编制。最后，海洋经济统计核算没有考虑代际分配和补偿。代际公平是指当代人在开发利用资源环境的时候要考虑后代人使用的机会和权利。代际遗产价值和存在价值是海洋经济统计核算当前疏漏的地方，在此基础上的动态投入产出表的编制尚处于空白。海洋经济活动的时序性应该考虑代际的流量价

值，当前海洋资源开发的待机成本折算也是亟须解决的问题之一。

针对现有研究存在的问题，可以从以下两个方面进行完善。一是加强海洋资源环境价值的评估。环境资源价值的核算是环境经济学纳入主流经济学的重要环节。海洋环境资源价值的评估对于海洋经济绿色投入产出表的编制，以及分析海洋经济的代际补偿等问题具有重要的理论和现实意义。二是在相对小的范围内开展海洋经济的统计核算，尽量出台全球海洋经济核算的统计标准与规范，不要局限于传统海洋产业，但也不宜将统计范围过于扩展，特别需要加强对海洋产业与陆地产业相交叉部分的核算，在更大程度上将二者区分开来。

四　讨论和总结

海洋经济的统计核算与贡献测度研究是海洋经济实证研究的前提和基础，在当前社会各界普遍分析海洋经济重要性的过程中具有重要的理论和实践意义。在理论层面上，尽管世界各国都承认这一工作重要性，但缺乏全球范围的标准统一。由于海洋经济本身属于全球开放性的经济形式，因此对海洋经济活动的研究有必要考虑海洋产业价值的国际流动。从研究方法上看，投入产出分析当前缺乏资源环境账户的编制以及对待机补偿的思考，要素贡献研究多侧重于传统的 CD 生产函数的变化。由于 CD 生产函数的假设过于严格，测算结果的准确性值得推敲，因此今后可以尝试使用多要素 CES 生产函数进行比较分析。

海洋经济活动的统计核算相比陆地经济统计核算更加复杂。这与海洋经济本身的相对开放性以及不确定性相关，势必造成统计工作的难度增加。建议国家在开展大范围的海洋经济统计的同时，以区域试点统计为基础开展小范围的核算，在此基础上逐渐扩展到全国海洋经济的统计核算与贡献测度。中国的海洋经济统计工作已开展 20 多年，统计范围在不断地扩大。加快编制适合中国海洋经济统计与贡献测度的绿色投入产出表，以及在此基础上开展较为精确的微观海洋经济研究是当前亟待采取的措施。

参考文献

[1] 姜旭朝、刘铁鹰：《海洋经济系统：概念、特征与动力机制研究》，《社会科学辑刊》2013 年第 4 期。

[2] D. Pugh，L. Skinner，*A New Analysis of Marine-related Activities in the UK Economy with Supporting Science and Technology*，IACMST Information Document No. 10，2002.

[3] D. Pugh，*Socio-economic Indicators of Marine-related Activities in the UK Economy*，Working Paper，2008.

[4] R. Kalaydjian et al.，*French Marine Economic Data 2009*，Working Paper，2010.

[5] M. Mandale et al.，*Estimating the Economic Value of Costal and Ocean Resource：The Case of Nova Scotia*，Working Paper，1998.

[6] Economics and Statistics Branch，*Estimating the Value of the Marine，Coastal and Ocean Resources of Newfoundland and Labrador Updated for the 2001 – 2004 Period*，Working Paper，2005.

[7] GS Gislason & Associates Ltd.，*Economic Contribution of the Oceans Sector in British Columbia*，Working Paper，2007.

[8] AMISC，*Marine Industry Development Strategy*，*Australian Marine Industries and Sciences Council*，1997.

[9] The Allen Consulting Group Pty Ltd.，*The Economic Contribution of Australia's Marine Industries*，2004.

[10] S. Hynes，N. Farrelly，"Defining Standard Statistical Coastal Regions for Ireland，" *Marine Policy* 36（2012）：393 – 404.

[11] K. Morrissey，C. O'Donoghue，"The Irish Marine Economy and Regional Development，" *Marine Policy* 36（2012）：358 – 364.

[12] K. Morrissey，C. O'Donoghue，"The Role of the Marine Sector in the Irish National Economy：An Input-Output Analysis，" *Marine Policy* 37（2013）：230 – 238.

[13] S. C. Colgan，"Employment and Wages for the U. S. Ocean and Coastal Economy，" *Monthly Labor Review* 11（2004）：24 – 30.

[14] T. J. Kildow，*State of the U. S. Ocean and Coastal Economies*，NOEP Working Paper，2009.

[15] S. C. Colgan，"The Ocean Economy of the United States：Measurement，Distribution，& Trends，" *Ocean & Coastal Management* 17（2013）：334 – 343.

[16] H. Nakahara，"Economic Contribution of Marine Sector to the Japanese Economy，"

Tropical Coasts 7 (2009): 49 - 53.

[17]《海洋及相关产业分类》(GB/T 20794—2006), 2006。

[18] 国家发展和改革委员会、国土资源部、国家海洋局:《全国海洋经济发展规划纲要》, 2001。

[19] 王殿昌:《陆海统筹促进海洋经济发展》,《经济日报》2011年11月13日,第13版。

[20] R. Zhao et al., "Defining and Quantifying China's Ocean Economy," *Marine Policy* 43 (2014): 164 - 173.

A Practical Study on the Statistical Calculation and Measurement of the Contribution of the Marine Economy

Jiang Xuzhao, Liu Tieying

Abstract: The statistical calculation of marine economy at home and abroad has been an important issue in the academic and political, different countries have great differences in the content and results. By arrange the framework, methods and conclusions of marine economic accounting, this paper comparison the differences between domestic and international marine economic statistics. Most of the foreign countries have experienced the accounting process from the traditional marine industry to the emerging marine industry, and marine economic statistics focus on traditional industries, statistical categories are more limited, while the classification of marine economic activities in China is delicate, it is difficult to separate marine industry and land industry, lack of data accuracy. Explicit the accounting caliber, measurement methods and possible reasons of marine economy, could provide reference for the further improvement of the marine economy statistical accounting system in china.

Keywords: Marine Economy; Statistical Accounting; Contribution Measure; Green GDP

(责任编辑:周乐萍)

试论海洋经济学理论体系微观研究领域

陈明宝*

摘　要　海洋经济学自创建以来，其理论研究一直处于不断探索和发展中。时至今日，国内外海洋经济学理论研究已经取得丰硕的成果，初步形成了包括微观、中观、宏观和可持续发展的松散理论框架。从学科理论体系看，微观研究是其他领域研究的基础，是形成具备内在逻辑的海洋经济学理论体系的基石。本文从海洋经济学的内在规律出发，运用文献归纳法，深入探讨海洋经济学理论在微观领域的研究进展，总结发展规律，发现研究中理论逻辑与分析方法等方面存在的缺陷，提出未来海洋经济学理论体系在微观领域的研究趋向，以期达到为海洋经济学理论体系的构建提供逻辑基础的目的。

关键词　海洋经济学　理论体系　微观领域　内在逻辑

一　序言

海洋经济学这一学科在中国提出以来，相关理论研究长期受到海洋经济

---

* 陈明宝（1982～），男，博士，中山大学海洋经济研究中心副研究员。主要研究领域：海洋经济理论与政策、制度经济学。

学研究人员的重视。从 1981 年蒋铁民发表《海洋、海洋经济与海洋经济学》开始，经过近 40 年的发展，已经产生和发表了大量的研究成果。从发展历程看，海洋经济学的研究重点由最初以关注学科性质、研究对象与学科体系为主，逐渐转向针对专题问题的研究。从研究范围看，已经逐渐深入微观、中观与宏观等各领域。

1998 年教育部学科设置调整时，首次将海洋经济学列为目录外专业（020116S），标志着海洋经济学进入试点专业行列，也体现出国家对海洋经济学学科建设的重视。然而，遗憾的是，2012 年学科体系调整时，将海洋经济学学科设置取消，直接并入经济学二级学科，海洋经济学不再以“独立”的专业设置出现。之所以会出现这一变化，最主要的原因是“海洋经济学还未形成一门独立的学科”。目前，虽然国内学界在海洋经济学理论与方法方面已经取得初步进展，从学科内涵、研究对象、分析框架到各专题研究均取得了丰富的研究成果，为进一步深入开展海洋经济学理论研究提供了现实背景与理论基础，但是这些成果距离构建有内在逻辑、相对独立的理论体系尚存在很大的差距，特别是在微观领域，中国学界关注少、研究不深入等直接影响海洋经济学体系的完整构建，导致海洋经济学的独立性和特色未能充分体现。

基于这一背景，本文从海洋经济学的内在规律性出发，在深入探讨海洋经济学理论体系的基础上，指出海洋经济学理论体系微观研究的构成，重点讨论了各部分内容当前研究的进展，总结了研究的主要特点，并对今后研究的方向进行了简要分析。全文共分七个部分：第一部分为序言，对海洋经济学理论体系研究的社会背景及其理论本质进行了论述；第二部分探讨了海洋经济学理论体系微观领域的内容，包括海洋经济学理论体系的发展以及微观内容的组成；第三部分为海洋生产与消费市场研究的进展；第四部分是海洋产权、公共物品、外部效应、市场失灵与治理等海洋经济微观市场的运行研究进展；第五部分为海洋经济资源的市场化配置以及跨期配置等问题的研究进展；第六部分为海洋经济学理论体系微观领域的新发展；第七部分为本文的研究结论。

二　海洋经济学理论体系微观领域基本框架

海洋经济学是以海洋开发与利用过程中的经济活动规律为主要研究对象的综合性应用经济学。关于海洋经济学的学科内涵，自20世纪70年代末期开始，学术界就开始探讨，例如杨克平[1]、陈可文[2]、孙斌和徐质斌[3]等都对海洋经济学的学科内涵进行过探讨。他们的认识都体现为海洋经济学就是海洋与经济间关系的科学，从这一认识出发，可以认为海洋经济学的本质就是研究海洋活动中经济规律的科学。然而，迄今为止，学界对海洋经济学的学科内涵的认识未能达成一致。究其原因，最根本的是海洋经济学至今还未形成一门独立的学科，而"讨论一个学科是不是独立学科，从科学意义上，有两个核心问题：一是研究确定这个学科是单学科还是交叉学科，如果这个学科是单学科，则要研究是不是主体学科；二是无论单学科还是交叉学科，都要研究这个学科有没有相对其他学科的独立'知识体系'，即不可被其他学科替代的理论体系"[4]。从这两个标准出发，首先需要明确海洋经济学的学科性质，是属于独立的单学科还是交叉学科，其次要明确海洋经济学是否具有独立的理论体系。① 因此，探讨海洋经济学是否具有独立的理论体系是海洋经济学成为独立学科的标志。

就海洋经济学理论研究而言，其研究和发展已经经历了近半个世纪。海洋经济理论研究是随着海洋经济实践活动的发展而不断深入的。相对于人类漫长的海洋经济活动，海洋经济学理论研究时间尚短。直到20世纪40年代，美国和日本才出现了部分关于海运经济和渔业经济的研究。二战后，部分发达国家才开始重视海洋经济研究。20世纪70年代初，美国学者首先提出了"海洋经济"这一术语。1974年，美国在海洋经济研究的基础上又提出了"海洋GDP"的概念及其核算方法。此后，海洋经济学理论研究逐渐兴盛。而以苏联经济学家布尼奇在1975年和1977年出版的《海洋开发的经

① 关于海洋经济学的学科独立性，笔者将在另文论述。

济问题》和《大洋经济》为标志，海洋经济综合研究开始被重视。1978 年，中国学者于光远、许涤新等人根据国内外海洋经济发展的特征以及海洋经济现实发展的需求，提出建立“海洋经济学”新学科。1981 年，随着整个海洋经济学科的建立，许多学者将此前零散的研究成果汇总起来，形成最初的海洋经济理论体系，并将其看作一种综合性的部门经济学[5]。到目前为止，海洋经济学理论问题的研究经历了四个阶段的发展。第一阶段，20 世纪 90 年代以前，主要探讨海洋经济学学科建设。集中研究的问题包括：海洋经济学的性质、研究对象、研究内容等，有代表性的学者包括莫利斯·威尔金森[6]、弗拉迪米尔·卡佐恩斯基[7]、蒋铁民[8]、张海峰和杨金森[9]、何宏权和程福祜[10]、杨克平[1]、孙凤山[11]、权锡鉴[12]、张爱城[13]等。第二阶段，自 20 世纪 90 年代至 2000 年。伴随着西方经济学的引入和在海洋领域的大量应用，海洋经济学理论研究呈现出大范围、多角度、多元化的研究特征[5]，出现了包括海洋资源经济学、海洋产业经济学、海洋区域经济学、海洋环境经济学、海洋生态经济学等具体学科的研究，出版了大量海洋经济学理论著作，代表性著作包括：青光照夫和岩崎寿男的《水产经济学》[14]、潘义勇的《沿海经济学》[15]、徐建华的《国际航运经济新论》[16]、邹俊善的《现代港口经济学》[17]、王晶和唐丽敏的《海洋经济地理》[17]、孙斌和徐质斌的《海洋经济学》[3]等。第三阶段，2001 ~ 2010 年，这一时期的研究重点是从综合性角度探讨海洋经济学的理论体系，包括海洋资源开发理论、海洋资源配置理论、海洋产业理论、区域发展理论、海洋生态经济理论、可持续发展理论、海洋经济公共政策理论等，有代表性的学者包括：陈万灵[19]、韩增林[20]、陈可文[2]、王琪[21]、狄乾斌[22]、乔翔[23]、韩立民[24]、Martin Stopford[25]、朱坚真和闫玉科[26]等。第四阶段，2011 年到现在，研究重点主要是海洋经济绿色发展（蓝色经济）。以冈特·鲍利在 2010 年出版的《蓝色经济》[27]为标志，全球掀起了蓝色经济研究的热潮，并迅速成为各沿海或海洋国家海洋经济学研究的重点。

就中国海洋经济学理论研究而言，虽然经历了一条点—线—面—空间系统化的理论发展演化脉络[28]，并初步形成了海洋经济学的理论体系，但是从学科内涵的独立性而言，海洋经济学理论体系的构建还存在诸多问题。王琪等[21]指出，尽管有的学者的研究已经涉及海洋经济学理论体系的构建，但从整体上讲，中国的海洋经济学理论体系研究中还存在以下几个问题：一是与现代经济学理论相比，海洋经济学理论研究范围太窄；二是缺乏能够体现海洋经济学特色的理论研究；三是现代经济学最新的理论成果和研究方法在海洋经济学领域的应用不够；四是海洋经济学的多学科交叉特性未能充分体现。因此，要想构建具备内在逻辑、能够使海洋经济学成为一门独立的应用经济学的理论体系还不现实。

尽管如此，海洋经济学的理论体系还处于不断探讨和构建发展中，如王琪等[21]、乔翔[23]、朱坚真等[26]等都尝试构建从微观到中宏观的海洋经济学理论体系，他们提出了海洋经济学理论体系的一些基本框架以及所涵盖的具体研究内容，但是这些研究的共同不足之处是缺乏内在的逻辑主线，不能形成相对独立的海洋经济学理论体系，从而不能从更深层次上推动海洋经济学的独立发展。

从目前海洋经济学学科理论架构上讲，涵盖了微观、中观、宏观和可持续发展四大领域，其中微观领域是整个海洋经济学理论体系的核心内容和基础，因此，研究和探讨构建海洋经济学理论体系，重点就是把握微观领域的逻辑结构。王琪等[21]、乔翔[23]、朱坚真等[26]所构建的理论体系中都已经注意到微观领域研究的重要性。其中，王琪等[21]指出“微观海洋经济学主要研究经济个体的涉海行为和它们的相互影响，既包括私有海洋产品和服务的消费者理论、生产者理论和市场理论，也包括公共物品配置机制研究。对资源配置中效率的分析是微观经济学研究的主要问题之一，也是微观海洋经济学的主要内容。由于海洋经济活动都会涉及海洋资源（可再生、循环、不可再生）的利用，这种利用既包括代内之间的利用，也包括代际之间的利用。因此，代际之间资源利用、配置效率方法研究成为微观海洋经济学的主要内容”。由此，本文认为，海洋经济学理论体系在微观领域主要是运用微观经济学理论研究海洋资源配置的市场机制。其具体内容包括以下几点。

海洋生产与消费市场理论。主要涉及：海洋市场的生产者供给理论、消费者需求理论、消费者的福利与政策理论、市场供给与需求均衡理论、要素市场运行理论、不确定性下的海洋经济发展理论等，可归结为海洋经济微观行为和海洋市场结构与运行两部分。

海洋经济微观市场运行。主要内容包括：海洋产权（结构与制度）理论，交易费用理论，契约理论，委托—代理理论，海洋经济活动的外部性、公共资源和公共物品理论，由海洋资源的公共物品特性引发的市场失灵与治理、海洋经济活动的外部性治理、海洋资源利用中的代际外部性等问题。

海洋经济资源配置理论。主要包括：海洋资源的市场化配置、可耗竭和不可耗竭海洋资源的跨期和代际优化配置理论等。

三　海洋生产与消费市场

（一）海洋经济微观行为

海洋经济微观行为主要涉及海洋经济市场中的生产与消费者的供求行为及其均衡、市场微观组织运行等问题。在整个微观行为研究方面，主要关注微观行为调查和最优化决策等问题，从中揭示总量现象的微观成因，倾向于将对微观行为的实际调查和解析作为探讨海洋经济活动总量关系分析的基础海洋渔业、海洋旅游、海洋交通运输等微观领域的相关问题[23]。比较国内外文献可以发现，海洋经济微观行为是西方海洋经济学理论微观研究的重点，他们针对具体的海洋产品和服务，运用实地调查、数据挖掘、模型构建以及推理分析等对海洋微观行为进行研究，从而为具体学科（如水产经济学、海洋运输经济学、海洋资源经济学等）提供重要基础。例如 Louis W. Botsford[29]、Conway L. Lackman and Raymond G. Heinzelmann[30]、Christophe Béné and Alexander Tewfik[31]、Serge M. Garcia and Richard J. R. Grainger[32]、Glen Weisbrod[33]、A. Edward [34]、Graham J. Pierce and Julio Portela[35]、Fulgence Mansal et al. [36]，Hyangsook Lee and Sangho Choo[37]、M. J. Fogarty et al. [38]等都针对具体问题构建微观经济模型，运用所获得的数据进行分析，得出具有指导意义的结论，既可以从理论上推动某一学科的发展，也能为实践发展提供指导。而国内陈可文[2]较早并系统地研究了海洋经济中的微观行为，他认为在海洋水产品市场中，价格弹性不一致，需求弹性大，供给弹性小，价格波动较大，同时由于消费者和生产者均很广泛，市场具有完全竞争的特点；在海洋油气市场、海洋盐业市场以及海洋矿产市场，由于国家垄断经营的存在，这些市场总体属于垄断定价，政府在价格制定方面具有完全控制权或主导权；在海洋运输服务市场，由于规模经济因素的存在，使其具有垄断竞争性。此外，他还分析了海域使用市场、海洋资本市场、海洋劳务市场、海洋经营者市场等要素市场，指出了其价格形成机制。孙吉亭[39]也考察了海洋资源产品的价值与特性，描述了海洋资源产品的定价机制。此外，孔建国[40]应用市场均衡分析方法，通过 MP = MC 推导出海洋石油开发减灾收益最大化的条件，并讨论了海洋石油风险分散机制。大致来看，国内学界已经开始关注海洋经济微观领域的问题，借助西方经济学的市场理论对微观市场行为与市场机制进行了初步的研究和探讨，但与现实发展相比较，相关研究总体较为滞后，缺乏对不同市场竞争行为的深入探讨，造成海洋经济学理论体系微观领域的缺失，影响了海洋经济学理论体系的构建。

经济组织是市场微观运行的基础，其体制和制度的不同将影响海洋经济的运行效率以及海洋资源的使用效率。由于海洋经济学中不同经济组织差别较大，国内外学者多在专题内探讨微观组织的运行与发展问题。西方学者按照经典微观经济学的逻辑和框架，结合海洋经济微观组织的特点，探讨微观经济组织的产权与治理（Hyangsook Lee et al.[41]；S. Jentoft，R. Chuenpagdee[42]）、市场效率等问题，分析其内在机理，并提出针对性的政策建议。国内则主要聚焦于渔业经济组织的研究，包括渔业专业合作社、中间组织等，集中探讨这些组织的成因、内在机制与发展等问题，如周达军[43]提出按照市场运行的方式构建海洋捕捞渔业生产者合作经济组织。于会娟[44]用合作社中成员异质性理论研究渔民合作问题，拓展了渔业合作经济理论。而于谨凯等[45]、孔凡宏等[46]等则对中间组织在海洋经济发展中的作用进行了深入的解析，阐述了海洋微观经济组织的内涵。此外，制度因素也是微观经济组织研究重点关注的内容，研究的侧重点集中在产权理论（Gonzalo Caballero - Miguez et al.[47]）、制度变迁理论（陈明宝[48]；高健等[49]）、博弈论（陈明宝[48]）等在微观经济组织研究中都有所体现，也显示了海洋经济微观组织的复杂性和多样性。

（二）市场结构及其运行

在市场结构上，Colin W. Clark[50]、Fani Lamprianidou et al.[51]、Alexander Golberg et al.[52]等人关注海洋产品和要素市场结构特征，对渔业市场的效率问题进行了深入的研究，对其中的完全竞争和寡头竞争等市场的定价问题进行了初步探索。郭守前[53]认为在海洋渔业中存在自然状态的不确定性，这会引起人的行为的不确定性，进而引起资源供给的不确定性。沈金生和张杰[54]用实证分析的方法分析了中国沿海各省市海洋渔业要素配置扭曲程度及其对海洋渔业全要素生产率（TFP）的影响，认为沿海省市海洋渔业要素投入均存在不同程度的配置扭曲。张佑印等[55]通过聚类分析、模糊综合评价等方法，分析了主要海洋旅游目的地市场繁荣度指数，为海洋旅游市场的发展提供了理论参考。

比较国内外研究情况，可以发现，西方学者更加注重以经典微观经济学理论为指导，应用实践调查、计量分析等方法分析海洋经济微观市场的运行，其研究较具理性和深度。与国内倾向于非实证性的对策研究相比，这种方式更能体现海洋经济微观市场运行的本质和规律。

四　海洋经济微观市场运行

（一）海洋产权及效率

1. 海洋产权及其界定

海洋领域的资源涵盖了自然资源、社会资源等不同的种类，其进入经济的过程，必然通过不同的配置方式实现。因此，清晰的产权安排是海洋资源配置的前提和基础。关于海洋产权，黄少安[56]指出的一些基本理论问题包括："产权的属性、产权获得和维护的途径，占有权利推定规则、实际占有占优规律、潜产权规律和强者掠夺难以被追究规律等。"而在海洋产权的内涵界定方面，他认为"海洋产权是指一个国家的自然人或法人（国家自身也被视为一个法人）对领海中各种资源和财产（海水及水中各种资源、海底各种资源、海洋上空、海岛）所有、占有、使用或利用的权利，具体可以有很多不同的权利项划分"。李晓光等[57]则认为海洋产权应包括"海洋资源资产产权、涉海企业事业或其他单位的普通资产产权、海洋知识产权与专有技术以及海洋排污权、排放权等"。由于产权的界定是整个海洋经济学理论体系微观领域及中观、宏观领域研究的基础，因此，国内外学者们倾注了大量精力探讨这一问题，其中 S. Jorgensen and D. W. K. Yeuno[58]、Fikret Berkes[59]、Shankar Aswani1[60]、H. Scott Gordon[61]、Toddi A. Steelman et al.[62]、Rögnvaldur Hannesson[63]等对海洋渔业中的财产权利进行了深入探讨。特别是他们更加注重从"公共池塘资源"的视角探讨产权问题，因而更能够与主流微观经济理论紧密结合，从而推动海洋经济学微观理论的发展。

2. 海洋产权效率

海洋产权效率是近年来微观领域重点研究的问题，因其涉及不同资源的产权安排对经济发展的影响而备受关注，研究的重点包括产权安排的效率低下原因、产权安排及变化的效率以及复杂产权及其效率问题。第一，在导致产权效率低下的原因方面，戴桂林等[64]指出在实际经济运行中的产权主体虚化以及不同权利主体之间的权、责、利关系的界定模糊导致了海洋资源利用效率的低下，资源的立体性、相互联系的紧密性以及部分资源的不可排他性构成了产权清晰界定的障碍。韩立民和陈艳[65]指出由于海域资源具有共有财产资源的性质，在使用上就具有了非竞争性和非排他性。陈艳[66]进一步提出要建立一个兼顾公平、效率的海域资源产权制度，必须在制度设计时对海域资源产权进行充分考虑。第二，在产权安排及变化的效率研究方面，以中国海洋大学王淼教授主持的国家自然科学基金“海洋资源型资产流失规律与测度方法研究”和“海洋资源性资产产权效率测度与优化方法研究”为基础，产生了一大批关于海洋资源产权效率的研究成果。如王淼等[67][68][69]、秦曼和梁铄[70]等人的论文以及贺义雄[71]、秦曼[72]、高伟[73]、张裕东[74]等人的博士论文，分别从渔业、矿产、旅游、空间等角度分析了海洋资源产权的效率。第三，复杂产权及其效率问题。根据海洋的特性，国内部分学者对传统产权理论进行了拓展，如王淼等[75][76]将海域空间资源性资产的产权从立体三维角度界定为海域水面资源产权、海域水体资源产权、海域海床资源产权和海域底土资源产权四个部分。陈明宝[76]提出了海洋滩涂的复杂产权及其解决方式等。随着海洋开发的深入，特别是深远海经济利用的加速，对海洋复杂性产权问题的研究将逐渐获得重视。

（二）公共物品问题与解决

关于海洋资源的公共物品特性，西方微观经济理论领域早有相关探讨，Garrett Hardin[78]通过对各种公共资源如公共牧场、公海资源、国家公园等的资源枯竭及环境污染等问题产生原因的研究，最早引入了“公地悲剧”的概念。此后诸多经济学家都以海洋渔业为典型的案例探讨公地悲剧问题。近年来，H. Scott Gordon[79]、Stefan Gelcich et al.[80]、David Whitmarsh and Maria Giovanna Palmieri[81]、Rebecca L. Gruby et al.[82]、Julia Hoffmann and Martin F. Quaas[83]、Margaret Wilson et al.[84]都对海洋经济中的公共物品及外部性现象进行了诸多探索。国内学者也认识到海洋资源的公共物品属性，开展了相关研究，如王琪[85]从制度供求角度讨论了海洋环境政策这一公共物品的供给特点，贾蒙恩[86]认为海洋环境是具有特殊性质的公共物品，并可分为海洋环境纯公共物品和海洋环境准公共物品。但是，与国外的研究相比，中国学者对海洋公共物品的研究处于“现状描述—问题分析—对策建议”的初级分析阶段，缺乏通过模型构建的学理性研究，不能从理论上反映现实问题的内在逻辑。

（三）外部效应与治理

外部性问题一直是经济学研究的焦点问题，涉及经济学的核心——市场机制。在公共经济学、可持续发展等领域，外部性问题至关重要。Tibor Scitovsky[87]把外部性概念视为经济学文献中最难捉摸的概念之一。关于外部性的定义，至今未能达成一致，即便如此，经济学家依然构筑了外部性理论的逻辑体系，包括分类、效应及解决方式等。在海洋领域，外部性问题广泛存在，孙吉亭[88]认为中国海洋资源因产权不明晰、综合管理缺乏力度、海洋科技结构不适等原因，强化了海洋资源的负外部性。郭守前[89]分析了海洋渔业的外部性与搭便车问题。另外，郭守前[90]在其专著中系统地分析了海洋渔业资源的特性、治理机制、行为绩效以及组织与制度创新等问题。李京梅等[91]分析了海水养殖业的环境外部性的表现及其环境负外部性引起资源配置经济的低效率。宋立杰[92]认为海洋旅游中的外部性包括代际边际成本、旅游企业间的外部成本、海洋旅游的季节性特点所带来的外部成本等。此外，国外近期也发表了若干研究海洋资源外部性的文章，包括 Vincent Martinet et al.[93]、Takaomi Kaneko et al.[94]、Mahanev G. Bhat et al.[95]、Anthony D. Owen[96]、Ernestos Tzannatos[97]、P. F. M. Lopes et al.[98]等人的文章。

外部性问题始终是海洋经济发展中无法回避的一个问题。而随着海洋经济活动的深入，外部性问题会越来越多，如海洋捕捞对渔业资源产生的影响、海水养殖对海洋环境的影响、海洋运输对海洋环境的影响、海洋旅游对海洋环境的影响等都会成为外部性探讨的重要议题。此外，海陆间双重外部性影响，即海洋和陆地相互之间都可以产生正外部性和负外部性问题，需要引起足够的关注与重视。

（四）市场机制失灵与治理

市场机制在资源配置中应起基础性作用，但在某些领域，这一作用却并不能得到充分发挥，导致在配置资源方面的失效。海洋资源的物品属性和不明晰的产权机制带来的外部效应导致市场失灵。中国渔业保险市场不能充分提供渔业保险，对渔业保险资源进行优化配置，商业性保险公司经营渔业保险的失败，便是最好的例证。刘海英等[99]指出，中国渔业保险存在市场失灵的情况，其突出表现是供给有限，有效需求不旺，即供需两不旺。

总体来看，这方面的研究还比较缺乏，体现海洋经济不同领域的市场失灵与治理的数理模型还未建立，海洋市场总体均衡的分析框架也未能构建，导致市场失灵的现实情况与理论研究脱节，无法有效地解决现实问题。

五　海洋经济资源配置

（一）海洋资源市场化配置

无论是国外还是国内的研究，都认为海洋资源具有公共物品的属性，因而需要通过政府来供给。按照传统经济学的理解，政府供给公共物品必然导致供给效率低下、供给不足、政府寻租等问题，影响经济的正常运转。而委托代理理论的发展则提出了一种解决这一问题的方法，即“公共物品市场化供给”，将市场竞争机制引入公共物品领域，这一思路为公共物品的市场化配置提供了理论基础。海洋资源的“公共物品”性质决定海洋资源的配置必须通过市场化的方式实现。于广琳[100]认为，海域资源的市场化配置是社会主义市场经济的必然要求，是实现公共资源合理、高效、公平配置的必要措施，缺乏市场机制、行政审批式的配置模式极易滋生腐败，推进以海域使用权招标拍卖为核心的海域资源市场化配置是从源头防治腐败的有效途径。陈书全[101]认为海域资源产权界定、海域资源产权配置模式、海域有偿使用的价格评估、海域使用权的流转机制是当前中国海域公共资源市场化管理进程中应探讨的核心问题。在市场化配置途径方面，相关研究包括：海域资源的产权界定及其配置（陈艳等[102]、吴克勤等[103]）；海域有偿使用的价格评估（李娜[104]、贺义雄[105]）；海域使用权的流转（陈艳等[106]、汪磊和黄硕琳[107]）等方面。杨林和陈书全[108]从海域资源的属性出发，系统地探讨了海域资源市场化配置的内在机理、方式、制度创新以及实施路径等。此外，曹英志[109]、赵明利[110]从不同的角度探讨了海域资源市场化配置问题。

基于公共物品理论研究的海洋经济微观问题，大量采用规范分析方式，以探讨发展中存在的问题为目的，更多的是停留在对策建议方面的研究，缺乏实证分析。此外，体现体制差异下海洋公共资源配置的研究成果还未出现，不能从根本上体现中国海洋资源配置的特性和方式。

（二）海洋资源跨期优化配置

因不确定问题的存在，在利用资源时需要充分考虑代际关系问题，以使资源在代与代之间能够获得优化配置。所谓资源最优配置是指在一定确定的周期，某种资源在各个时间最优利用的策略，即保证在整个周期内最优效用的总策略及其各个时段的子策略。跨期优化海洋资源的跨期配置问题，在主流经济学的框架中早有探讨，彼得·伯奇·索伦森和汉斯·乔根·惠特－雅各布森合著[111]的《高级宏观经济学导论：增长与经济周期》中专门探讨了可耗竭资源（渔业）与经济增长的关系，Tom Tietenberg 和 Lynne Lewis[112]合著的《环境及自然资源经济学》中重点探讨了可耗竭和不可耗竭资源的跨期优化配置问题。此外，Peter B. Moyle & Petrea R. Moyle[113]、A. Murillas et al.[114]、Lone Grønbæk Kronbak et al.[115]、Lars J. Ravn－Jonsen[116]、Vincent Martinet et al.[117]等都探讨了海洋资源，特别是渔业资源的代际利用问题。

在海洋资源跨期优化配置问题中，基于逻辑斯蒂增长模型的研究是重点内容之一、V. Placenti et al[118]逻辑斯蒂曲线估计渔业资源可持续利用。沈金生[119]运用逻辑斯蒂增长模型探讨了阻碍海洋渔业可持续发展的相关因素，提出了确定合理的收获量、转变利润最大化动机和渔业技术导向等观点。王森等[120]运用海洋渔业资源代际转移的基本模型分析了海洋渔业资源的代际分配关系，探讨了海洋渔业代际资源有效配置需要建立新的运行机制，即除了行为主体的自我约束外，还需要有效的外部控制市场调节机制。马林娜等[121]从静态和动态的角度考察了渔业资源的配置效率，提出了实现中国渔业资源有效配置的根本途径在于构建“基于权利的管理”的制度安排。

根据资源跨期配置与代际利用理论的逻辑，海洋资源的跨期配置问题在国外已经有深入的研究，在模型构建、理论推导与方法运用方面都与跨期配置理论同步发展，形成了一般化的研究范式。相比之下，中国学界涉及此问题尚浅，不仅在理论探索与方法创新方面都不够深入与成熟，更未在实践上将跨期优化配置理论纳入海洋经济市场调节体系中，推动供求、价格与竞争三要素充分发挥作用，实现海洋资源的可持续利用。

六 海洋经济学理论体系微观领域的研究趋向

（一）海洋经济学理论体系微观领域的问题

1. 海洋问题的经济学化倾向日趋严重

通过分析海洋经济学理论体系微观领域的发展历程，可以发现，随着研究问题的扩大和深入，微观领域的“经济学”成分越来越明显。第一，海洋经济学提出之初，学术界就按照马克思主义政治经济学的逻辑体系，提出和构建了海洋经济学的学科体系框架，由此形成了最初的海洋经济学理论框架，并在 20 世纪 80 ~90 年代形成了海洋经济学理论研究的主要理论基础。第二，随着改革开放的深入，特别是在中国实行市场经济的条件下，西方现代经济学逐渐进入海洋经济学理论研究的视野。就现代微观经济学而言，其理论成果已经相当成熟和丰富，对现实问题也具备相当的解释力。因此，微观经济学的理论在这一阶段的海洋经济学理论研究中获得了广泛应用，如海洋生产者、消费者与竞争市场研究，海洋市场结构与竞争策略研究，信息、市场失灵与政府角色研究等。第三，多种经济理论综合应用。目前，海洋经济学理论研究已经汲取了微观经济学理论的大部分成果，如公共选择理论、产权理论、博弈论、可持续发展理论等，从而逐步构建起与现代经济学发展水平保持同步的新的海洋经济学理论体系。但是，时至今日，海洋经济学理论体系微观领域的研究越来越成为主流经济理论在海洋经济中的应用，特别是相当一部分研究成果属于直接套用经济学的理论和方法研究海洋问题，忽视了海洋本身的特点和内在规律，所得出的结论既无学术价值，也不能对政策的制定产生影响。

2. 研究方法缺乏创新

目前，中国海洋经济学理论研究多数已经运用了国际主流经济学的分析工具和技术方法，若干具有代表性的理论，如海洋产权理论、公共物品理论、外部性理论等也已经初步形成了特定的分析框架和分析方法，在一定程度上促进海洋经济学整体的发展。但不可否认，现有的研究方法还存在明显缺陷。第一，当前西方海洋经济学领域的研究，越来越多地采用经济学中的实证和规范的分析范式，通过构建模型和实证分析获取严密的结论，指导实践发展。相反，中国海洋经济学理论的微观研究，所用的方法还停留在以解决现实问题为中心的“问题 - 对策”研究范式上，规范分析不足、所得出的结论说服力差、对政策制定和实践发展的参考价值不高，对海洋经济学发展的贡献甚微。第二，过分地借鉴和套用西方经济学的主流范式和方法，未充分考虑中国的实际情况提出相应的假设和前提，分析结果脱离实际。第三，目前海洋经济学的研究成果，多就单个问题运用西方经济学的研究方法进行研究，很难将问题进行一般化或者公理化，更难以形成具备海洋经济学特色的研究方法体系，这也是阻碍海洋经济学独立发展的重要因素。

3. 缺乏内在统一的逻辑

根据理论研究的观点，海洋经济学理论的微观领域研究可以分为两大类。一是海洋经济学是各具体专题研究的综合，包括市场运行、资源开发、资源配置等领域。二是海洋经济学是研究海洋资源配置问题的学科，如陈万灵[122]、王琪等[21]、朱坚真等[26]、陈书全[101]、曹英志[109]等都强调资源配置是海洋经济学的微观理论机制。从逻辑上讲，这两种观点对海洋经济学的界定方法不同，前者是外延式的界定，而后者则是内涵式的界定。事实上，基于这两种观点构建的海洋经济学理论体系都存在缺陷。对于前者而言，由于没有建立起各部分内容之间的内在逻辑联系，这种外延式的海洋经济学理论很难形成一个具备内在逻辑的完整体系，必然导致海洋经济学走上专题研究的道路。而对于后者而言，如果资源配置只是海洋经济学的微观机制，那么海洋经济学的中观领域、宏观领域、可持续发展领域等将不能包含于学科理论体系之内，这在逻辑上显然讲不通。

（二）海洋经济学理论体系微观领域的未来发展

1. 寻求海洋经济学理论体系微观领域的内在逻辑

资源配置是现代经济学的一个核心范畴。无论是马克思主义经济学、西方经济学，还是理论经济学、应用经济学，都将资源配置问题作为重要的研究内容（钟契夫[123]）。然而，关于资源配置与海洋经济学之间的关系问题，目前还不是很明确。从海洋经济学理论近几年的研究成果看，海洋资源配置已经占据了学科理论研究的主要阵地，形成了相对稳定的研究方向。但是，资源配置范畴与海洋经济学理论体系之间是否存在某种必然的联系？除海洋经济学微观理论外，海洋经济学所关注的产业经济问题、区域经济问题、生态经济问题等是否也属于资源配置的范畴？从经济学研究的资源配置这一核心问题出发，能否认为海洋经济学也是以资源配置问题为研究对象的学科？能否运用资源配置逻辑，科学构建海洋经济学理论体系的逻辑框架？这些问题尚不明确。也就是说，海洋经济学理论体系并未完全基于资源配置这一问题形成一个统一的、独立的逻辑体系和理论架构。对海洋经济学理论体系的研究缺乏统一的认知和内在的逻辑，导致现今海洋经济学的理论研究散落于各具体的领域内。

2. 非微观海洋经济学的微观基础研究

就目前中国海洋经济学理论研究成果而言，与西方学界相比较，中国学者重视中观、宏观等研究，微观基础研究明显不足。这将导致中宏观问题无法实现微观基础的支撑。因此，在构建具备内在逻辑的海洋经济学理论体系时，需要将多个维度的问题结合，特别是将中观、宏观与微观问题结合，构建中观、宏观研究的微观基础，即寻找构成中观、宏观经济模型基础的单个经济行为人（家庭和厂商）的行为规律。具体地讲，一是中宏观海洋经济学理论应该具有微观个体的行为基础，即微观个体行为应当具有一定的行为规则，包括预期形式、优化形式、决策形式和风险形式等；二是中宏观、可持续海洋经济学理论应该具有合理的微观结构基础，主要包括个体行为、市场结构和信息结构等重要理论假设；三是要求微观主体之间具有一定的协同性，以保证加总后的总体之间依然存在内在联系机制。

3. 突出现实导向，多学科集成构建海洋经济学理论体系的微观框架

从实践发展来看，长期以来，由于没有形成系统的海洋经济学理论体系，海洋经济的实践发展在宏观规划和总体决策上缺乏系统的理论指导和参考。这在一定程度上导致海洋经济发展中出现"重规模、轻质量"、产业结构不合理、区域发展不协调、海洋生态环境污染严重、国际竞争力不强等问题。从现实研究看，海洋经济学是一门应用学科，又是一门交叉学科，其各方面的研究涉及经济学、海洋学、资源学、环境学、可持续发展等各种学说、多个领域，而实践发展中多领域问题的交叉融合，特别是海洋旅游与海洋文化等产业的深入融合，仅靠某一领域的知识难以承担起构建海洋经济学理论体系的重任。因此，构建海洋经济学理论的微观框架，需要以实践发展的需求为基础，借鉴微观经济学中的消费者行为理论、生产理论、分配理论、一般均衡理论、市场理论、产权理论、福利经济学、管理理论等多学科的知识，形成具备严密理论逻辑和现实解释力的体系。

七 结论

笔者认为，海洋经济学理论研究经过近 40 年的发展，已经形成了初步的理论框架，涵盖了微观、中观、宏观与可持续发展四个领域，囊括了海洋经济中几乎所有的内容。从学科架构上讲，微观领域是整个理论体系的核心和基础，准确理解和把握微观领域的研究，寻找微观领域的内在逻辑是构建现代海洋经济学的前提。因此，需要认真研究和探讨海洋经济学理论体系微观领域的研究史，把握其中的规律，为海洋经济学理论的构建提供逻辑基础。

首先，海洋经济学理论体系微观领域的研究在国外已经相对比较成熟，

学者通过紧密结合微观经济理论，运用“实际调查—模型构建—理论分析—政策建议”的分析范式，从微观视角探讨海洋经济的个量问题，研究具体海洋经济活动的规律性，已经在海洋生产与消费市场、海洋经济微观市场运行以及海洋经济资源配置等方面积累了丰富的研究成果，形成了相对完整的专题性学科体系。相比之下，中国在微观研究领域的研究主题、研究范围、研究方法等方面都未引起足够的重视，缺乏一般化的公理提炼，延缓了微观领域专题的独立发展。其次，海洋经济学理论体系在微观领域的研究表现出海洋问题的经济学化倾向日趋严重、研究方法缺乏创新以及缺乏内在逻辑三个方面的问题，制约着海洋经济学理论体系的发展，这也是导致海洋经济学至今未能形成一门独立学科的原因。最后，寻找海洋经济学理论体系的内在逻辑、建构其他领域的微观基础以及多学科构建海洋经济学理论框架将成为今后海洋经济学理论研究的方向。

诚然，海洋经济学理论体系在微观领域的研究成果有目共睹。然而，当前海洋经济学研究主题分散化的局面，已经造成了理论和实践界对该学科的质疑，海洋经济学逐渐陷入经济学“霸权主义”的局面。如何突破这一局面，改变海洋经济学的“弱势”地位，需要海洋经济工作者做出巨大的努力。

参考文献

[1] 杨克平：《试论海洋经济学的研究对象与基本内容》，《中国经济问题》1985 年第 1 期。

[2] 陈可文：《中国海洋经济学》，海洋出版社，2003。

[3] 孙斌、徐质斌：《海洋经济学》，山东教育出版社，2004。

[4] 冯广京：《土地科学学科独立性研究——兼论土地科学学科体系研究思路与框架》，《中国土地科学》2015 年第 1 期。

[5] 姜旭朝、黄聪：《中国海洋经济理论演化研究》，载姜旭朝主编《中国海洋经济评论》第 1 辑，经济科学出版社，2008。

[6] 莫利斯·威尔金森：《海洋经济学：环境，存在问题和经济分析》，《国外社会

科学文摘》1980 年第 9 期。
[7] 弗拉迪米尔·卡佐恩斯基：《苏联集团海洋政策经济学》，《国外社会科学文摘》1980 年第 9 期。
[8] 蒋铁民：《海洋、海洋经济与海洋经济学》，《山东海洋学院学报》1985 年第 1 期。
[9] 张海峰、杨金森：《关于开展海洋经济研究的几个问题》，载张海峰主编《中国海洋经济研究》第 1 辑，海洋出版社，1982。
[10] 何宏权、程福祜：《略论海洋开发和海洋经济理论的研究》，载张海峰主编《中国海洋经济研究》第 2 辑，海洋出版社，1984。
[11] 孙凤山：《海洋经济学的研究对象、任务和方法》，《海洋开发》1985 年第 3 期。
[12] 权锡鉴：《海洋经济学初探》，《东岳论丛》1986 年第 4 期。
[13] 张爱城：《建立海洋开发经济学科学体系初探》，《东岳论丛》1990 年第 5 期。
[14] 清光照夫、岩崎寿男：《水产经济学》，王强华、李艺民译，海洋出版社，1996。
[15] 潘义勇：《沿海经济学》，人民出版社，1994。
[16] 徐剑华：《国际航运经济新论》，人民交通出版社，1997。
[17] 邹俊善：《现代港口经济学》，人民交通出版社，1997。
[18] 王晶、唐丽敏：《海运经济地理》，大连海事大学出版社，1999。
[19] 陈万灵：《关于海洋经济的理论界定》，《海洋开发与管理》1998 年第 3 期。
[20] 韩增林、张耀光、栾维新、李悦铮、孙才志、刘桂春、刘锴：《海洋经济地理学研究进展与展望》，《地理学报》2004 年第 10 期。
[21] 王琪、何广顺、高忠文：《构建海洋经济学理论体系的基本设想》，《海洋信息》2005 年第 3 期。
[22] 狄乾斌：《海洋经济可持续发展的理论、方法与实证研究——以辽宁省为例》，博士学位论文，辽宁师范大学，2007。
[23] 乔翔：《中西方海洋经济理论研究的比较分析》，《中州学刊》2007 年第 6 期。
[24] 韩立民、都晓岩：《泛黄海地区海洋产业布局研究》，经济科学出版社，2009。
[25] Martin Stopford, *Maritime Economics* (*Third edition*), Routledge Taylor & Francis Group, 2010.
[26] 朱坚真、闫玉科：《海洋经济学研究取向及其下一步》，《改革》2010 年第 11 期。
[27] 冈特·鲍利：《蓝色经济》，程一恒译，复旦大学出版社，2012。
[28] 刘曙光、姜旭朝：《中国海洋经济研究 30 年：回顾与展望》，《中国工业经济》2008 年第 11 期。
[29] Louis W. Botsford, "Optimal Fishery Policy for Size - Specific, Density - Dependent

Population Models," *Math. Biology* 12 (1981): 265 - 293.

[30] Conway L. Lackman and Raymond G. Heinzelmann, "Marine Preference Cargo Market: Opportunties for Minority Shippers," *Conway L. Lackman, Rarmond G. Heinzelmann in The Review of Black Political Economy* (1981).

[31] Christophe Béné and Alexander Tewfik, "Fishing Effort Allocation and Fishermen's Decision Making Process in a Multi - Species Small - Scale Fishery: Analysis of the Conch and Lobster Fishery in Turks and Caicos Islands," *Human Ecology* 29 (2001): 157 - 186.

[32] Serge M. Garcia and Richard J. R. Grainger, "Gloom and Doom? The Future of Marine Capture Fisheries," *Philosophical Transactions: Biological Sciences* 360, *Fisheries: A Future?* (2005): 21 - 46.

[33] Glen Weisbrod, Models to Predict the Economic Development Impact of Transportation Projects: Historical Experience and New Applications, Ann Reg Sci (2008) 42: 519 - 543 DOI 10.1007/s00168 - 007 - 0184 - 9.

[34] A. Edward, "Codling, Individual - Based Movement Behaviour in a Simple Marine Reserve - Fishery System: Why Predictive Models Should be Handled with Care," *Hydrobiologia* 606 (2008): 55 - 61.

[35] Graham J. Pierce and Julio Portela, "Fisheries Production and Market Demand," *Cephalopod Culture* (2014).

[36] Fulgence Mansal, Tri Nguyen - Huu, Pierre Auger, Moussa Balde, "A Mathematical Model of a Fishery with Variable Market Price: Sustainable Fishery/Over - exploitation," *Acta Biotheor* 62 (2014): 305 - 323.

[37] Hyangsook Lee and Sangho Choo, "Optimal Decision Making Process of Transportation Service Providers in Maritime Freight Networks," *KSCE Journal of Civil Engineering* 20 (2016): 922 - 932.

[38] M. J. Fogarty et al., "Fishery Production Potential of Large Marine Ecosystems: A Prototype Analysis," *Environmental Development*, http://dx.doi.org/10.1016/j.envdev, 2016.

[39] 孙吉亭:《论我国海洋资源的特性与价值》,《海洋开发与管理》2003 年第 3 期。

[40] 孔建国:《海洋石油分散风险成本和效益的经济分析》,《自然灾害学报》2001 年第 4 期。

[41] Hyangsook Lee et al., "Game Theoretical Models of the Cooperative Carrier Behavior," *KSCE Journal of Civil Engineering* 18 (5) (2014): 1528 - 1538.

[42] S. Jentoft, R. Chuenpagdee (eds.): *Interactive Governance for Small - Scale Fisheries*, MARE Publication Series 13, DOI 10.1007/978 - 3 - 319 - 17034 - 3_

17.

[43] 周达军：《关于构建我国新型海洋渔业经济组织制度的思考》，《商业经济与管理》2007 年第 5 期。

[44] 于会娟：《成员异质性视角下中国渔民专业合作社治理研究》，博士学位论文，中国海洋大学，2013。

[45] 于谨凯、李宝星、单春红：《我国海洋渔业的中间组织行为研究》，《渔业经济研究》2007 年第 5 期。

[46] 孔凡宏、张继平、施锋：《渔业中介组织相关概念辨析及政策建议》，《上海海洋大学学报》2014 年第 2 期。

[47] Gonzalo Caballero - Miguez, Manuel M Varela - Lafuente, María Dolores Garza - Gil, "Institutional Change, Fishing Rights and Governance Mechanisms: The Dynamics of the Spanish 300 Fleet on the Grand Sole Fishing Grounds," *Marine Policy* 44 (2014): 465 - 472.

[48] 陈明宝：《沿海滩涂养殖经营制度演化研究》，博士学位论文，中国海洋大学，2011。

[49] 高健、刘亚娜：《海洋渔业经济组织制度演进路径的研究》，《农业经济问题》2007 年第 11 期。

[50] Colin W. Clark, *Economic Models of Fishery Management*, Renewable Resource Management Volume 40 of the series Lecture Notes in Biomathematics, pp. 95 - 111.

[51] Fani Lamprianidou, Trevor Telfer, Lindsay G. Ross, "A Model for Optimization of the Productivity and Bioremediation Efficiency of Marine Integrated Multitrophic Aquaculture," *Estuarine, Coastal and Shelf Science* 164 (2015): 253 - 264.

[52] Alexander Golberg, Alexander Liberzon, "Modeling of Smart Mixing Regimes to Improve Marine Biorefinery Productivity and Energy Efficiency," *Algal Research* 11 (2015): 28 - 32.

[53] 郭守前：《海洋渔业中的不确定性、风险及其效应》，《湛江海洋大学学报》2003 年第 2 期。

[54] 沈金生、张杰：《要素配置扭曲对我国海洋渔业全要素生产率影响研究》，《中国渔业经济》2013 年第 4 期。

[55] 张佑印、马耀峰、李创新：《国内海洋旅游市场规模特征及繁荣度研究》，《地域研究与开发》2015 年第 6 期。

[56] 黄少安：《海洋主权、海洋产权与海权维护》，《理论学刊》2012 年第 9 期。

[57] 李晓光、孙志毅、张丰奇：《海洋产权及其交易》，《东岳论丛》2011 年第 9 期。

[58] S. Jorgensen and D. W. K. Yeuno, "Stochastic Differential Game Model of a Common Property Fishery," *Journal of Optimization Theory and Applications* 90 (1996): 381 -

403.

[59] Fikret Berkes, "The Common Property Resource Problem and the Creation of Limited Property Rights," *Human Ecology* 13 (1985).

[60] Shankar Aswani, "Common Property Models of Sea Tenure: A Case Study from the Roviana and Vonavona Lagoons, New Georgia, Solomon Islands," *Human Ecology* 27 (1999).

[61] H. Scott Gordon, "The Economic Theory of a Common - Property Resource: The Fishery," Classic Papers in Natural Resource Economics, pp. 178 - 203.

[62] Toddi A. Steelman et al., "Wallace Property Rights and Property Wrongs: Why Context Matters in Fisheries Management," *Policy Sciences* 34 (2001): 357 - 379.

[63] Rögnvaldur Hannesson, "Rights Based Fishing: Use Rights Versus Property Rights to Fish," *Reviews in Fish Biology and Fisheries* 15 (2005): 231 - 241.

[64] 戴桂林、王雪：《我国海洋资源产权界定问题探索》，《中国海洋大学学报》（社会科学版）2005 年第 1 期。

[65] 韩立民、陈艳：《共有财产资源的产权特点与海域资源产权制度的构建》，《中国海洋大学学报》（社会科学版）2004 年第 6 期。

[66] 陈艳：《我国海域资源利用问题的根源剖析及解决途径》，《武汉科技大学学报》2006 年第 6 期。

[67] 王淼、贺义雄：《我国海洋旅游资源资产的产权界定与产权关系探讨》，《旅游科学》2006 年第 4 期。

[68] 王淼、袁栋：《海洋矿产资源产权市场问题原因与对策》，《中国国土资源经济》2007 年第 8 期。

[69] 王淼、高伟、贾欣：《海洋空间资源性资产产权特征及产权效率分析》，《海洋环境科学》2010 年第 2 期。

[70] 秦曼、梁铄、赵嘉璐：《海洋渔业资源资产产权效率的演变诱因及度量研究》，《中国海洋大学学报》（社会科学版）2013 年第 6 期。

[71] 贺义雄：《我国海洋资源资产产权及其管理研究》，博士学位论文，中国海洋大学，2008。

[72] 秦曼：《海洋渔业资源资产的产权效率研究》，博士学位论文，中国海洋大学，2010。

[73] 高伟：《海洋空间资源性资产产权效率研究》，博士学位论文，中国海洋大学，2010。

[74] 张裕东：《海洋矿产资源性资产产权效率研究》，博士学位论文，中国海洋大学，2013。

[75] 王淼、李蛟龙、江文斌：《海域资源三维多层产权研究》，《中国渔业经济》

2012 年第 3 期。

[76] 王淼、江文斌：《基于多层次利用的海域多层使用权研究》，《中国渔业经济》2011 年第 6 期。

[77] 陈明宝：《沿海滩涂产权的复杂性及其解决方式》，《中国海洋大学学报》（社会科学版）2012 年第 4 期。

[78] Garrett Hardin, "The Tragedy of the Commons," *Science* 162 (1968): 1243 - 1248.

[79] H. Scott Gordon, "The Economic Theory of A Common - Property Resource: the Fishery," *Bulletin of Mathematical Biology* 53 (1991) pp. 231 - 252.

[80] Stefan Gelcich, Gareth Edwards-Jones, Michel J. Kaiser & Elizabeth Watson, "Using Discourses for Policy Evaluation: The Case of Marine Common Property Rights in Chile," *Society & Natural Resources* 18 (2005): 4, 377 - 391, DOI: 10.1080/08941920590915279.

[81] David Whitmarsh, Maria Giovanna Palmieri, "Aquaculture in the Coastal Zone: Pressures, Interactions and Externalities," *David Whitmarsh, Maria Giovanna Palmieri in Aquaculture in the Ecosystem* (2008).

[82] Rebecca L. Gruby, Xavier Basurto, "Multi - level Governance for Large Marine Commons: Politics and Polycentricity in Palau's Protected Area Network," *Environmental Science and Policy* 33 (2013): 260 - 272.

[83] Julia Hoffmann, Martin F. Quaas (2016), "Common Pool Politics and Inefficient Fishery Management," *Environmental and Resource Economics* 63 (2016): 79 - 93.

[84] Margaret Wilson, Tyler Pavlowich, Michael Cox, "Studying Common-Pool Resources Over Time: A Longitudinal Case Study of the Buen Hombre Fishery in the Dominican Republic," *Ambio* 45 (2016): 215 - 229, DOI 10.1007/s13280 - 015 - 0688 - y.

[85] 王琪：《海洋环境政策有效供给分析》，《中国海洋大学学报》（社会科学版）2003 年第 5 期。

[86] 贾蒙恩：《我国海洋环境公共物品市场化供给研究》，硕士学位论文，中国海洋大学，2014。

[87] Tibor Scitovsky, "Two Concepts of External Economics," *The Journal of Political Economy* 62 (1954): 143 - 146.

[88] 孙吉亭：《我国海洋资源负外部性的消除与可持续利用》，《东岳论丛》2001 年第 3 期。

[89] 郭守前：《海洋渔业中的外部性及搭便车问题》，《南方农村》2003 年第 1 期。

[90] 郭守前：《资源特性与制度安排——一个理论框架及其应用》，中国经济出版

社，2004。

[91] 李京梅、王永明、宋美玲：《海水养殖业环境负外部性经济学初析》，《中国渔业经济》2007 年第 4 期。

[92] 宋立杰：《论海洋旅游开发过程中的外部性问题及其对策》，《海洋开发与管理》2004 年第 1 期。

[93] Vincent Martinet, Fabian Blanchard, "Fishery Externalities and Biodiversity: Trade - offs between the Viability of Shrimp Trawling and the Conservation of Frigatebirds in French Guiana," *Ecological Economics* 68 (2009): 2960 - 2968.

[94] Takaomi Kaneko, Takashi Yamakawa, "Fisheries Management Using a Pooling Fishery System with a Competitive Sharing Rule as a Remedy for the 'Tragedy of the Commons'," *Fisheries Science* 75 (2009): 1345 - 1357.

[95] Mahanev G. Bhat, Ramachandra Bhatta, "Considering Aquacultural Externality in Coastal Land Allocation, Decisions in India," *Environmental & Resource Economics* 29 (2004): 1 - 20.

[96] Anthony D. Owen, "Renewable Energy: Externality Costs as Market Barriers," *Energy Policy* 34 (2006): 632 - 642.

[97] Ernestos Tzannatos, "Ship Emissions and Their Externalities for Greece," *Atmospheric Environment* 44 (2010): 2194 - 2202.

[98] P. F. M. Lopes, S. Pacheco, M. Clauzet, R. A. M. Silvano, A. Begossi, "Fisheries, Tourism, and Marine Protected Areas: Conflicting or Synergistic Interactions?" *Ecosystem Services* 16 (2015): 333 - 340.

[99] 刘海英、贾宪飞、同春芬：《我国渔业保险市场失灵的表现及成因分析》，《2012 中国保险与风险管理国际年会论文集》，2012。

[100] 于广琳：《推进海域资源市场化配置，从源头防治腐败》，《海洋开发与管理》2010 年第 2 期。

[101] 陈书全：《海域公共资源市场化管理研究综述》，《学术交流》2011 年第 9 期。

[102] 陈艳、韩立民：《海域资源产权初始配置模式探讨》，《中国渔业经济》2005 年第 6 期。

[103] 吴克勤、黄南春：《海域使用权配置的经济学分析》，《渔业经济研究》2009 第 6 期。

[104] 李娜：《海域有偿使用价格确定的理论和方法》，硕士学位论文，辽宁师范大学，2004。

[105] 贺义雄：《我国海洋资源资产产权及其管理研究》，博士学位论文，中国海洋大学，2008。

[106] 陈艳、文艳：《海域资源产权的流转机制探讨》，《海洋开发与管理》2006 年

第 1 期。

[107] 汪磊、黄硕琳：《海域使用权一级市场流转方式比较研究》，《广东农业科学》2010 年第 6 期。

[108] 杨林、陈书全：《海域资源市场化配置的方式选择与制度推进》，经济科学出版社，2013。

[109] 曹英志：《海域资源配置方法研究》，博士学位论文，中国海洋大学，2014。

[110] 赵明利：《中国海域资源配置市场化管理问题与对策研究》，博士学位论文，中国科学院大学，2015。

[111] 彼得・伯奇・索伦森、汉斯・乔根・惠特 - 雅各布森：《高级宏观经济学导论：增长与经济周期》（第二版），王文平、赵峰译，中国人民大学出版社，2012。

[112] Tom Tietenberg, Lynne Lewis, *Environmental & Natural Resources Economics*, Prentice Hall, 2011.

[113] Peter B. Moyle, Petrea R. Moyle, "Endangered Fishes and Economics: Intergenerational Obligations," *Environmental Biology of Fishes* 43 (1995): 29 - 37.

[114] A. Murillas, R. Prellezo, E. Garmendia, M. Escapa, C. Gallastegui, A. Ansuategi, "Multidimensional and Intertemporal Sustainability Assessment: A Case Study of the Basque Trawl Fisheries," *Fisheries Research* 91 (2008): 222 - 238.

[115] Lone Grønbæk Kronbak, Niels Vestergaard, "Environmental Cost - effectiveness Analysis in Intertemporal Natural Resource Policy: Evaluation of Selective Fishing Gear," *Journal of Environmental Management* 131 (2013): 270 - 279.

[116] Lars J. Ravn - Jonsen, "Intertemporal Choice of Marine Ecosystem Exploitation," *Ecological Economics* 70 (2011): 1726 - 1734.

[117] Vincent Martinet, Julio Peña - Torres, Michel De Lara, Hector Ramírez C: Risk and Sustainability: Assessing Fishery Management Strategies, Environ Resource Econ DOI 10.1007/s10640 - 015 - 9894 - 0.

[118] V. Placenti, G. Rizzo, M. Spagnolo, *The Management of Marine Fishery in Italy: A Bio - Economic Optimization*, Springer Netherlands, 1988, pp. 213 - 222.

[119] 沈金生：《海洋渔业可持续性分析——基于逻辑斯蒂增长模型的应用》，《经济问题》2008 年第 3 期。

[120] 王淼、宋蔚：《海洋渔业资源的持续利用——谈海洋渔业资源代际优化配置问题》，《渔业经济研究》2008 年第 5 期。

[121] 马林娜、于会国、慕永通：《海洋渔业资源配置效率与中国的可选路径》，《中国渔业经济》2006 年第 4 期。

[122] 陈万灵：《海洋经济学理论体系的探讨》，《海洋开发与管理》2001 年第 3

期。

[123] 钟契夫：《资源配置方式研究：历史的考察和理论的探索》，中国物价出版社，2000。

The Analysis of Microcosmic Field of Theoretical System of Marine Economics

Chen Mingbao

Abstract: Since ocean economics was created, its theoretical research has been exploring and developing. Today, marine economic theory has achieved fruitful results at home and abroad, and initially formed a loose framework including micro, meso, macro and sustainable development. For the theoretical system, micro research is the foundation of other research fields, and which is the foundation of the establishment with theoretical system of internal logic of marine economics. On this background, this paper uses the methods of literature induction method from the inherent regularity of marine economics, and deeply discusses the research progress in the field of micro ocean economics theory, summarizes the laws of development, finds the defects in the research of theoretical logic and analysis method, and puts forward future research direction of ocean economics microcosmic field, in order to reach provides a logical basis for building the marine economics theoretical system.

Keywords: Marine Economics; Theoretical System; Micro Field; Inherent Logic

（责任编辑：管筱牧）

基于VAR模型的海洋经济增长、产业结构变动与涉海就业关联分析*

狄乾斌　计利群**

摘　要　2001～2014年，中国海洋经济增长迅速，产业结构呈现“高级化”状态且保持稳定，涉海就业人员数量不断增长并保持较高人均产值。本文为了研究海洋经济增长、产业结构变动和涉海就业之间的关系，利用向量自回归（VAR）模型将三者纳入同一框架进行分析。通过VAR（2）环境下的格兰杰因果关系检验、IRF脉冲响应函数、方差分解等工具分析三者之间的关系，得到海洋经济增长和涉海就业人员数量是引起海洋经济产业结构变化的格兰杰原因。针对分析结果提出提升海洋经济发展质量，推动海洋新兴产业发展，促进涉海就业人才自由流动等建议。

关键词　海洋经济增长　产业结构　涉海就业　VAR模型

---

* 基金项目：国家自然科学基金（项目编号：41571127）、辽宁省高等学校优秀科技人才支持计划（WR2014005）。

** 狄乾斌（1977～），男，博士，辽宁师范大学海洋经济与可持续发展研究中心副教授。主要研究领域：经济地理。计利群（1981～），男，辽宁师范大学海洋经济与可持续发展研究中心硕士研究生。主要研究领域：区域经济学。

引　言

21 世纪以来，中国海洋经济一直以年平均 12% 的高速增长，成为拉动国民经济发展的重要增长点。海洋经济是开发、利用和保护海洋的各类产业活动以及与之关联活动的总和[1]，但本质上属于区域经济，区域经济的一些理论和方法可以用来研究海洋经济问题[2]。海洋经济增长、海洋经济产业结构和涉海就业等相关问题一直受到广泛的关注，但一般仅涉及其中的一两个要素。张超英、李杨等利用 2001 ~ 2010 年的数据对国内生产总值和海洋生产总值进行了相关分析和动态分析[3]；王端岚分析了 1996 ~ 2009 年福建省海洋经济产业结构变化对海洋经济发展的贡献和影响[4]；王玲玲、殷克东采用协整理论和误差修正模型，对 2001 ~ 2012 年中国海洋经济增长和产业结构关系进行了实证分析[5]；孙才志、徐婷等构建了 LMDI 分解模型，对 1990 ~ 2011 年驱动中国海洋产业就业变化的规模效应、结构效应与技术效应进行了测度[6]。相对而言，将经济增长、产业结构和就业同时进行分析已经是区域经济研究中的常见方式。刘瀑利用向量自回归模型对河南省的经济增长、产业结构变动与劳动就业的动态关系进行了分析[7]；谭菊华对国内生产总值、就业人数、产业结构变动等指标进行了回归分析[8]；吴振球等运用静、动态面板数据模型以及克服内生性的分析技术，对产业结构合理化、产业结构高级化和经济发展方式转变及相关控制变量与就业的关系进行了研究[9]；徐悦等运用 SDM 模型等方法对省际经济增长、产业结构变动对就业效应的影响进行了实证分析[10]。本文立足现有统计数据，将中国海洋经济的增长、海洋经济的产业结构变动和海洋经济吸纳的涉海就业人员数量三方面纳入同一框架来进行实证分析，以期进一步揭示三者之间的关系。

一　研究方法和指标数据选取

本文从中国海洋经济的增长、产业结构和涉海就业人员数量三方面选取指标变量构建 VAR 模型，并利用 VAR 模型环境下的格兰杰因果关系检验、脉冲响应函数和方差分解等工具研究三者之间关系。指标选取上，以中国海洋经济生产总值作为衡量海洋经济增长的指标，以全国涉海就业人员数量作为衡量就业的指标，以 Moore 产业结构变化值为衡量产业结构变动的指标。Moore 产业结构变化值运用空间向量测定法，能够更精细地揭示产业结构的变化过程。其将 n 个产业视为一组 n 维向量，把不同时期间两组向量的夹角作为表示产业结构变化程度的指标，计算公式为：

$$M_t = \frac{\sum_{i=1}^{n}(W_{i,t1} \cdot W_{i,t2})}{\sqrt{\sum_{i=1}^{n} W_{i,t1}^2} \cdot \sqrt{\sum_{i=1}^{n} W_{i,t2}^2}} \tag{1}$$

式（1）中，M_t 表示 Moore 结构变化值；$W_{i,t1}$表示 t_1 期第 i 产业所占比重；$W_{i,t2}$表示 t_2 期第 i 产业所占比重。定义 θ_t 为不同时期产业向量之间的变化夹角，那么有：

$$\theta_t = \arccos M_t \tag{2}$$

θ_t 越大，表明产业结构变化的程度也越大。本文选取由海洋经济三次产业增加值占海洋生产总值的比重计算出的 θ_t 值作为衡量海洋经济产业结构变化的指标，以 2001 年为基年，采用定基计算法计算。

原始数据为中国 2001～2014 年的海洋生产总值、海洋经济三次产业增加值占海洋生产总值的比重、全国涉海就业人员数量。2001～2013 年的数据来源于《中国海洋统计年鉴》（2007～2014 年），2014 年的数据来源于《中国海洋统计公报 2014》。其中，缺少 2002 年、2003 年、2004 年的全国涉海就业人员数量，根据已知数据进行了推算。中国的海洋经济统计口径和内容曾进行过多次调整，《中国海洋统计年鉴》自 2007 年全面改版[11]，并公布了 2001 年以来的调整数据。本文选取的数据保证了统计口径的一致。

二　海洋经济增长、产业结构和涉海就业情况简析

（一）中国海洋经济增长迅速但增速波动较大

经济增长一般用某个国家的国内生产总值（Gross Domestic Product，GDP）及其年增长率来度量[12]。海洋经济增长则一般用海洋生产总值（Gross Ocean Product，GOP）及其年增长率来度量。整体来看，中国海洋生产总值逐年提高，2014 年全国海洋生产总值达到 59936 亿元，占国内生产总值的 9.4%[13]。2001～2014 年海洋经济生产总值年平均增速约为 12%，明显高于同期的国内生产总值的增速，占国内生产总值的比重稳中略升。但中国海洋经济增速波动较大，21 世纪最初 10 年的增速呈现出明显震荡，2011 年之后逐步平稳（见图 1）。

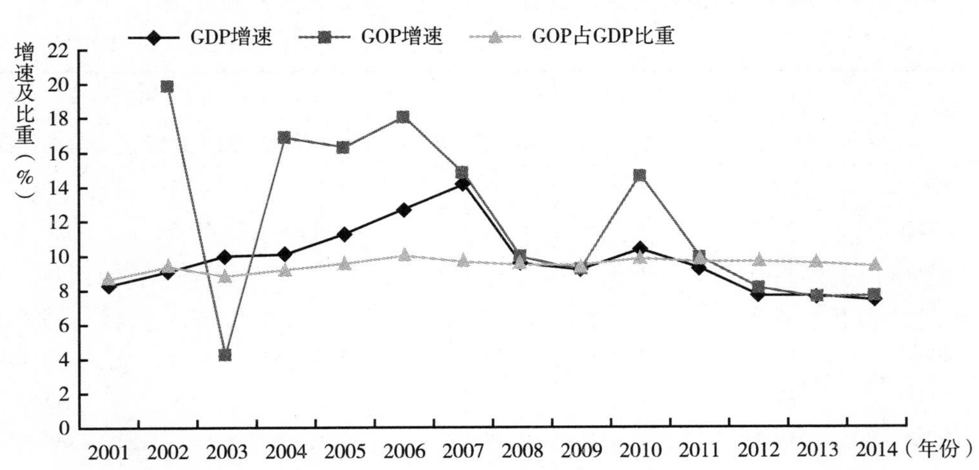

图 1　2001～2014 年中国海洋生产总值和国内生产总值增速对比

（二）中国海洋经济产业结构呈现“高级化”状态且结构相对稳定

广义上产业经济系统的内部结构，称为产业结构[14]，可以用第一、第二、第三产业的增加值之间的比例关系进行描述。英国经济学家威廉·

配第和美国经济学家西蒙·库兹涅茨分别从劳动力转移和人均国民收入等角度揭示了产业结构总体上的变动方向[15]，即国民经济发展的重点从第一产业逐步向第二产业和第三产业转移的过程，学界常用“高级化”或“高度化”来描述这一过程。通过对比发现（见表1），2001～2014年，中国海洋经济相对国民经济呈现出产业结构“高级化”的格局。中国海洋经济的第一产业比重明显低于国民经济的第一产业比重，而第二、第三产业比重明显高于国民经济的第二、第三产业比重。海洋经济呈现“三、二、一”的产业结构格局，而同期国民经济结构却从“二、三、一”逐渐向“三、二、一”格局转变。本文以2001年为基年，采用定基法计算了2002～2014年国民经济和海洋经济的Moore产业结构变化角度值，发现海洋经济产业结构保持稳定，相对国民经济产业结构变动幅度较小。

表1 中国国内生产总值和海洋生产总值三次产业比重

单位：%

年份	第一产业		第二产业		第三产业	
	国民经济	海洋经济	国民经济	海洋经济	国民经济	海洋经济
2001	14.4	6.8	45.2	43.6	40.5	49.6
2002	13.7	6.5	44.8	43.2	41.5	50.3
2003	12.8	6.4	46.0	44.9	41.2	48.7
2004	13.4	5.8	46.2	45.4	40.4	48.8
2005	12.1	5.7	47.4	45.6	40.5	48.7
2006	11.1	5.7	47.9	47.3	40.9	47.0
2007	10.8	5.4	47.3	46.9	41.9	47.7
2008	10.7	5.7	47.4	46.2	41.8	48.1
2009	10.3	5.8	46.2	46.4	43.4	47.8
2010	10.1	5.1	46.7	47.8	43.2	47.1
2011	10.0	5.2	46.6	47.7	43.4	47.1
2012	10.1	5.3	45.3	46.9	44.6	47.8
2013	10.0	5.4	43.9	45.9	46.1	48.8
2014	9.2	5.4	42.6	45.1	48.2	49.5

资料来源：《2014年中国统计年鉴》，中国统计出版社，2015。

表2 2002~2014年中国国民经济和海洋经济的产业Moore结构变化值对应角度值

年份	2002	2003	2004	2005	2006	2007	2008	2009	2010	2011	2012	2013	2014
海洋经济(θ_t)	0.71	1.40	1.85	2.05	3.97	3.43	2.71	2.96	4.37	4.28	3.41	2.30	1.63
国民经济(θ_t)	1.09	1.62	1.22	2.66	3.60	3.69	3.74	4.30	4.43	4.51	5.1	6.26	8.36

（三）中国涉海就业比重日益提升且人均产值较高

进入21世纪，全国涉海就业人员数量不断增长。从2001年的2107.6万人达到2014年的3554万人，增长了68.7%，占全社会就业人员的比重也从2.89%提高到4.61%。如表3所示，尽管涉海就业人员数量的增速逐年放缓，但占全社会就业人员数量的比重却逐年上升，说明海洋经济在吸纳就业方面拥有明显优势。同时，涉海就业人员拥有较高的人均产值，2014年达到16.8万元/人，是同期全社会就业人均产值的2.04倍。涉海就业人均产值（Y1）与全社会就业人均产值（Y2）的比值均大于2，却逐年下降，这在一定程度上说明中国海陆差异在变小，但涉海就业优势依旧明显。这里以2002~2004年的涉海就业数据为推算数据，采用EXCEL二阶多项式拟合方法，拟合程度 $R^2=0.997$。

表3 2001~2014年全国涉海就业基本情况

年份	涉海就业人数（万人）	涉海就业人数增长率(%)	涉海就业人数占全社会就业人数比重(%)	涉海就业人均产值Y1(万元)	全社会就业人均产值Y2(万元)	Y1/Y2
2001	2107.6	—	2.89	4.52	1.50	3.01
2002	2308.0*	9.51	3.13	4.88	1.63	2.99
2003	2493.5*	8.04	3.35	4.79	1.82	2.63
2004	2663.9*	6.84	3.54	5.50	2.13	2.59
2005	2780.8	4.39	3.67	6.35	2.44	2.60
2006	2960.3	6.45	3.87	7.29	2.83	2.58
2007	3151.3	6.45	4.09	8.13	3.45	2.35
2008	3218.3	2.13	4.15	9.23	4.05	2.28
2009	3270.6	1.63	4.31	9.87	4.50	2.20

续表

年份	涉海就业人数（万人）	涉海就业人数增长率（%）	涉海就业人数占全社会就业人数比重（%）	涉海就业人均产值Y1（万元）	全社会就业人均产值Y2（万元）	Y1/Y2
2010	3350.8	2.45	4.40	11.81	5.28	2.24
2011	3421.7	2.12	4.48	13.30	6.19	2.15
2012	3468.8	1.38	4.52	14.43	6.77	2.13
2013	3514.3	1.31	4.57	15.45	7.39	2.09
2014	3554.0	1.50	4.61	16.80	8.24	2.04

注：* 为推算数据。

数据来源：根据《中国海洋统计年鉴》（2007～2014）、《中国海洋统计公报》（2014）、《中国统计年鉴》（2001～2014）、《中国统计公报》（2014）整理计算所得。

三　实证分析

用 gop 表示海洋经济生产总值，cyjg 表示海洋经济的 Moore 产业结构变化值对应角度值，shjy 表示涉海就业人员数量。为了能够有效消除异方差，我们对原始数据取自然对数，分别标记为 Lngop、Lncyjg、Lnshjy。同时，取对数不会改变原始数据原有序列的趋势。

（一）数据的平稳性检验

理论上讲，格兰杰因果关系检验是针对平稳时间序列的。实验表明，当两个序列由平稳向非平稳过渡时，检验存在因果关系的概率会有一定程度的上升，但幅度远小于因果关系的显著性增强时引起的上升幅度，所以同阶单整非平稳序列的格兰杰因果检验结果具有一定程度的可靠性[16]。因此，我们首先对上述时间序列进行了平稳性检验。检验时间序列平稳性的方法较多，以 ADF（Augment Dickey - Fuller Test）单位根检验方法最为常见。本文使用 Eviews6.0 根据 Schwars Info Criterion（SIC）准则自动选择滞后长度，用麦金农（Mackinnon）临界值来判断是否具有单位根，显著性水平为小于 5%。结果表明（见表 4），三个变量本身均为非平稳序列，但三个变量的二阶差分的ADF值均小于5%限制水平临界值，即三个变量都是二阶单整序列。

表4 时间序列Lngop、Lncyjg、Lnshjy的ADF检验结果

变量	ADF统计量	检验形势(C,T,L)	临界值(5%)	*p*值	结论
Lngop	-3.875302	(C,T,2)	-0.605978	0.9557	不平稳
Lncyjg	-1.660094	(C,0,2)	-3.175352	0.4223	不平稳
Lnshjy	-1.560035	(C,T,2)	-3.875302	0.7471	不平稳
d(Lngop)	-4.107833	(C,T,2)	-3.224161	0.1426	不平稳
d(Lncyjg)	-3.175352	(C,0,2)	-2.326689	0.1808	不平稳
d(Lnshjy)	-3.76605	(C,T,2)	-3.933364	0.0628	不平稳
dd(Lngop)	-4.008157	(C,T,2)	-4.732582	0.0199	平稳
dd(Lncyjg)	-3.259808	(C,0,2)	-3.876003	0.0211	平稳
dd(Lnshjy)	-4.858938	(C,T,2)	-4.107833	0.0209	平稳

注：检验形式（C，T，L）中C、T、L分别表示常数项、时间趋势和滞后阶数；d、dd分别表示一阶差分和二阶差分。

（二）VAR模型的建立

向量自回归模型（Vector Autoregression Models，VAR）是一种非结构化模型，它主要通过实际经济数据而非经济理论来确定经济系统的动态结构。VAR模型中的各个等式的系数并不是关注的对象，因为VAR模型中的系数往往很多，因此无法通过分析模型系数估计值来分析VAR模型，需要借助格兰杰因果关系检验、IRF脉冲响应函数和方差分解等工具[17]。本文针对三个变量建立VAR模型，利用Eviews6.0软件根据AIC信息准则、SC信息准则确定滞后阶数为2，然后运用AR特征根图来检验VAR（2）模型的平稳性。图2中所示VAR（2）模型的所有特征根的倒数的模小于1而位于单位圆内，表明模型是稳定的，可以进行下一步分析。

（三）VAR模型环境下的格兰杰因果关系检验

VAR模型的重要应用是检验经济时间序列变量的格兰杰因果关系。VAR的Granger因果关系检验是对于模型中每一个方程输出每一个其他内生

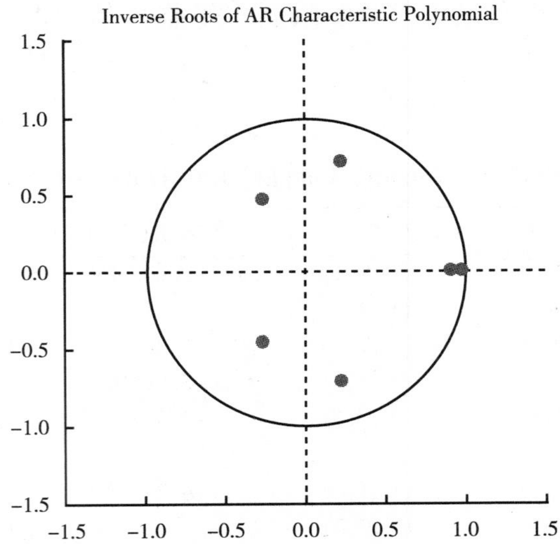

图 2　AR 特征根的倒数的模的单位圆图示

变量的滞后项的统计量，即分组变量外生性的 Wald 检验。通常若显著概率 p 值在 5% 的置信范围内，可以认为排除的变量构成对被解释变量的格兰杰因果关系。值得注意的是，格兰杰因果关系检验是必要性条件检验，而不是充分条件检验[18]。检验结果如表 5，Lngop 和 lnshjy 的显著概率 p 值在 5% 以内，构成对 Lncyjg 的格兰杰因果关系；而其他变量之间均不构成格兰杰因果关系。这表明了以下几个方面。

第一，海洋经济增长能够对海洋经济产业的结构变化起必要作用，而对涉海就业的带动较弱。因为整体上中国海洋经济仍然处于发展的成长期[19]，传统的海洋产业仍然占据主要地位，战略性新兴产业发展较快但尚未壮大。同时，随着中国海洋经济走向“深蓝”，未来会有新行业、新业态进入海洋经济，这些势必改变现有的海洋经济的产业结构。同样，生产技术的进步、劳动者素质的提升、科学管理等因素也决定涉海就业人员数量不会随海洋经济的增长而同比例增长，这也可以从涉海就业人员人均产值较高的事实中得到印证。

第二，涉海就业人员数量变化也是引起海洋经济产业结构变化的必要原因，而劳动力投入不能显著带动海洋经济增长。中国的涉海就业呈现出就业人数多、涉及领域广、年龄结构轻、技术层次高等特点[20]。行业发展前景、工资收入水平差异、新兴业态的出现等因素都会使劳动者自发地在海洋经济各产业部门间流动，从而影响海洋经济产业结构的变化。根据经济增长理论，影响经济增长的三个因素是技术进步、资本形成和劳动投入[21]。鉴于海洋经济资金和技术密集的特点，增加劳动供给并不会对海洋经济的增长起到明显的推动作用。

第三，海洋经济产业结构的变动受到海洋经济增长和涉海就业的共同影响，但反馈作用不明显。海洋经济产业结构的调整并不一定向"高级化"单向发展，即使海洋经济二次产业比重提升，也不意味着发展的后退，关键在于海洋经济各产业是否符合集约高效、适应市场需求、提高经济效益的方向。

表 5　VAR（2）模型的格兰杰因果关系检验结果

检验方程	排除的解释变量	χ^2 统计量	p 值
Lngop 为被解释变量的方程	Lncyjg	1.713021	0.4246
	Lnshjy	1.206005	0.5472
Lncyjg 为被解释变量的方程	Lngop	9.449162	0.0089
	Lnshjy	21.97641	0.0000
Lnshjy 为被解释变量的方程	Lngop	0.822891	0.6627
	Lncyjg	3.292177	0.1928

（四）IRF 脉冲响应函数与方差分解

IRF 脉冲响应函数（Impulse Response Function，IRF）用于衡量来自某个内生变量的随机扰动项的一个标准差冲击对 VAR 模型的所有内生变量当前值和未来值的影响[22]，从而比较全面地反映各变量之间的动态影响。方差分解则是将 VAR 模型中每个外生变量预测误差的方差按照成因分解为与各个内生变量相关联的组成部分，即分析每个信息冲击对内生变量变化的贡献度[20]。为了进一步考察通过格兰杰因果检验的变量之间的影响方式，可利用 VAR 模型下的脉冲响应函数和方差分解工具进一步分析。图 3 中的 a1 和图 4 中的 a2 分别是海洋经济增长对海洋产业结构变化的脉冲响应函数图和方差分解图，表明海洋经济增长对海洋产业结构变化从第 3 期开始有长期的方向一致的影响，贡献程度维持在 40% 左右，是除自身影响以外的最重要因素。图 3 中的 b1 和图 4 中的 b2 分别是涉海就业人员数量对海洋经济产业结构变化的脉冲响应函数图和方差分解图，表明涉海就业人员数量对海洋经济产业结构变化具有交错方向的影响，贡献度保持在 6% 左右。

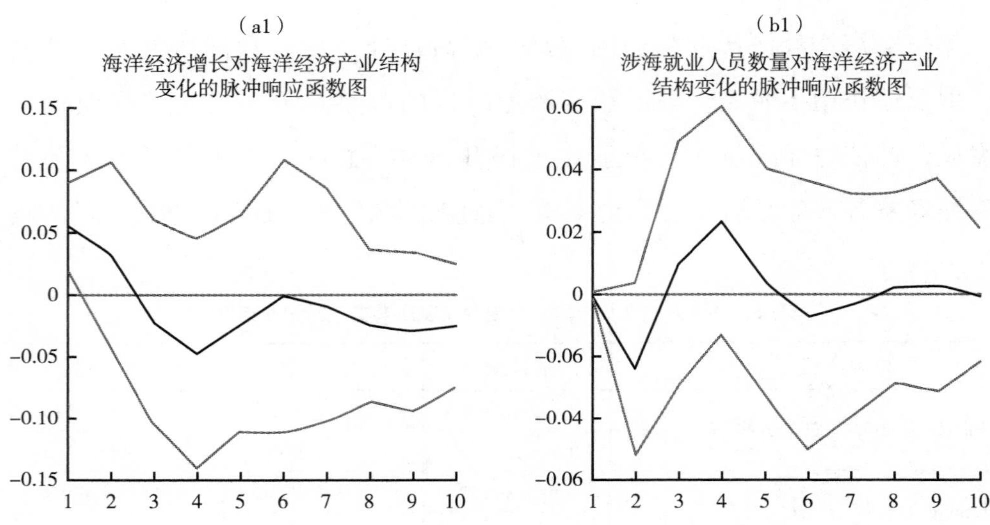

图 3　脉冲响应函数图

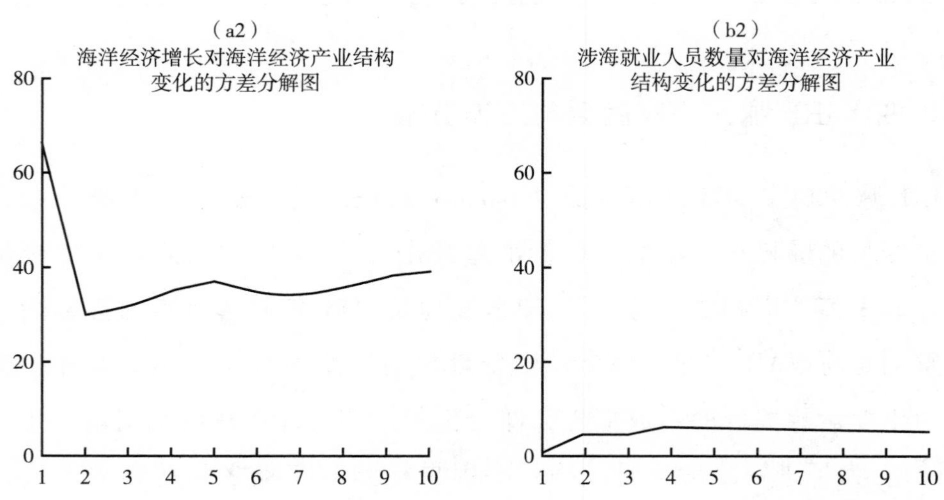

图 4　方差分解图

四 结论与建议

（一）结论

通过构建 VAR 模型并用格兰杰因果关系检验、IRF 脉冲响应函数和方差分解等工具，对中国海洋经济的增长、产业结构变化和涉海就业之间的关系进行联动分析，可知海洋经济增长和涉海就业人员数量是引起海洋产业结构变化的格兰杰原因，其中海洋经济增长对海洋产业结构变化具有长期的单向的影响，贡献度约为 40%；涉海就业人员数量对产业结构变化有交错方向的动态影响，贡献度约为 6%。分析认为，中国海洋经济正处于发展的成长期，传统海洋产业的调整和新兴海洋产业的发展、劳动者在海洋产业各部门之间的流动等原因将影响海洋经济产业结构的变化；海洋经济增长对涉海就业的带动作用不明显是由涉海就业技术层次高、人均产值高等特点决定的；同样，增加劳动供给也不能明显推动海洋经济的增长。

（二）建议

针对以上结论，特提出以下建议。

第一，应着力提升海洋经济整体发展的质量，增强海洋经济的竞争力。海洋经济往往具有资源依赖、国家主导、技术与资金密集和高风险等特征[23]，要努力改变粗放型增长方式，推进科技兴海战略和可持续发展战略，主动适应经济发展“新常态”。要切实遵循市场规律，切忌盲目超前发展，以发展质量和效益为中心，增强海洋经济的整体国际竞争力。

第二，应打破涉海就业劳动者跨行业、跨区域流动的壁垒，促进人才的自由流动。尤其是破除不符合时代发展要求的职业资格许可、行业准入和体制的限制，打通城乡之间、区域之间的人才流动通道，促进人才的有效流动，实现人力资源的合理配置，推动产业结构的优化。

第三，优化海洋经济产业结构的重点应放在推动传统海洋产业升级、促进海洋新兴产业发展上来。加大传统海洋产业的科技创新力度，使之焕发新活力；鼓励战略性新兴海洋产业的发展，如海洋生物医药、海水利用、海洋电力等海洋产业。促进海洋新业态的成长，如海洋文化产业、海洋信息服务业和邮轮、游艇、休闲渔业等新兴业态，培养新的海洋经济增长点。

第四，加强海洋新产业的统计工作。目前国际上统计的海洋产业部门已超过 20 个，而中国对主要海洋产业的统计则由 2001 年的 7 个增加到目前的 12 个[24]，对海洋产业的概括尚存在不足。因此，未来应加强对海洋新兴产业的统计，为海洋产业的发展提供数据支持，为推动海洋产业健康发展提供科学的数据支撑。

参考文献

[1] 国家海洋局：《中国海洋统计年鉴 2014》，海洋出版社，2015。

[2] 戴亚南、张鹰：《海洋经济发展中的区域经济理论探讨》，《海洋环境科学》2008 年第 1 期。

[3] 张超英、李杨、李健华：《海洋经济增长与中国宏观经济增长关系分析》，《海洋经济》2012 年第 3 期。

[4] 王端岚：《福建省海洋产业结构变动与海洋经济增长的关系研究》，《海洋开发与管理》2013 年第 9 期。

[5] 王玲玲、殷克东：《我国海洋产业结构与海洋经济增长关系研究》，《中国渔业经济》2013 年第 6 期。

[6] 孙才志、徐婷、王恩辰：《基于 LMDI 模型的中国海洋产业就业变化驱动效应测度与机理分析》，《经济地理》2013 年第 7 期。

[7] 刘瀑：《中国经济增长、产业发展与劳动就业的耦合机理分析——基于 VAR 模型的动态实证分析》，《经济问题》2010 年第 4 期。

[8] 谭菊华：《经济增长、产业发展与劳动就业：来自中国的证据检验》，《经济问题》2013 年第 6 期。

[9] 吴振球、程婷、王振：《产业结构优化升级、经济发展方式转变与扩大就业——基于我国 1995 ~ 2011 年省级面板数据的经验研究》，《中央财经大学学报》2013 年第 12 期。

[10] 徐悦、张居营：《中国省际经济增长、产业结构变动对就业效应影响的实证检

验》，《统计与决策》2015年第6期。
[11] 何广顺：《我国海洋经济统计发展历程》，《海洋经济》2011年第1期。
[12] 菲利普·阿格因、彼得·豪伊特：《增长经济学》，杨斌译，中国人民大学出版社，2011。
[13]《2014年中国海洋经济统计公报》，http：//www.coi.gov.cn/gongbao/jingji/201503/t20150318_ 32235.html，最后访问日期：2016年5月9日。
[14] 原毅军：《产业发展理论及应用》，大连理工大学出版社，2012。
[15] 崔功豪、魏清泉、刘科伟：《区域分析与区域规划》，高等教育出版社，2006。
[16] 李子奈、叶阿忠：《高级应用计量经济学》，清华大学出版社，2012。
[17] 李敏、陈胜可：《Eviews统计分析与应用》，电子工业出版社，2011。
[18] 格兰杰：《格兰杰计量经济学文集》，朱小斌等译，上海财经大学出版社，2007。
[19] 刘明、徐磊：《我国海洋经济的十年回顾与2020年展望》，《宏观经济研究》2011年第6期。
[20] 徐丛春：《中国海洋经济发展情况、问题与建议》，《海洋经济》2014年第2期。
[21] 高鸿业：《西方经济学（宏观部分）》第五版，中国人民大学出版社，2011。
[22] 樊欢欢、李嫣怡、陈胜可：《Eviews统计分析与应用》，机械工业出版社，2011。
[23] 伍业锋：《海洋经济：概念、特征及发展路径》，《产经评论》2010年第5期。
[24] 张耀光：《中国海洋经济地理学》，东南大学出版社，2015。

Linkage Analysis of Growth, Industrial Structure and Ocean-related Employment of Marine Economic in Our Country

Di Qianbin, Ji Liqun

Abstract: China's marine economy had grown rapidly from 2001 to 2014 and it's industrial structure shown "high-level" state and had remained stable, ocean-related employment had increased and maintained a higher per capita output, marine economy has increasingly become the important growth point of national economy. In order to know the relationship among the ocean economic growth and the change of industrial structure and ocean-related employment, this paper includes the above three factors in the same framework and analyse interactively using VAR model. Analyse the relationship among the three factors by granger causality test of VAR （2） model, IRF impulse response function and variance decomposition analysis tools. The conclusion is that marine economy growth and ocean-related employment number is the granger causality of the change of the marine economy industry structure; Marine economy growth has long-term and one-way impact on the marine industry structure changes, contribution is about 40% ; Ocean-related employment has alternating direction dynamic effect on the marine industry structure changes, contribution is about 6% . This paper gives the suggestions that put forward improving the quality of marine economic development, promote marine development of emerging industry and promote the free flow of ocean-related employment people.

Keywords: Marine Economic Growth; Industrial Structure; Ocean-related Employment; The VAR Model

（责任编辑：周乐萍）

海域征收补偿效率与公平的推进：基于地方政府的视角*

乔俊果**

摘　要　海域征收补偿关系到渔区的稳定和发展。本文通过梳理相关的法律法规和理论，发现在当前的法律秩序下，地方政府在渔业用海征收补偿实践中承担着多重角色和复杂的职能。法律法规的倾向于普适性的描述特点和在具体实践中一般规则而非高度精确的描述使地方政府在实践中有较强的机会主义倾向。抛开制度中性的假设，渔业用海征收补偿制度有效率但不公平，渔民的不公平感来自与其他阶层以及群体内部的比较。从改善公平的角度考虑，地方政府可以从健全补偿对象资格认定、明确补偿标准的测算规则和范围、改善补偿救济制度几个方面完善渔业用海征收补偿制度体系。

关键词　围填海　征收补偿制度　地方政府　海域使用权

* 本文为广东省教育厅人文社科一般项目（项目编号：11WYXM030）、广东省哲学社会科学规划项目（项目编号：GD12YGL04）、广东省高校优秀青年创新人才培养计划项目（项目编号：2012WYM_ 0077）、广东海洋大学校级优选项目“围填海土地价值增值利益分配机制研究”成果。

** 乔俊果（1978～），女，广东海洋大学经管学院副教授，博士研究生在读。主要研究领域：农业经济。

随着国家土地审批政策的规范化和“18亿亩耕地红线”的严格考评机制的实施，为增加建设用地又可以采取不占补平衡，沿海各地城市纷纷进行填海造地。填海造地已成为沿海地方政府解决非农建设用地紧缺问题的最普遍手段，而且多半纳入了“转型升级”与“保护基本农田兼顾”的大旗之下，外加“山海经济”或“开放开发”等区域战略[1]，主要用途为工业和扩展城市空间[2]，典型代表地区如天津滨海新区、河北曹妃甸新区等。伴随着大规模填海造地的是对大面积的渔业用海海域使用权的征收。仅曹妃甸围填海项目就征收渔业用海1.63万公顷。按照沿海省份的规划，至2025年须征海52万公顷[3]。在这场规模浩大的征海过程中，渔业用海的征收补偿问题引起了广泛的关注。

海域征收补偿问题自2000年起纳入了学者们的研究视野，比较常见的表述为渔民失海补偿、征海补偿、提前收回海域补偿[4][5]。林光纪提出征海补偿原则为价值补偿、生产就业补偿及生活保障补偿[6]，王国钢认为应以评估补偿为主、协商补偿为辅，补偿范围应与海域使用证、养殖证载明的用途及期限相适应，补偿标准应与海域等级相适应[7]。补偿标准偏低是学者们的共识[8][9]。有学者认为国家征收海域权利的“公益”要件被虚置，对海域使用权利的规定比较模糊，尤其是只明确了使用水域、滩涂从事养殖、捕捞的物权权利，但没有可供操作的细致条文，物权性不强[10]。法律缺失形成了高度行政化的补偿制度，加剧了对海域使用权这一物权的侵犯。

借鉴土地征收补偿的研究成果，征海增值的收益受到了研究者的关注。多数学者认为，征海补偿过程中使用权人的收益与增值有着较小的关联，这一部分收益不在补偿范围之内。还有学者认为，政府不应与海域使用权利人争利夺增值收益，否则会与政府审批的合法性相悖[11]。从公平的角度看，增值收益应考虑渔民的生存权和发展权，也应考虑围填海造地的资源生态损害补偿[12]。

国内大部分学者采用了法学与经济学或管理学交叉的研究方法，对海域征收补偿要件、标准、对象及方式进行了广泛的定性研究，提出了一些原则性的建议，逐渐过渡到实践层面，如对渔民进行社保安置等。已有的成果及土地征收补偿的理论体系，使我们对渔业用海征收补偿问题有了更多的认识和理解，也提供了较为完备的理论框架。但是，现有的对征海补偿的行为主体、补偿制度的福利状况以及变革空间的研究也存在一些缺陷和不足。首先，对征海补偿关系中处于主导地位的各级政府笼统地以政府来代替，没有对政府进行分层研究。实际上，中央政府是征收法律秩序的制定者，但在渔业用海征收中的参与度较低，执行者为各级地方政府。征海补偿制度的完善处于由中央政府主导的规则型塑和秩序扩展之下，由于法律的复杂性和规则秩序的等级结构，限定了地方政府完善制度的策略空间。既然对法律制度本身或征收秩序进行完善是比较复杂的，或者是成本高昂的，那么，由补偿的实际执行主体即地方政府通过系列法规或非法律制度进行完善可能更有意义。当前的文献没有从实际主导者——地方政府的角度探讨征海补偿体系可能的制度化探索，有可能导致所提政策建议的行动主体针对性不强。其次，补偿对象被笼统地冠以渔民的称谓。实践中，现有的渔业用海海域使用人包括海洋养殖者、捕捞者以及传统渔民。这三类群体的海域使用权的权利性质差别很大，如果在分析中不加以区别，有可能导致研究结论失之偏颇。最后，征海补偿制度被认为是不公平的，但对其不公平的原因没有进行细致的理论分析。进而言之，这种不公平的制度是否有效率，在地方政府可变革的制度空间范围内，能否通过建立一些与渔业用海征收补偿法律制度相关联的非法律制度改善其效率与公平性？而现有的文献尚未对这些问题进行系统的回答。

本文想回答的问题是，在现有的法律框架体系下，在海域征收补偿过程中，法律赋予地方政府的权利和义务有哪些？地方政府承担了何种角色和职能？依据相关的法律法规，地方政府在征海补偿实践中可能采取哪些策略？进一步地，在地方政府采取这些策略后，征海补偿的效率与公平性如何？如何从地方政府制度变革的角度改进？这对于海域使用权这一用益物权的切实保护、征海补偿纠纷与冲突的解决及渔区社会稳定是非常有意义的。

一 法律权利与义务：渔业用海征海补偿中的地方政府

地方政府征收海域的权利来源于《宪法》和《海域使用法》的相关条款。《海域使用管理法》第30条规定：因公共利益或者国家安全的需要，原批准用海的人民政府可以依法收回海域使用权[①]。就条例释义而言，批准用海的人民政府是征收海域的主体。《海域使用管理法》第16条和第17条规定："单位和个人可以向县级以上人民政府海洋行政主管部门申请使用海域，……县级以上人民政府海洋行政主管部门依据海洋功能区划，……报有批准权的人民政府批准。"第18条明确规定：除填海五十公顷、围海一百公顷、国家重大建设项目用海等五种情况外，由国务院授权省、自治区、直辖市人民政府规定审批权限。由于渔业用海并不属于第18条列举的内容，依据上述法律规定，省级以下的地方政府是批准渔业用海的主体，也是收回或者征收渔业用海唯一的合法主体。实践中，作为国家权力代理人的各级地方政府对不服从收回的渔民可以给予行政处罚，也就是说，地方政府在执行收回海域时具有明显的强制性和权威性，地方政府实际拥有的是海域使用权这一财产权利的征收权。

与征收权相对应的是，地方政府负有补偿海域使用权的义务。《海域使用法》还规定，对于提前收回的海域使用权，应给予相应的补偿。"相应的补偿"是一个较为模糊的法律术语，有可能不是指海域征收补偿费。如何补偿，按照何种标准补偿，补偿哪些，在国家层面没有相应的指导政策，在没有明确规定的情况下，各级政府在确定补偿范围、方式、数额等方面拥有最终的决定权。此外，《海域使用法》第31条规定县级以上人民政府海洋行政主管部门有调解海域使用权争议的权利。地方政府依据法律所获得的权利与执行法律时的自主程度见表1。

① 有学者认为收回是不科学、不严谨的法律用词（见王建廷《海域征收补偿制度研究》，《中国渔业经济》2008年第4期），有部分学者认为可以定性为行政许可撤回（见孙译军《从行政许可的撤销看公共利益的界定》，《党政干部学刊》2006年第3期）。

表 1　海域征收补偿制度体系中地方政府的自主空间

制度类型	制度表述清晰度	地方政府在执行实践中的自主情况
征收权制度	清晰	无
补偿义务制度	清晰	无
补偿对象制度	清晰	规定与实践不一致，有一定的自主权
征收标准制度	模糊	各地结合实际情况制定，很强的自主权
补偿纠纷救济制度	清晰但有漏洞	地方政府集裁判员与运动员于一体，有一定的自主权

地方政府是渔业用海的征收者、补偿者、补偿相关制度的制定者、争议纠纷的调解者，拥有相应的征收权、补偿相关制度的制定权、补偿纠纷的仲裁权以及补偿义务，其中征收权是垄断权利。从表 1 中可以看出，征收权和补偿权的规定清晰，征收过程中的征收标准制定、征收对象确定相关法律条文的规定比较模糊，征收补偿纠纷解决方面存在法律漏洞。国家层面法规的一般规则而非精确描述使地方政府在执行时拥有较大的可操作空间，当前征收标准制度的模糊性赋予了地方政府很强的自主权，改进制度规定的清晰度成了地方政府未来制度完善的方向。

二　海域征收补偿实践中地方政府的策略

地方政府在征海补偿中扮演着多重角色，承担着较为复杂的责任和义务。作为理性经济人，地方政府必然会在符合法律规定的前提下采取各种策略，以获得最大收益。

（一）渔业用海海域使用权人的非确定表述与补偿对象的选择

渔业用海的使用者为养殖者、捕捞者和实际用海但未经政府确权的传统渔民。他们权利的来源和性质差别巨大。前两类权利人经过地方政府海洋行政主管部门确权，相应的行政许可为养殖证、海洋捕捞证。值得注意的是，养殖渔民的海域使用权是直接权利，捕捞渔民的海域使用权是间接权利，来自捕捞权。传统渔民则是以海为生，未办理海域使用权证，其在海域上作业取得收益的权利源自习惯。海域使用管理法仅规定了养殖用海可以申请海域使用权，相关的法律并未规定捕捞权和传统渔民在滩涂和近海采捕的权利与海域使用权有关。根据科斯产权理论，在这三类群体中，养殖者的海域使用权利约束比较完整，有合法的行政许可，传统渔民的海域使用权利最不完整。三类群体的产权权利比较见表2。

表2　三类渔业用海群体的产权权利比较

产权权利	养殖渔民	捕捞渔民	传统渔民
权利来源	政府许可	政府许可	习惯
海域使用排他性	强	不强	本社区的渔民属于俱乐部产权，社区内部没有排他性，但是对外来者有一定的排他性
海域使用收益权	完全	来自捕捞的渔获，有一定的收益权	来自采捕的渔获
海域使用处置权	不完全	没有	没有

捕捞权允许渔民在指定的海域范围内采用规定的作业工具从事捕捞，但是这个指定的海域范围不是仅针对某一特定渔民，而是针对特定区域的渔民群体。这些渔民大多不属于同一个渔业社区，他们之间的沟通互动也比较困难。也就是说，同一片海域允许多个渔民同时从事捕捞作业，这一片海域的捕捞使用权为多个渔民共有。而且，与渔民个人甚至渔民群体的管理能力相比，指定的海域面积过大，渔业资源受到损害时实现及时有效的监督及信息沟通的成本很高，以致渔民个体请求损害赔偿时难以达成一致，而且普遍存在“搭便车”的行为。养殖者的海域使用权则不同，养殖海域使用权的边界清晰，类似土地承包经营权，其权属人在权利遭到侵犯尤其是征用时，可以有效地寻求保护。也可以说，捕捞权具有一定的公共性，而养殖权具有明显的私权特征。在司法实践中，养殖渔民具有明确的法律主体地位，而捕捞渔民没有民事权利的救济主体地位。

依《海域使用法》释义，补偿对象为确权的海域使用权人。在现有的法律制度框架内，捕捞渔民和传统渔民的海域使用权没有相关的法律条文依据，无法得到政府部门的确权。有学者探讨了捕捞权和海域使用权的关系，

认为《渔业法》和《海域使用法》的法律规定有冲突，传统渔民的海域使用权和渔业捕捞权（即渔业权）不能与各级政府的海洋管辖权和处置权相提并论[13]。从机会主义的角度，地方政府会优先选择补偿有法律依据的海域使用权人——养殖渔民，给予捕捞权人的则是象征性的补偿，对于没有确权的传统渔民不进行补偿。

（二）依据技术难度和谈判力实施歧视性的补贴标准

征收补偿的目的在于补偿被征收人的财产性权益损失。征收征用补偿的范围及标准应该与被征收人因征收行为所遭受的各种损失相当，这符合社会公平负担的原则。在补偿实践中，地方政府主要依据各群体的谈判力和损失的测算技术难度实施歧视性补贴标准。

关于养殖海域的补偿，大部分省份和地区都参照征地补偿的相关规定，以海域养殖面积为测算单位，结合养殖品种和产值来确定补偿标准。养殖渔民的海域使用权边界比较清晰，测算面积没有技术难度。对于养殖产值损失，由于海洋生物的特殊性，参照陆地上青苗补偿时会遇到技术上计算的困难。但其养殖损失的苗种、渔获以及养殖设施在市场上比较容易找到可靠的参照标准。养殖渔民的海域使用权接近私权，讨价还价驱动力强，低成本获得的替代物价值信息消除了其谈判的技术门槛，因此，养殖渔民在面临征收时拥有较强的谈判力，其获得的补偿比较接近对损失的补偿。

如前所述，捕捞渔民的海域使用权的母权——捕捞权是集体所有，该集体的成员规模庞大、组织松散，且内部信息沟通成本很高，加之其海域使用权的边界不清晰，在与征收主体谈判时谈判力较弱。如果严格按照损失的定义，捕捞的损失来自捕捞者在围填海前后渔获的差别。由于中国渔获监督管理制度不完善，捕捞者的渔获量多少只有捕捞者自己知晓，也没有其他有公信力的部门能够提供令人信服的证据。捕捞渔民只能证明自己所捕捞海域的缩小，没有办法直接证明其损失有多大。由于技术上测算的难度和测算细则的缺失，捕捞补偿标准比养殖补偿标准更笼统，实践中一般采用在渔业管理部门登记的功率作为替代指标对捕捞者实施一揽子补偿，忽视了由捕捞作业方式及作业海域地理位置的不同而导致的损失差异，导致捕捞补偿标准与捕捞渔民的损失相差较大。

传统渔民的海域使用权没有法律保障，理论上不属于补偿对象范围，因此在渔业用海改变用途时没有任何谈判力。从实际损失的角度来看，其损失主要是失去了生计的场所。其沿袭习惯所用的海域，边界不是很清晰。如果借鉴陆地的社保安置补助和土地补偿，会遇到面积测算的技术难题。实践中，大部分地方政府会给予临海渔区的居民部分生活补偿。显然，相对于养殖补偿和捕捞补偿，这一部分的补偿是极低的。

（三）补偿救济的行政干预

海域征收补偿过程中的救济包括知情权救济、行政诉讼和行政调解。由于海洋所有权属于国家，在现行法律制度下，各级政府在制定海洋功能区划、变更海域使用性质时，可根据经济或政治需要决定海洋的用途或变更海洋的使用性质，而不须征询原海域使用权人的意见。这样的做法在事实上破坏了渔民的知情权。在进入补偿程序以后，补偿纠纷可以选择法律诉讼或者行政调解。行政案件中的法官较难抵御各种法外因素的干扰，处于劣势的行政相对人极易对行政审判权的权威性产生怀疑[14]。在补偿纠纷调解实践中，海域使用权属是通过海域行政管理部门的行政权威裁定归属的[15]。这样，渔民的相对剥夺感没有通过行政诉讼或者行政调解有所缓解，反而不断累积，可能引发更为激烈的社会冲突。

三　效率与公平：海域征收补偿制度

（一）效率

效率的原则要受到某些背景制度的约束[16]，对制度效率的探讨不能脱离对制度体系结构及背景的剖析。也就是说，我们在分析制度效率时要抛开制度中性①的假设。政府在制定法规、裁决纠纷和实施排他性产权时，产权结构反映了政府控制者的偏好和制约[17]。地方政府拥有海洋所有权的代理权、补偿标准的决定权，这些权利来自法律。一般而言，权利的合法性作为一种规范力量，能被行为主体强制性接受，行为主体面对这种规范力量没有多少选择空间[18]。具体到渔业用海征收补偿，渔民与地方政府地位不对等、资源禀赋差异较大、谈判能力不对等，地方政府拥有绝对的主导权。当权利由政府转给而非通过市场交易取得时，它的价格由政府及其代理人确定，相对于自愿交易情形下的价格，该价格可能是负数、零和其他极低的数值[19]。在征海补偿关系中，地方政府作为理性经济人，以自身利益最大化为前提制定了针对养殖者、捕捞者和传统渔民的三类歧视性补偿标准，渔民没有太多讨价还价的空间，只有选择被动接受。

因此，尽管渔业用海者的效用随着补偿标准的提高而得到改善，但是如果地方政府的垄断定价权利和目标函数没有质的变化，理论上不存在改变补偿标准让渔民能够获得更高利益的解。也就是说，如果地方政府提高征收海域的补偿标准，显然会使渔民的状况变好，但提高标准会降低地方政府的效用。根据经济学帕累托效率的标准，从一种分配状态到另一种分配状态的变化中，在没有使任何人境况变坏的前提下，使至少一个人变得更好，这就是帕累托最优，是有效率的状态。如果依照此标准来判定当前地方政府主导的征海资金分配状态，渔业用海征收补偿制度是有效率的，尽管该补偿标准可能远远低于市场标准。

（二）公平

正如我们所看到的，地方政府对渔业用海征收低标准补偿的支持是由于考虑到当地的经济发展，这方面的证据来自围填海区域的经济增长速度。以

① 制度中性有两个方面的内涵。一是指制度具有正义性，代表公共意志和利益，不为个人私利和群体利益左右，始终秉持中庸之道，捍卫社会公正。二是指在制度面前人人平等，任何人都根据既有的制度规范行事，任何人都不拥有超越制度之外的权利（力），制度始终保持不偏不倚的尺度，对制度的违背都将受到相应的惩处。

天津滨海新区为例，其2009年的GDP增速为10年前的30倍[20]。但是，地方政府凭借其在海域征收和零级市场海域拍卖双边的垄断权力①，制定较低的补偿标准，对渔业用海原海域使用权人是不公平的，渔民的福利损失见图1。

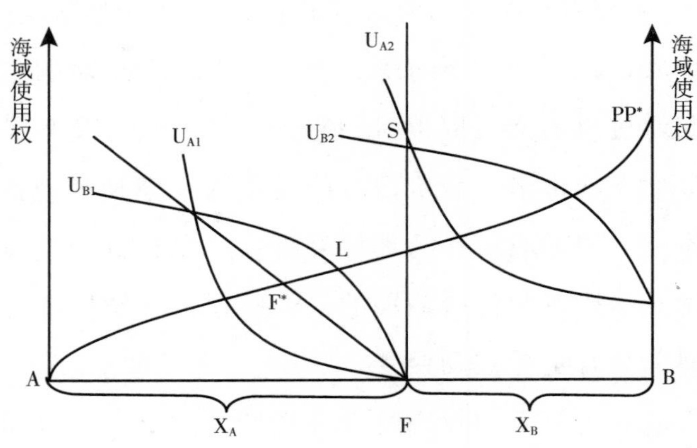

图1 渔业用海征收补偿的福利状况

从图1可以看出，最初政府将海域使用权赋予海域使用权人B，初期的分配点为F，B拥有与X_B同等效用的海域使用权，A拥有X_A，PP^*为契约线。政府转移海域使用权的权利，授予用海项目建设方A，让A通过缴纳征收补偿款X换取B的海域使用权。如果$X = X_B$，B收到补偿款使B恢复到U_{B1}上，此时的均衡位于契约线上的L点。如果X等于市场价格即自愿交易价格，则均衡点为F_*。极端情况下，$X = 0$，会出现S点的结果。显然，$U_S < U_L < U_{F*}$，只要补偿价格低于市场价格，这种交换就剥夺了出卖者源自交易的利益，造成渔民的福利损失。损失的大小取决于由政府和渔民双方在定价权方面的博弈，如果渔民的谈判力变强，补偿价格与市场价格的差距会缩小，其福利也会相应改善。但是，在以征收方式进行的交易中，只要政府

① 曹飞构建了买、卖方垄断下土地储备中心“征地—出让”的联动市场模型，认为农地征收买方垄断和一级土地市场卖方垄断的现行土地储备制度，必然导致耕地流失和农民低补偿的状态（见曹飞《土地储备制度中买方与卖方垄断的联动市场模型研究》，《中国人口资源与环境》2013年第6期）。

征海的垄断权存在，作为卖方的渔民对于强势的买方（政府）难以开展实质性的讨价还价，补偿价格必然低于市场价格，渔民的福利损失不会完全消除。

除补偿水平低引起的福利损失外，现实中的不公平感源自不同阶层之间的相互攀比[21]。渔民的不公平感主要体现在两个方面。一是与其他阶层比较，巨大的收益落差引发并强化了渔民的不公平感。首先，与新的海域使用人所获得的收益相比较。水域滩涂一经征用，其用途的改变通常会导致价值的大幅度上涨。填海征收成本每亩约 20 万元，加上填海成本不超过 100 万元，但是，填海之后的土地价值每亩超过千万元。增值收益归该海域新的使用权人所有，其投资收益率非常高。相比之下，渔民群体中补偿标准最高的养殖标准每亩的补偿价格一般不超过 10 万元，除去青苗费和设施补偿费，海域使用权的补偿不过每亩 1 万 ~2 万元[3]，这种鲜明的对比强化了渔民的经济福利损失的不公平感。其次，与被征收土地的农民相比，同是被征收生计来源的场所，征地后农民的生活及收入会有质的改善①，且征地后农民变成富翁的报道也屡见不鲜。渔业用海被征收后，渔民生活及收入的改善远没有被征地农民的幅度大，部分传统渔民的境况甚至会恶化，补偿金额的差距加深了渔民的不公平感。二是来自群体内部的不公平。如前所述，在征收海域补偿关系中，在权利的完整程度、损失的估算方面，传统渔民、捕捞渔民比养殖渔民处于更不利的境况，因此得到的补偿相对更少。现实中，前两类渔民的生活及收入水平是低于养殖渔民的。同在一片海域耕海，对征收海域补偿的差别造成了群体之间的不公正感。另一种群体内部不公平体现在捕捞群体内部，即有船舶登记证明的渔民、未办理船舶登记证明的渔民以及没有船的渔民之间，现行规定是按照登记的功率进行补偿的，后两类捕捞渔民在

① 有关征地后农民生活及收入提高是学者的共识，但征地后农民福利是否得到了改善，学者们的研究结论相差很大。同样是采用森的可行能力框架，高进云认为征地后农民福利水平降低了，但王伟、马超对江苏宜兴和太仓的实证研究表明征地后农民福利改善了（见高进云、乔荣锋、张安录《农地城市流转前后农户福利变化的模糊评价——基于森的可行能力理论》，《管理世界》2007 年第 6 期）。

零功率增长和淘汰小船的渔业资源管理制度下，很难有机会获得船舶功率指标，也就意味着得不到相应的补偿。渔民的不公平感的表面原因来自阶层和群体内部的比较，深层次原因是其海域使用物权权利资格的不明确以及补偿测算规则的模糊性所导致的主体地位弱化。

四　海域征收补偿公平的推进：地方政府制度变革的探索

人们不能随心所欲地创造历史，要从过去继承下来的条件中开始，完善制度亦是如此。且不论征收目的的正当与合法性问题①，征收和补偿之间存在互补的制度化关联。如果另一种可能更有效率的潜在关联出现，则需要对已存在的制度化关联进行“松绑”[22]。适当地分离征收秩序和征收补偿问题，对于现有制度的完善是有意义的，因为规则的发生和变化及其难易程度，依赖于由知识结构和具体场景信号决定的个体行为预期的稳定性，若较为抽象的规则（宪政规则）所约定的内容与个体固有的、内层稳定的知识传统（依赖的场景）不冲突的话，则会容易达成[23]。征收秩序的规定源于宪法和国家层面的法律，是由中央政府主导的规则型塑，地方政府无力改变。地方政府在执行征收补偿相关法律法规时有相当大的自由裁量权，具有规范执行制度的能力，以征收秩序的稳定为前提推进补偿体系的完善，更符合地方政府的权利空间和理性选择，而补偿制度的完善也会促进补偿与征收秩序的适应性联动。当前的渔业用海征收补偿制度有效率但不公平，那么，在有效率的前提下引入更为公平的分配方式是超越现有分配模式的理想选择。事实上，当前的司法分配已经开始走出传统司法制度在价值取向上的影响力，更多地关注不同阶层的“特殊正义”，面对不同对象考虑如何缓解和消除他们的不公正感[24][25]。从改善补偿的公平性入手，更符合地方政府的

① 赵红梅也曾提出类似的观点，认为中国土地征收中根本不需要区分公共利益与非公共利益，因为土地所有权不是民法意义上的财产权（见赵红梅《我国土地征收制度的政府、社会联动模式之构想》，《法商研究》2006 年第 2 期）。

制度空间和变革实际，可以逐步消除现有补偿制度所导致的不公平感的原因，以此推进补偿标准的提高，从而改善渔民的福利水平。

（一）健全补偿对象资格认定制度

在渔民群体中，养殖渔民和捕捞渔民的资格是明确的，而传统渔民的补偿主体地位则存在缺失。传统渔民的生存发展关系到渔区的稳定。边沁认为，在生计、富裕、安全及平等四个保证大多数人幸福的原则中，生计、安全是基础，生计和安全得不到保障，富裕和平等将不复存在[25]。传统渔民补偿资格的缺失，导致他们在渔业用海征收中几乎不能获得相应的利益，会对其生计造成一定的负面影响。

现存的制度安排结构中，不能够获得利益的可能性导致了新的制度安排的形成[27]。如果地方政府严格按照法律中正当性权利的规定，对于补偿中处于劣势的行政相对人不进行区别对待，很容易陷入“阶级分配”的泥潭。因此，应当引入与地方性权利结合起来的特殊正义，形成一个可以连贯的衡量标准[14]。可以根据渔民在海域的作业方式、收益、年限，实行传统渔民的资格认证制度，利用更规范的、认同度更高的地方性法规或者条例承认其对海域的使用权利，进而保障其在渔业用海改变用途时具有主张补偿的公平机会。公平体现在权利同等的条件下，机会公平能够保证合作体系作为一种程序上的正义，才有可能实现分配的正义[27]。机会上的公平会缩小来自渔民群体内部的不公平感，改善整个渔业补偿制度体系的公平性。尽管传统渔民集体成员资格认定存在立法缺位，但并不是新生事物。在中国征地补偿收益分配的司法裁判中，综合考察户籍、经常居住地和以农地为生存保障作为集体成员资格的判断标准，肯定弱势群体的补偿分配权已经逐渐成为司法判决的主流意见[28]。

（二）完善补偿标准测算制度

以后不应再依据谈判能力和技术难度确定补偿标准，而是明确各类产权补偿标准的测算规则、依据和方法。要在衡量公益与私益、充分考虑财产的现有价值和财产未来盈利的折扣价格的基础上，参照《土地管理法》的征收补偿规定，细化海域使用权物权的补偿测算规则和方法，给出各种有形设施的补偿依据，而不是笼统地给定每单位面积的补偿标准。测算规则的细化有助于渔民明确谈判标的，测算方法的明确可以降低渔民获取谈判相关信息的成本，测算依据的简化有助于消除渔民谈判的技术门槛，从而在总体上提升渔民的谈判力，有利于渔民达到合意的补偿标准，实现改善福利水平的目的。

此外，应结合征海区域经济社会发展的状况，适当考虑增值收益对原海域使用权人服从征收的补偿。一般而言，海域使用的年限为 15 ~ 30 年。按照惯例，如果不改变海域用途，渔民可以在到期之后申请继续使用海域。征收海域改变海域用途之后，渔民不仅失去了捕捞证和养殖证上所规定期限内的渔业收益权，更重要的是失去了未来生计的场所。忽视海域用途变更带来的收益，类似于忽视土地发展权①。

（三）完善征海补偿救济制度

程序公正比货币补偿更能提高征收满意度[29]。首先，应规范各级海洋行政主管部门行政裁决权的范围，保障渔民的权益。同时，要注意行政裁决与诉讼之间的衔接措施。其次，应完善征海知情权制度。信息公开是寻求潜在救济的关键之窗[30]。在征海程序的各环节中，渔民有权知道征海目的、征海补偿合同等信息。最后，应重视征海补偿纠纷的行政和解制度，运用伦理、习惯、习俗等内在制度，通过调用各种解纠纷资源，而非单纯使用不灵活的司法技术，最终达到纠纷的化解与和解[31]。可考虑选择对双方当事人的争议焦点和利益需求都比较了解的渔业协会、渔业合作社或者渔船互保协会等非政府组织，减轻对行政行为及行政相对人的行为进行调查取证的成本，提高行政和解的效率[32][33]。

---

① 尽管学者对土地发展权的性质和权利尚未有统一的认识，但是土地发展权在美国的实践已受到国内学者的充分关注，征地时应补偿土地发展权已成为在中国学术界逐渐取得主流地位的观点（见王永莉《国内土地发展权研究综述》，《中国土地科学》2007 年第 3 期）。

五 结论

2011 年起，国务院先后批复了山东、浙江、广东、福建四个海洋开发实验区，新一轮的沿海开发产生了大规模的海域使用需求。渔业用海征收补偿制度的完善，关系到海洋经济建设的大局。本文通过透视海域征收补偿的法律法规，对海域征收补偿制度进行了全景式的研究，发现在现有的法律规则和秩序下，地方政府承担着多重角色和复杂的任务。渔民群体中，各类渔民对海域使用的权利是非同质的：养殖渔民的海域使用权更接近于私权；捕捞渔民的海域使用权是间接权利，来源于捕捞权；传统渔民的海域使用权来自习惯，权利保障最弱。法律结构的一般规律而非高度精确的描述使地方政府在渔业用海征收补偿实践中存在机会主义倾向，补偿对象为养殖渔民、捕捞渔民，而忽视了传统渔民，对不同群体实施歧视性标准，以实现利益最大化目标。在撇开制度中性的前提下，渔业用海征收补偿制度符合帕累托效率。但是，当政府可以根据某种需要（无论是否公共利益）将海域使用权的授予结构进行变化时，补偿的结果是不利于原有渔业用海海域使用权人的，会造成其福利的损失，损失的大小与渔民的谈判力成正比。只要政府的征收垄断权力存在，必然存在低补偿，因此，当前的补偿制度是不公平的。实践中，征海渔民的不公平感来自与其他阶层的比较和群体内部的比较。在征收秩序稳定的前提下，地方政府层面的制度改革只能在法律执行范围内进行渐进式的完善，而从改善补偿的公平性入手成为超越现有补偿分配模式的理性选择。根据以上的分析和基本逻辑，本研究认为，地方政府应在以下三个方面完善渔业用海征收补偿制度：一是完善补偿对象资格认定制度，确认传统渔民这一弱势群体的征收补偿主体资格；二是明确海域征收补偿标准测算制度，消除渔民的谈判技术门槛，并提升其谈判力，实现缩小群体之间不公平感的目的；三是完善补偿纠纷救济制度，进一步保障渔民的海域使用权物权权利。

参考文献

[1] 赵伟：《“精卫填海”“愚公移山”的新一轮开发》，《大经贸》2010 年第 8 期。

[2] 刘洪滨、孙丽、何新颖：《山东省围填海造地管理浅探——以胶州湾为例》，《海岸工程》2010 年第 1 期。

[3] 于永海、索安宁：《围填海评估方法研究》，海洋出版社，2013。

[4] 李正骥、贾冰凌：《关于征海补偿问题的探讨》，《国土资源》2002 年第 10 期。

[5] 郭萍、吴卓：《因公益提前收回海域使用权及补偿法律问题》，《大连海事大学学报》（社会科学版）2010 年第 1 期。

[6] 林光纪：《海域征用中渔业补偿的制度经济学探讨》，《中国渔业经济》2006 年第 3 期。

[7] 王国钢：《海域征用中有关渔业补偿问题的探讨》，《齐鲁渔业》2010 年第 2 期。

[8] 孙宪忠：《中国渔业权研究》，法律出版社，2006。

[9] 崔建远：《论争中的渔业权》，北京大学出版社，2006。

[10] 殷文伟、陈静娜、李隆华：《沿海失海渔民补贴政策之效果研究》，《中国渔业经济》2008 年第 2 期。

[11] 宁德：《关于海域使用权变更为土地使用权的若干问题的研究》，《南方国土资源》2008 年第 1 期。

[12] 刘容子、张平：《国家重大建设项目用海特征及调控路径》，《海洋开发与管理》2012 年第 5 期。

[13] 孙宪忠：《中国渔业权研究》，法律出版社，2006。

[14] 杨力：《司法多边主义》，法律出版社，2010。

[15] 张惠荣、高中义：《论海域使用权属管理制度》，《政法论坛》2010 年第 1 期。

[16] 罗尔斯：《正义论》，何怀宏、何包钢、廖申白译，中国社会科学出版社，1988。

[17] 思拉恩·埃格特森：《经济行为与制度》，吴经邦、李耀、朱寒松等译，商务印书馆，2004。

[18] 王坤、李志强：《新中国土地征收制度研究》，社会科学文献出版社，2009。

[19] 邓建鹏：《财产权利的贫困——中国传统民事法研究》，法律出版社，2006。

[20] 于永海、索安宁：《围填海评估方法研究》，海洋出版社，2013。

[21] 朱光磊等：《当代中国社会各阶层分析》，天津人民出版社，1998。

[22] 青木昌彦：《比较制度分析》，上海远东出版社，2001。

[23] 朱宪辰、章平：《具体制度安排与契约立宪规则发生、变化的理论分歧——基于个体认知和知识演化的制度变迁解释》，《制度经济学研究》2005 年第 2 期。

[24] 杨力：《司法多边主义》，法律出版社，2010。

[25] 吉米·边沁：《立法理论》，李贵方译，中国人民公安大学出版社，2004。

[26] Davis Lance, Douglass C. North, "Institutional Change and American Economic Growth: A First Step Towards a Theory of Institutional Innovation," *The Journal of Economic History* 30 (1970): 131 - 139.

[27] 张惠荣、高中义：《论海域使用权属管理制度》，《政法论坛》2010 年第 1 期。

[28] 陈晋：《征地补偿收益分配的司法裁判研究——以 2008 ~ 2012 年的司法判决为研究对象》，《法治研究》2014 年第 3 期。

[29] 刘祥琪、陈钊、赵阳：《程序公正先于货币补偿：农民征地满意度的决定》，《管理世界》2012 年第 2 期。

[30] 周佑勇、解瑞卿：《行政和解的理论界定与适用限制》，《湖北社会科学》2009 年第 8 期。

[31] 陈弘毅：《调解、诉讼与公正——对现代自由社会和儒家传统的反思》，《现代法学》2001 年第 3 期。

[32] 蒋剑鸣：《转型社会司法运行原理研究》，中国人民公安大学出版社，2012。

[33] 程燎原、王人博：《权利及其救济》，山东人民出版社，1998。

Improvements of Efficiency and Justification of Fishery Sea Levy Compensation System: Based on the Local Governments

Qiao Junguo

Abstract: The fishery sea levy compensation related to the stability and development of fishery communities. In this article, we have seen through combing relevant laws and theories that the local governments play multiple roles and assume complex responsibilities of levy compensation practices which is determined by the current legal framework. The local governments have not only a strong tendency to opportunism in practices because of the general rule of laws and regulations rather than making highly accurate description. Under the non-neutral institutional hypothesis, the fisheries sea levy compensation system is pareto efficiency but not fair. The unfair senses of fishermen result from the comparison with other classes as well as within groups. From the perspective of improving the fairness, the local government should draw up some policies of the perfection of compensation object qualification and clear measure rules and compensation relief system to improve fishery sea levy compensation institutional system.

Keywords: Reclamation of Sea; Expropriation Compensation Institution; Local Government; Right of Use of Sea Area

（责任编辑：王圣）

海洋与陆域产业关联及主要研究领域探讨*

杜利楠　栾维新**

摘　要　开发利用海洋资源对缓解陆域人口、资源和环境压力具有重要意义，海洋经济成为当今世界各沿海国家竞争的战略重点。中国作为海陆兼备的大国，海陆产业的协调发展对促进沿海地区经济的可持续发展具有重要意义。本文以海洋和陆域两大经济系统为研究对象，在对海洋与陆域产业的差异性和关联性进行分析的基础上，提出以劳动力、资本、技术等三大生产要素的配置效率作为衡量指标，对比研究海陆产业间的生产要素联系，并结合不同的产业关联方法，探索不同类型的海洋产业与陆域经济活动的联系问题，试图为海陆产业关联的相关研究提供新的思路和领域。

关键词　海洋产业　陆域产业　要素效率　产业关联

* 本文为国家社科基金重大项目“建设海洋强国背景下的中国陆海统筹战略研究”（项目编号：14ZDB131）成果。

** 杜利楠（1986～），女，大连海事大学交通运输管理学院博士研究生。主要研究领域：区域海洋经济、产业经济与管理。栾维新（1959～），男，大连海事大学交通运输管理学院教授，博士研究生导师。主要研究领域：海洋经济学、区域经济学。

一 引言

当前世界经济已步入资源和环境制约发展的瓶颈期，陆域资源、能源和空间的压力与日俱增。海域面积广袤、蕴含资源丰富，成为世界沿海国家和地区的竞争焦点。中国作为海陆兼备的大国，更加重视海洋资源的开发。改革开放以来，中国海洋经济总体规模稳步增长，为国民经济发展做出了重要贡献，更是沿海地区未来发展关注的重点。据统计，1978～2013年，中国海洋生产总值由64亿元增加到54313亿元，提高了800多倍，年均增长速度达21.9%，高于同期国民经济增速，海洋经济占GDP的比重由1.6%提高到9.6%。特别是进入21世纪以来，海洋经济占国民经济的比重一直保持在10%左右，构成了海洋和陆域两大系统联系和统筹发展的经济基础。同时，随着海洋资源开发的不断深入和海洋经济的迅速发展，海洋产业与陆域产业再生产过程的相互联系、相互影响日渐增强，海陆经济联系问题受到社会各界的普遍关注。

（一）海洋产业与陆域产业的概念界定

海陆经济系统间存在复杂、密切的联系，海洋产业与陆域产业是相对而言的，划分两大产业系统的根本依据是海洋和陆域产业的生产对象及其所依托的空间实体的差别。海洋产业是指人类直接或间接开发利用海洋资源、依赖海洋空间所进行的各类生产和服务活动的集合。陆域产业则是指开发利用陆域资源、以陆域空间作为产业活动载体的各类生产服务活动。本研究中，陆域产业是相对于海洋这个特殊的经济空间而言，特指以陆域空间作为载体的各种经济活动的集合。

（二）海陆经济联系的文献综述

对海陆联系问题的研究是伴随着海洋事业的不断发展而逐步深化的。先是自然科学工作者开始关注海洋和陆地系统的交互作用方面的研究。这种对海洋与陆地关系的研究在20世纪90年代开始延伸到海洋资源管理和海洋经济领域，主要提法有“海陆一体化”“海陆互动”“陆海联姻”“海陆统筹”等，而“十二五”规划纲要则将相关的提法逐步统一为“陆海统筹”。由于海洋和陆域两大系统在环境、发展基础等方面的差异，海陆经济系统间的联系显得复杂、广泛，现有研究成果主要集中于海陆经济统筹的内涵与战略意义、途径与任务、对策与建议等方面。

相关学者对海陆统筹的内涵及战略意义的研究不断深入。如美国经济分析署据海洋产业和经济活动标准，评估海洋产业对国民收入的贡献程度；Pontecorvo等提出“国民账户法”，用于评估海洋产业对美国经济的贡献值[1]；韩增林、栾维新通过对区域海洋经济地理学理论的探讨，提出区域海洋经济布局，特别是陆海经济一体化与海洋经济可持续发展的战略意义[2]；王芳提出将海陆统筹作为海陆协调发展的战略原则[3]。

为了适应陆域和海洋资源环境统筹管理的需要，已经有越来越多的学者开始关注陆海统筹的现实途径和主要任务等问题。1972年，美国颁布了《海岸带管理法》，标志着海岸带综合管理在美国正式取代行业分割式管理方式，成为政府对海洋事务进行统筹管理的职能行为，并在主要的沿海发达国家率先实施[4]。Daniel Suman对比研究了欧盟与美国的海岸带综合管理情况[5]；Braxton C. Davis详细比较了美国15个沿海地区的海岸带综合管理情况[6]；F. L. Alves等重点介绍了葡萄牙将海岸带综合管理付诸实践的经验，并提出了相应的决策建议，以提高海洋经济管理效益[7]。国内学者也从多个角度对海陆统筹的相关问题进行了探讨，如韩忠南、张耀光提出了海陆一体化开发的战略设想[8][9]；栾维新等分别研究了黄海近岸海域环境与社会经济地域的关联、黄海沿岸污染海陆一体化调控、辽河流域社会经济活动的COD污染负荷与辽东湾环境污染关系等问题，认为需要加强沿海陆地与近海环境的统筹调控[10][11][12]；高之国认为，实施陆海统筹需要确立陆海一体、陆海联动发展的战略思路，进一步综合协调和正确处理陆地和海洋开发的关系[13][14][15]；韩增林等分析了陆海统筹的内涵特征，认为海陆统筹是一个区域发展的指导思想，并从经济地理学角度论证了实施陆海统筹的必要性与可行性[16][17]。

海洋相关的管理者和学者已经在研究实施海陆统筹的措施和区域陆海统筹问题。刘赐贵提出以定位、规划、布局、资源、环境和防灾等“六个衔接”作为陆海统筹的重要措施[18]；杨荫凯认为，协调有力的综合管理体制是促进陆海统筹的坚实保障，导向明确的发展规划是促进陆海统筹发展的必要条件，循序渐进的推动方式是促进陆海统筹的正确选择[19][20]；潘新春等概括和总结了中国陆海统筹内涵和本质的讨论，提出从海域和陆域经济发展、综合管理、资源开发、发展理念等不同维度实施陆海统筹，也是对认识海洋和开发利用海洋已有成果的深化[21]。

总的来看，国内外学者已经从不同角度对海陆经济联系的相关问题进行了大量的研究，并取得了丰富的研究成果，也为本文的研究提供了很好的参考和借鉴。然而，现有的研究状况，在海陆系统间的产业互动和经济联系的动因机理、测度理论与研究方法等方面存在很大的研究空间，亟须从陆海关联的角度解决海陆两大经济系统间的要素效率与产业关联等问题，探明海洋和陆域经济联系的基本原理和路径，为陆海经济统筹协调发展提供理论支撑。因此，本文试图从以下几方面进行深化和扩展：一是从海洋与陆域产业的结构演变特征差异和海陆经济联系的客观规律两方面，深入研究海洋与陆域产业的差异性、关联性；二是评价海陆产业的生产要素配置效率差异，明确海陆产业间生产要素流动的“势能差”；三是探索不同类型的海洋和陆域产业的联系路径与研究思路。

二　海洋与陆域产业的差异性和关联性

（一）海洋与陆域产业的差异性分析

海洋资源的开发利用起步较晚，陆域经济活动向海延伸形成了相应的海洋产业。海洋产业从最初的“渔盐之利、舟楫之便”发展为涵盖海洋生物、空间、矿产资源及可再生能源等领域的综合开发体系。但是，随着海洋产业的快速发展，海陆产业间的差异性也逐步显现。产业结构的演化揭示了伴随经济发展，产业结构由低级向高级、由简单到复杂的演变过程。因此，本文通过对比海陆产业结构的演变趋势（见图 1、图 2），来说明海洋与陆域产业的差异性。

1. 陆域产业结构演变的一般规律

配第·克拉克定理指出：随着经济的发展，第一产业的产值比重逐渐下降；第二、三产业的相对比重上升，但第二产业的发展速度高于第三产业；经济的进一步发展将促使第三产业的产值增速超过第二产业，最终实现以第三产业为主导的“三、二、一”经济结构（见图 1）。世界上大多数国家的经济发展历程和近年来许多经济学家的研究都证实了上述经济发展与产业结构间的相关关系，即产业结构演变趋势的一般规律。

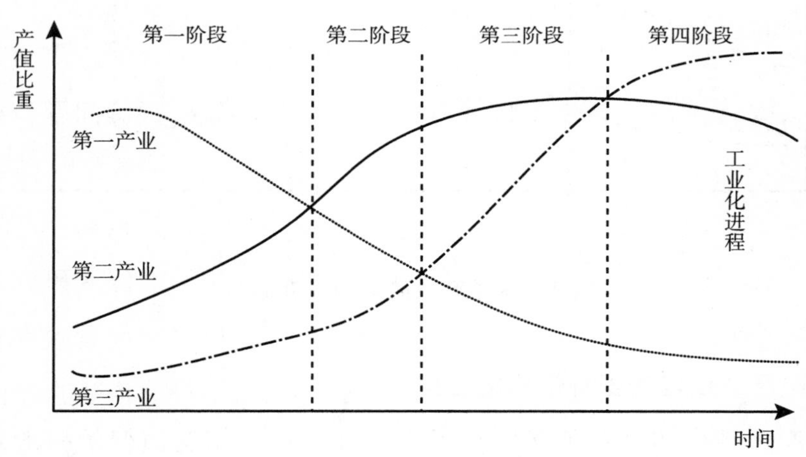

图 1　陆域产业结构演变的一般规律

2. 海洋产业结构的演变趋势

根据中国海洋资源开发状况及海洋经济的发展情况，随着海洋资源开发利用能力、海洋科技水平的不断提高，海洋产业结构不断升级，中国的海洋经济呈现以下演变趋势：在海洋经济发展初期，海洋渔业（直接获取海洋生物资源）占据主导地位；随着海洋经济的发展，以交通运输（利用海洋航道空间）、滨海旅游（利用滨海景观资源）为主的第三产业实现较快增长，并超过第一产业，成为海洋经济的主导产业；海洋技术升级促使海洋资源开发利用能力不断提升，以海洋油气资源开发、海水利用及海洋电力等新兴产业为主的海洋第二产业快速增长，并与海洋第三产业交替演进，呈现此消彼长的“波动”特征；进入海洋经济发展的第四阶段，由于海洋生物医药、高端海工装备制造业、海洋能源、国际海底区域及南北极资源开发等海洋战略性新兴产业实现“产业化”，海洋经济步入以第二产业为主导的“二、三、一”产业模式（见图2）[22]。

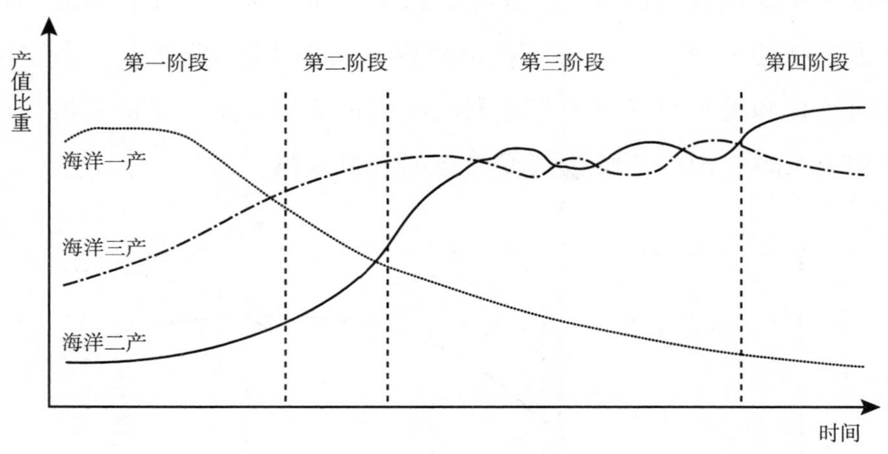

图2　海洋产业结构的演变趋势

3. 海陆产业结构的差异性原因分析

海洋产业结构的演变趋势明显区别于陆域产业结构演变的一般规律，主要有以下原因：一是海洋和陆域产业发展的“下垫面”环境差异。陆地与海洋的属性差异巨大，即陆域产业和海洋产业各自发展的基础环境不同。海洋资源的开发利用受海域流动性和开放性等自然条件的限制，导致海域空间不具备建设实体经济的条件，因此海洋产业的发展不可能遵循陆域产业的发展轨迹。二是陆域第二、三产业向海洋延伸受到限制。海洋环境条件复杂多变，人类对海洋环境变化规律的认识程度也远不如对陆域的认识。海洋作为新兴的开发领域，陆域第二、三产业向海域延伸受到不同程度的限制。三是海洋第二产业对技术水平要求高，发展滞后于陆域产业。对海洋自然基础的特殊性、海洋资源开发难度的分析表明，直接获取海洋生物资源的海洋第一产业最先起步；可直接利用海域空间、景观资源的海上运输业和旅游业等海洋第三产业相对容易形成产业规模。海洋第二产业属于资本、技术密集型产业，其发展受陆域相关产业和科技水平的制约，因此海洋第二产业发展相对滞后[23]。

（二）海洋与陆域产业的关联性分析

1. 海洋产业对陆域空间的高度依赖性

根据海洋资源开发活动发生的空间，可将海洋产业划分为两大类：一类是在海域完成资源开采等生产环节，并在沿海陆域完成其余环节的产业活动，如海洋渔业（包括海水养殖、海洋捕捞）、海洋运输、海洋油气、海洋电力等；另一类是在陆域完成所有生产、加工等各项环节的产业活动，如海盐业、海洋水产品加工、海洋装备制造业、海水利用等。因此可以说，所有的海洋生产活动均对沿海陆域空间有较强的单向依赖性。沿海陆域空间是发展海洋经济的重要支撑。

2. 海洋产业的发展依托于陆域科技体系的完善

由于海洋自然环境和资源条件更为复杂、特殊，海洋开发利用、海洋经济的发展更依赖于海洋科学技术的进步和突破。纵观海洋经济发展的历程，在技术水平比较低的条件下，人类对海洋的利用长期停留在“渔盐之利”“舟楫之便”的层次上，随着陆域成熟产业的相应技术成果广泛应用于海洋经济领域，海洋资源开发程度得到了提高，海洋产业门类日益趋向“陆地化”。中国海洋开发技术的迅速发展，为生物制药、海洋工程建筑、海洋化工、海洋电力和海水利用等新兴的科技含量较高的海洋产业的发展及海上运输等传统海洋产业规模的扩大创造了条件。例如，陆域养殖技术的进步，推动了海水增养殖产业的发展；陆域采掘技术发展，促使海底石油和天然气资源、海滨砂矿、海底金属矿产等资源的开采应运而生；而伴随着陆域生物技术的进步，海洋生物医药业初见规模……海洋新兴产业的发展，正是开发利用陆域资源的高新技术在海洋经济领域扩散和应用的结果。

3. 海陆域经济间存在密切的产品联系

海陆经济间的产品联系包含两层含义：一层含义是以海洋渔业、海洋油气、海滨砂矿等资源开发为主的海洋产业，将海洋生物、油气、矿产等初级产品提供给陆域相应的工业部门进行加工、提炼，转化为生产和生活资料；另一层含义是指海洋资源开发过程需要陆域经济提供相应的产品支撑，如海洋资源开发所需的设备、仪器等，因此，海陆经济间存在密切的产品联系。

三　海洋与陆域产业关联的主要研究领域

基于前文分析，海洋与陆域产业既有密切联系，又有明显差别。明确海陆产业关联的动因及根本路径是科学指导海陆产业协调发展的重要前提。本文一方面尝试从海陆产业间的生产要素效率差异角度来评价海陆产业间要素流动的“势能差”，明确海陆产业间的“要素联系”；另一方面，由于不同类型的海陆产业在关联的内容、形式及程度上都存在较大差异，需要探索各类海洋产业与陆域相关经济活动的内在联系。

（一）海陆产业间的“生产要素联系”

现阶段，中国社会经济发展处于重要的战略机遇期，转变经济发展方式、调整产业结构，推动经济由要素投入型向质量效率型转变对提升经济发展质量具有重要意义，也是适应经济“新常态”的根本要求。相对于陆域经济系统，海洋经济系统具有区位特殊性。两大经济系统在发展基础、依托环境方面的差异，导致海陆产业发展遵循不同的规律。新古典及内生增长理论认为，从长期来看，生产要素的投入和技术进步的拉动是影响一国（地区）经济增长的主要动力，可以说，生产要素是推动经济增长的最根本因素[24]。在海陆经济系统间的配置状态、效率差异等仍不清晰的情况下，生产要素的效率差异既是海陆产业差异性的重要原因，也是海陆产业联系的“纽带”。

1. 生产要素的选取及效率评价

生产要素是社会生产、经营活动所需的各类社会资源，是维系国民经济运行及市场主体生产经营过程中所必须具备的基本因素。生产要素产出效率的高低差异决定了生产要素的流动方向，而要素流动的实质就是通过各种生产要素的空间转移形成最优配置。劳动力、资本和技术三大生产要素具有不同的属性，因此，选用劳动生产率、固定资产投资效率和技术竞争力作为评价指标更为客观合理。其中劳动生产率、投资效率可以反映出海陆产业间投入单位劳动、资本等物质要素的产出，而技术要素的效率差异则更多地反映为“技术溢出效应”，故采用技术竞争力作为评价指标。

2. 海陆产业间的生产要素联系

生产要素具有共有性和流动性，是确保经济系统内部各产业间衔接的基础条件，构成了生产活动的链条。本文以生产要素在海陆经济间的效率差异为切入点，分别从劳动生产率、固定资产投资效率和科技竞争力等角度，深入研究了劳动力、资本、技术三大要素在海陆经济系统间的效率差异，明确了生产要素存在由陆向海流动的“势能差”[25]，同时揭示了两个系统间劳动力转移、资本流动、技术溢出效应的联系（见图3），为海陆经济系统间的生产要素优化配置、海洋产业与陆域产业的关联分析提供依据。

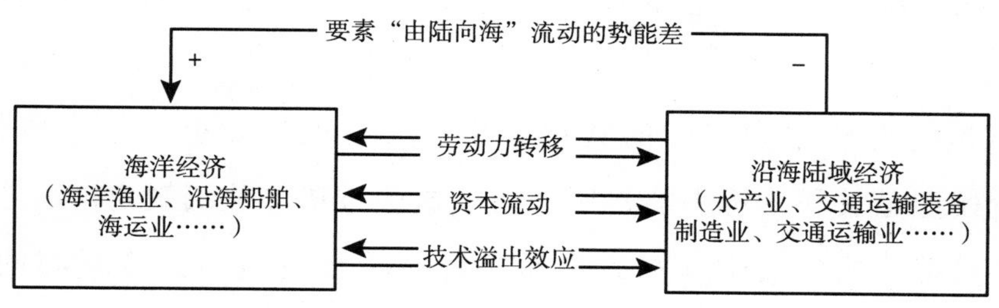

图 3　海陆经济系统间的生产要素效率差异及联系

（二）海洋产业与陆域经济的内在联系

海洋产业与陆域经济活动存在密切、复杂的联系，这也是实现海陆产业协调发展的前提和基础。海洋经济包括 12 个主要海洋产业部门，而国民经济的分类更为系统。由于不同类型的陆海产业在关联的内容、形式及程度上都存在较大差异，也就表现出与陆域经济活动不同的联系方式。因此，在研究过程中，有必要针对不同类型的产业特点，选用不同的产业关联研究方法，深入分析海陆产业间的联系方式。

1. 产业关联研究方法的选择

经济学中关于产业关联的研究方法主要分为四类：产业链条法、投入产出分析法、以统计数据为基础的数理分析方法和系统论的关联分析法。

（1）通过构建产业链条分析上下游产业间的联系。产业链是基于产业关联理论中各个产业部门之间广泛存在的技术经济关联，并依据特定的逻辑关系和时空布局关系客观形成的链条式的关联形态。此方法适用于定性描述某产业所处的相对位置，分析产业链条的整合升级等，局限性在于产业链条难以量化判断产业间的关联程度。

（2）投入产出分析方法是基于投入产出表，研究经济系统各要素之间投入与产出的相互依存的数量关系的分析方法。该方法揭示了国民经济各种活动间的连锁反应和复杂的因果联系，在国民经济领域中应用最为普遍。尽管投入产出表是研究产业关联最系统、应用最为广泛的方法，但由于海洋经济统计中尚未编制海洋产业的投入产出表，因此在海洋经济中的应用受到限制。

（3）以统计数据为基础的数理分析方法，如回归分析、主成分分析、指标评价模型是关联分析中的常用方法。这些方法多从宏观角度，通过收集相关统计数据、构建数学模型，进而笼统分析自变量与因变量间的关联关系。其局限性体现在须以大量的基础统计数据为基础，且往往要求数据分布具有典型特点，否则无法发现变量间的联系规律。

（4）系统论的关联分析方法中较典型的是灰色系统关联分析法。在不完全信息条件下，通过建立灰色关联模型，基于变量间的曲线相似性，对联系复杂多变、存在诸多无法确知性特征的各项指标进行灰色关联拟合分析，来实证比较序列对参考序列的影响力和关联度。但是目前灰色关联模型仅适用于具有正相关关系的指标，变量间的负相关无法体现。

上述各类方法，因分析角度、理论基础及分析方法不同而各具特点。综合判断各种分析方法的适用性和局限性，根据各产业的特点选择合适的研究方法，是科学、合理地研究海洋产业与陆域经济活动内在联系的关键。以海洋渔业、海洋运输业为例，海洋渔业属于海洋第一产业范畴，海洋渔业与陆域经济活动的联系主要集中在捕捞/养殖海产品→海产品加工→物流/消费网络，其中还有相当比例的海产品直接用于消费。因此，海洋渔业与陆域产业的联系相对简单，产业链条较短。海洋渔业与陆域经济活动的联系是由海到陆的单向联系，选用产业链条法描述海洋渔业与陆域经济活动的联系比较直观，研究重点在于如何延伸产业链条、加强产业联系。而海洋运输业与国民经济间的联系更为复杂，受社会经济发展对产品、原材料等产生的运输服务需求的影响，二者的关联更适用基于系统论的关联研究方法。

2. 典型海洋产业与陆域经济的联系路径

根据海洋三次产业的划分方法，本文选取了海洋渔业、海工装备制造业、海运业作为典型的海洋产业，探究其与陆域相关产业、经济环境的内在联系（见图5）。

（1）加强海陆渔业联系，促进海洋渔业产业链升级。根据产业链的基本内涵，本文构建了海洋渔业产业链——海产品从生产到最终消费的众多环节以及各环节间关系的总和。海洋渔业产业链分为主体链条和辅助链条两部分，其中主体产业链分为上中下游三部分：海洋渔业第一产业为产业链的上游，主要包括鱼苗生产与供应、水产品的养殖与捕捞等环节；海洋渔业产业链的中游主要是指针对上游提供的水产品进行加工和生物产业增值等活动；海洋渔业产业链的下游是指水产品的流通、（仓储）运输以及休闲渔业等环节。辅助产业链则由相关制造建设业（包括饲料加工、渔用机具制造、渔港建设等）和渔业生产型服务业（包括渔业科研、技术推广、金融支持等）组成。辅助产业链与主体产业链各环节相联系，为主体产业链中的某些环节提供支撑。

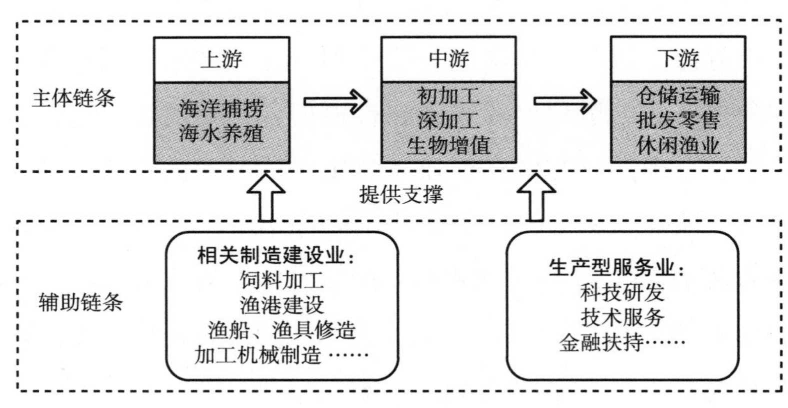

图4　海洋渔业产业链条的构建

海洋渔业产业链条是海洋渔业资源“由海向陆”的单向联系过程，因此，延伸海洋渔业产业链条、加强海洋渔业与陆域相关经济活动的联系，是实现渔业产业链条的整体升级、产业健康快速发展的必然要求，其具体内容主要体现在：充分发挥流通网络优势，促进海洋渔业资源与陆域交通物流等服务网络的融合；鼓励海产品精深加工和休闲渔业的发展，优化海洋渔业结构；加强陆域科技、资本、设备、产业等要素对海洋渔业产业链条的支撑和融合。

（2）海工装备制造业与陆域相关部门具有较强的“技术依赖”关系。作为重点培育的战略性新兴产业，海工装备制造业具有高技术、高投入、高附加值的特点，与陆域相关经济活动、科技环境等联系密切。海工装备制造业目前仍处于产业发展的初级阶段，产业发展依赖陆域产业的“技术支撑”，这种技术联系主要体现在对陆域相关产业、产品成果、技术的集成创新。鉴于此，本文提出基于陆海关联的视角，从市场需求、相关产业和陆域环境支撑能力三个方面改善产业发展环境，可有效提高产业的发展潜力。其中市场需求反映为该地区海工装备制造业的市场需求，包含海洋资源禀赋与开发利用强度（海洋经济发展规模、主要海洋资源生产能力）；二是相关产业的支撑能力，反映为该地区对发展海工装备制造业的工业基础支撑能力，特别是关联性强的装备制造业与船舶工业；三是发展环境支撑能力，如科研投入、产业发展规划、投资额等。

因此，评价海工装备制造业等技术密集型第二产业与陆域的联系，应认识到两者间的产业链条相互交织，在投资、原料、产品、科技、市场等方面相互影响，陆域产业的发展水平直接决定着海工装备制造业的发展水平及发展潜力。

（3）沿海港口货运与陆域经济活动间存在密切的原材料、产品运输服务“供需关系”。港口是水陆交通的枢纽，是工农业产品和外贸进出口物资的集散地，其服务对象涉及国民经济各个部门。沿海港口的发展，可以为社会经济的发展提供必要的服务保障。可以说，沿海港口的发展是陆域社会经济活动的“派生需求”。从经济发展的角度来看，处于不同发展阶段的经济体系将表现出不同的产业特点，进而影响国民经济各部门的发展特征（见表1）。因此，国民经济的发展很大程度上影响着沿海港口的货运量、货运结构，二者相辅相成、相互促进。针对国民经济各部门对分类货物运输的派生需求进行分析，与各个国民经济物质生产部门对海运货物的需求联系，本文认为，港口的空间布局、规模、货运结构等应该适应于国民经济的发展。

表1　不同发展阶段的产业结构与对外贸易特征

发展阶段		传统经济阶段	工业化初期	全面工业化阶段	后工业化阶段
产业结构	三产比重	Ⅰ＞Ⅱ＞Ⅲ	Ⅱ＞Ⅰ＞Ⅲ	Ⅱ＞Ⅲ＞Ⅰ	Ⅲ＞Ⅱ＞Ⅰ
	主导产业	农业	以劳动密集型产业为主，如食品、纺织、采矿、建材等	以资本密集型产业为主，如冶金、机械、能源和化工等	以智力和技术密集型现代服务业为主，如金融、信息、运输、商务服务等
对外贸易		低	以轻工业产品、初级加工品为主	以大宗能源、矿石、钢材及工业制成品等为主	以高技术产品、服务贸易为主

综上所述，以海洋渔业、海工装备制造业和海洋货运业分别为海洋第一、二、三产业的典型，分析上述产业与陆域经济活动的密切联系，研究结果表明，不同类型的海洋产业与陆域经济活动的联系路径明显不同：海洋渔业与陆域相关产业链联系相对较少，产业链条短；海工装备制造业与陆域产业联联紧密，产业链相互交织，以海工装备制造业为代表的海洋第二产业将是陆海统筹的重点对象；港口建设与国民经济发展之间存在供需问题，港口的规模、结构以及布局将是陆海统筹关注的重点。

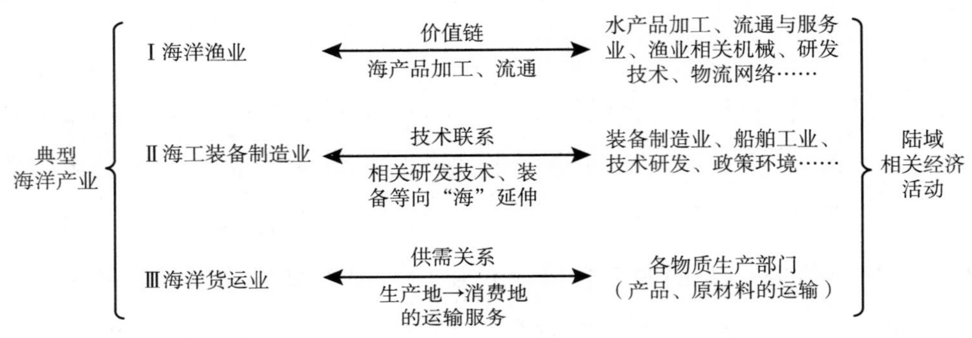

图5　典型海洋产业与陆域经济活动的联系路径

四　结论与启示

海洋与陆域产业的关联是一个复杂的系统问题。本文深入研究了海洋产业与陆域产业的差异性与关联性，在此基础上，提出了从“生产要素联系”和“产业联系”两个层面深入研究海洋与陆域产业关联的相关问题。一方面，基于生产要素效率评价的视角，对比了劳动力、资本、技术三大要素在海陆产业中的配置效率差异，明确了海陆产业间的生产要素流动。另一方面，结合不同的产业关联方法，探索不同类型的海洋产业与陆域经济活动的联系问题，提出了相应的分析思路，试图为海陆产业关联的相关研究提供更细致的研究思路、开拓研究领域，进而为海陆产业的统筹和协调发展提供更具指导性的参考。

参考文献

[1] G. Pontecocvo, "Contribution of the Ocean Sector to the U. S Economy: Estimated Values for 1987 - A Technical Note," *Marine Technology Society Journal* 23 (1988): 7 - 14.

[2] 韩增林、栾维新：《区域海洋经济地理理论与实践》，辽宁师范大学出版社，2001。

[3] 王芳：《对实施陆海统筹的认识和思考》，《中国发展》2012 年第 3 期。

[4] 韩增林：《面向"十二五"时期的海洋经济地理研究》，《经济地理》2011 年第 4 期。

[5] D. Suman, "Case Studies of Coastal Conflicts: Comparative US/European Experiences," *Ocean & Coastal Management* 44 (2001): 1 - 9.

[6] Braxton C. Davis, "Regional Planning in the US Coastal Zone: A Comparative Analysis of 15 Special Area Plans," *Ocean & Coastal Management* 47 (2004): 79 - 84.

[7] F. L. Alves et al., *Integrated Coastal Zone Management (ICZM): A Review of Progress in Portuguese Implementation*, http://link. springer. com/article/10. 1007/s10113 - 012 - 0398 - y.

[8] 韩忠南：《中国海洋经济展望与推进对策探讨》，《海洋开发与管理》1995 年第 1 期。

[9] 张耀光：《中国海陆经济带的可持续发展》，《海洋开发与管理》1996 年第 2 期。

[10] 栾维新、王茂军、张学霞：《中国黄海沿岸地区环境与社会经济地域关联分析》，《地理研究》2001 年第 1 期。

[11] 栾维新、崔红艳：《基于 GIS 的辽河三角洲潜在海平面上升淹没损失评估》，《地理研究》2004 年第 6 期。

[12] 王辉、栾维新、康敏捷：《辽河流域社会经济活动的环境污染压力研究——以氮污染为研究对象》，《生态经济》2012 年第 8 期。

[13] 高之国：《中国海洋事业的过去和未来》，《海洋开发与管理》1999 年第 4 期。

[14] 高之国：《关于 21 世纪中国海洋发展战略的新思维》，《资源·产业》2000 年第 1 期。

[15] 高之国：《海洋强国建设迎来战略机遇期》，《经济日报》2014 年 5 月 5 日。

[16] 韩增林、狄乾斌、王利：《陆海统筹下海洋主体功能区建设的若干问题探讨》，

《地理学与生态文明建设——中国地理学会2008年学术年会论文摘要集》，商务印书馆，2008。
[17] 韩增林、狄乾斌、周乐萍：《陆海统筹的内涵与目标解析》，《海洋经济》2012年第1期。
[18] 刘赐贵：《抢抓战略机遇、强化自身建设，在新的历史起点上实现海洋事业新跨越》，《海洋开发与管理》2011年第4期。
[19] 杨荫凯：《陆海统筹发展的理论、实践与对策》，《区域经济评论》2013年第5期。
[20] 杨荫凯：《推进陆海统筹的重点领域与对策建议》，《海洋经济》2014年第1期。
[21] 潘新春、张继承、薛迎春：《“六个衔接”：全面落实陆海统筹的创新思维和重要举措》，《太平洋学报》2012年第1期。
[22] 栾维新、杜利楠：《中国海洋产业结构的现状及演变趋势》，《太平洋学报》2015年第8期。
[23] 栾维新、王海英：《论中国沿海地区的海陆经济一体化》，《地理科学》1998年第4期。
[24] 栾大鹏、欧阳日辉：《生产要素内部投入结构与中国经济增长》，《世界经济》2012年第6期。
[25] 宋薇：《海洋产业与陆域产业的关联分析》，博士学位论文，辽宁师范大学，2002。

Discussion on the Connection and Major Research Areas of Marine and Terrestrial Industries

Du Linan, Luan Weixin

Abstract: Exploiting, utilizing marine resources and developing marine economy is an effective way to alleviate the pressure of the population, resources and environment, and it is also the competitive strategic focus of the coastal countries in the world. As a great power of both land and sea, the coordinated development of the marine and terrestrial industries is an important prerequisite for the sustainable economic development in coastal areas. The paper sets the marine and terrestrial economic systems as the research objects, with the terrestrial and marine industries differences and correlation analysis as the foundation, and further studies on the efficiency performance and differences of the three factors of production, labor, capital, technology, to comparative the factors links between marine and terrestrial industries. In this paper, according to different industry association methods, explores the different linkages of typical marine industry and terrestrial economic activities, and trying to provide new ideas and areas of research associated with the marine and terrestrial industries.

Keywords: Marine Industry; Terrestrial Industry; Production Factors Efficiency; Industry Connection

（责任编辑：周乐萍）

海洋文化产业

海洋文化产业生产与消费主体的构成*

曲金良**

摘　要：“现代经济学”理念下的海洋文化产业研究，如果只重视“供给侧”如何“发展”，而忽视“消费侧”如何需求，是不合理的。海洋文化产业既包括生产又包括消费，其是否健康良性发展既表现在“供给侧”的生产与营销服务上，又表现在“消费侧”的消费需求、满意度、消费获得的社会文化价值上。海洋文化产业的生产与消费主体，就是其社会主体；海洋文化产业既是内容及形式的产业，又是社会主体之文化生产与消费的产业。海洋文化产业的政府统计、规划管理，更需要以海洋文化区域主体和海洋社会行业主体的文化产业的“供给”与“消费”总量为单位。

关键词：海洋文化　海洋文化产业　社会主体　沿海渔民

* 本文为国家社科基金重大项目“中国海洋文化理论体系研究”（项目编号：12&ZD113）的阶段性成果。

** 曲金良（1956～），男，中国海洋大学海洋文化研究所所长，教授，博士研究生导师。主要研究领域：海洋文化学、民俗文化学。

一　引言：问题的提出

“现代经济学”往往由于学者的立场、视野视域、兴趣偏好等限制，出现了片面放大某一个、某一种或某一类“经济细胞”的现象。

而这样的情况，同样可能出现在文化产业，包括海洋文化产业的研究中。实际上，人（作为社会的人及其所在的社会）才是文化产业（包括文化产品的生产与消费）的主体；在海洋文化产品的生产与消费中，也是同理。要研究认知、评价或干预被现代经济学者主张和呼吁起决定作用的海洋文化产业的“市场”，而不研究既是“供给侧”主体同时又是“消费侧”主体的人，就无法较好地对海洋文化产业研究进行认知、评价和干预。海洋文化产业的主体是什么？在海洋文化产业这一“供给”与“消费”链条中，两者构成了什么样的供求关系？由此而带来了怎样的经济效果和文化效果？如果不懂得这一系列环环相扣、相互依存、相互供需的宏观经济关系和社会关系、文化关系，这样的经济学研究、产业学研究，就无法真正得其要领，无法真正认知海洋文化经济、海洋文化产业，更无法对其进行正确的评价、无法形成正确的政府干预决策。即使要对海洋文化产业进行量化的统计，也是不得要领的。

经济学的研究内容不应该只是物的经济学、资本的经济学，而更应该是人的经济学、社会的经济学。以人为本，以社会公平正义和道德情操为本，以自然资源环境与人文社会生态的和谐文明可持续发展为本，从人的物质与文化的需求如何才能得到健康满足出发的经济学，才是经济学之本，才是道与术统一且以道为纲领的经济学，才是不为资本谋利益而为社会谋幸福的经济学，才是好的经济学。海洋文化产业的研究与应用，也是同理。

海洋文化产业生产与消费的主体，就是海洋文化、海洋文化产业的社会主体。研究海洋文化产业，亟须回到研究海洋文化产业生产与消费的社会主体及其供需关系的健康发展，以及人文社会的向美向善中来。这就是本文对海洋文化产业的社会主体及其构成进行研究分析的原因。

二　海洋文化产业生产与消费主体的内涵与层级构成

“文化”包括“文化产业”的生产与消费的主体是人。这里的“人”，不是泛指的、抽象的人，也不是个体的自然的人，而是指分布在一定时空中的人类社会，我们称之为国家、民族、区域、社群的具体的人类社会，他们是分布在一定时空中具体的而不是抽象的“文化”的主体，可统称为“社会集团”。古今中外，具体的人类社会即“社会集团”无论大小，都是分层级的，而不是由一个个独立的、互不相干的人组成的。以中国为例，“社会集团”的最基础层面，从血缘、地缘看，是家庭，进而是亲族，进而是乡亲、村社，进而是按照政区划分的“乡镇”“县市”“地市”“省市”“国家”；从社会分工来看，则各有不同的行业，传统上分为农业、牧业、渔业、盐业、手工业、商业等；从传统社会的“祭祀圈”来看，社会集团最基础的层面，是“家神”祭祀圈，进而是“族神（祖神）”祭祀圈，进而是“社神”或“城隍神”祭祀圈，进而是地方、区域官方祭祀圈和民间淫祀祭祀圈，直至国家最高层面的祭祀，即“国家祀典”；从传统社会的伦理教化来看，是传承儒家思想和道德理想，从基础层面到最高层面，为修身、齐家、治国、平天下等。这就是说，一个“社会集团”（民族的、区域的、国家的等，这里以“国家”为例）从其诞生那天起，作为“文化”的主体，就是一个互相联系的整体，而不是互不相干的独立的个体；其中任何一种“独立”的区域文化、行业文化，都是不存在的；一个主权国家之内的任何区域文化、行业文化，作为国家文化整体的有机构成，就不再仅仅体现为区域文化、行业文化，而是已经上升到了国家文化的层面——它的性质、功能、面貌，体现的都是国家文化。

正是从这一意义上，我们应该看到：中国海洋文化包括“海洋文化产业”的生产与消费的主体，是由从基层到国家不同的层级构成的；中国的海洋文化包括“海洋文化产业”的生产与消费，在下自民间、上至国家层面都有充分体现。

“海洋文化”的内涵有狭义和广义之分。这在学理上是可以明确区分的。学理上的“海洋文化”主要在于定性，而不是定量。但对“海洋文化产业”的研究，则既需要定性，更需要定量。要定量，就必须明确划定“边界”。从目前的研究与实践看来，这十分不易。其原因在于“海洋文化”自身的非纯粹性及其与其他“文化”的交叉性。

如果对“海洋文化”的内涵进行狭义的理解，认为只有与海洋直接打交道、从事海洋生产生活的人的所思、所想、所为，亦即“海洋社会”所创造和传承的文化成果才是“海洋文化”，那么，这样“纯粹”的“海洋文化”是不存在的。自人类社会诞生以来，任何人都是社会人，也都是“社会集团”的人；只要是社会人，只要是“社会集团”的人，就会有社会分工，就会有专门的物质生产者。尽管沿海地区有人打鱼，有人晒盐，有人造船，有人行船，可他们同时还会与内陆地区的人打交道。比如与从事采集业和植业包括农业的人打交道，因为这些海民们不可能每天只以鱼、盐为食，还需要吃粮食和蔬菜，还需要穿衣服、住房子、用器皿，因而就必然有人从事商品交换。如此则海陆一体，都是“海洋社会”及其文化的发展所必需的；所以，这个总体的“社会”及其一切文化成果，缘于海洋，总体上依存于海洋，充满着“海洋元素”，无法与海洋“脱钩”而生存发展，因而都属于“海洋社会”及其文化，即“海洋文化”。不跟内陆社会互动、联结的“海洋社会”是无法存在下去的，因而纯粹的“海洋文化”也就不会有。

既然任何人都是社会人，都是社会分工中的一员，也就必然会有专门的社会管理者；而社会管理者的最高层级，就是人类社会互不隶属的一个个社会集团，亦即一个个“国家”，其最高管理当局就是国家政权；只要是沿海国家，拥有一定的海域和沿海而居、以海为生的人口，那么，在国家政权即“政府”这个层面，它就会考虑海民社会（包括狭义的和广义的）问题、海洋鱼盐问题、海疆管理问题、海陆互补互动等问题，将其作为一个海陆共同体的发展问题；那么，无论它如何强调发展农耕或发展海洋，它总体的国家文化、民族文化都不会是狭义的、纯粹的“农耕文化”或“海洋文化”，而是广义的、综合性的文化。如果将一个国家、民族的文化说成是“农耕文化”或“海洋文化”，无论只是从一种观察认知、分析评价的视域和角度，还是从某种历史观或发展观指导下对“内陆元素”或“海洋元素”的强调，事实上都不是这个国家、民族的文化的全部。

人们对西方一些国家作为“海洋国家”及其文化作为“海洋文化”的参照和认定，其实一直忽略了其作为一个国家是如何对待和管理农业生产、畜牧生产和海产品生产、渔盐生产的，而这正是一个国家能够独立、国民能够立足的日常生活资料的基本来源；人们大多关注和重视的，只是其通过海洋进行的商业贸易，为了海洋贸易而进行的造船和航海活动，为了抢夺别人船上的货物和岸上的财产而发展起来的海盗社会，为了侵吞别人的陆上资源、财产乃至颠覆、剿灭别国政权而发展起来的海上军事力量，以及通过海上战争、区域战争乃至世界大战所进行的海权争夺和海外殖民活动。难道这就是这些西方国家作为“海洋国家”及其“海洋文化”的全部内涵吗？答案是否定的。即使在西方国家，从事海洋贸易的海商、利用海洋抢夺和侵吞别人财产的海盗、进行海上战争、占领和控制海外殖民地的“国民”，也只是其全体“国民”的一部分；除了这一“部分”的“海洋社会”，还有更多的从事渔业、盐业和将海产品与农牧产品进行交换的“海洋社会”——他们同样是其“海洋文化”创造和传承的主体。

中国在历史上曾经长期是世界上幅员最为辽阔的内陆大国和海洋大国，中国自身的陆地资源与海洋资源总量的丰富和巨大，在世界上处于前列，中国独立在海陆之间进行互补互动发展，对外部世界所需甚少，日子过得相对安稳富足，无须通过战争侵略别人，更无须为了经济利益去占领别人的一寸土地。中国自古爱好和平、崇尚礼仪，自身物质丰富、文化发达，对内对外讲求重义轻利、厚往薄来，即使政权出现更替，传统文化也没有中断，根本原因就在此。

由于中国在历史上长期拥有世界上最为辽阔的陆地和海洋，拥有最大规模的陆地和海洋从业人口（至今如此），历史上中国国家政权之下划分的政区数量一直是几十个，其中十几个在沿海，那么，就广义的“中国海洋文化”的“社会”主体而言，至少可以分为三个层面：一是从事“海业”的最基层的“海洋社会”层面；二是沿海、岛屿地区这一与“海业”联系最为紧密的“区域社会”层面；三是“国家”这个尽管不是事事关乎海洋、但与海洋须臾不可分离的最高整体单元的“民族社会”层面（这里的“民族”，是近代以来的概念，将中国视为一个“民族国家”，那么这个“民族”即“中华民族”）。

这就是说，“中国海洋文化”及作为其产品和产业形态的“中国海洋文化产业”，作为中国文化、中国文化产业的“海洋内涵”“海洋元素”及其表现形态，其创造和传承、享有和享用亦即服务和消费的主体可分为国家主体、区域主体和基层社会主体三大层面。

三　海洋文化、海洋文化产业主体的区域构成

中国海洋文化（包括海洋文化产业，下同）的区域主体，即各沿海政区（即“地方”）的政府和该区域文化创造与传承的社会整体。就沿海地方政府而言，其作为主体的主要体现是对区域海洋相关事务、相关领域、相关社会的组织管理、执法行政、经济发展、社会和谐的构建和保持；沿海地区大多是国家的海洋门户地区，因而同时也承担着对外交通交往、对外贸易、对外防御等直接任务。而海洋文化区域主体的文化内涵，也就是通过地方（政区）权力机关、政府组织、职能部门、相关公务组织和国家机器在政策、法规、制度、施政管理等地方最高层面的具体的“人”作为“法人单位”和“主体”而创造、体现出来的。

中国是世界上的海洋大国，海疆辽阔，作为中国海洋文化整体结构有机组成部分的各地海洋文化，主要分布在祖国辽阔的大陆海岸带区域、半岛区域和岛屿区域，发展历史悠久，地域色彩纷呈，蕴含着独具特色的海洋资源物产、社会历史风情和人文景观内涵。政区设置，在漫长的历史中多有变动，但大多以历史上的方国、郡、县为基础，历史连续性、沿革性很强，因此，既与海洋疆域的自然地理结构相互交叉，“犬牙交错”，又保持了各海洋“文化区”的历史惯性。充分认知中国海洋文化在不同区域的分布状况

及其各自的特色，便可由此充分认知中国海洋文化内涵的区域构成在世界上无与伦比的丰富性和充足性。

中国海洋文化的区域分布，基于中国内海、外海即环中国海各海域的划分及其各自的区域性海洋文化特色，从北到南有 4 个“大区”：黄渤海文化区、东海文化区、台海文化区、南海文化区。

黄渤海文化区，包括两个亚区：渤海文化区和黄海文化区。之所以将这两个亚区视为一个海洋文化区，是因为尽管这两个亚区有所区别，即渤海文化区属于“内区”，黄海文化区属于“外区”。但一方面，这两个亚区之间，南部插着山东半岛，北部插着辽东半岛，两大半岛的内沿都是渤海，外沿都是黄海，历史上不少时期，两大半岛与它们之间的渤海乃至渤海沿海同属于一个政区，因此其文化具有一体性，很难分开；另一方面，历史上，这一文化区域主要通过山东半岛，大多也经过辽东半岛与朝鲜半岛、日本列岛乃至整个东北亚最东北的地区跨海相通，共同构成东北亚汉文化圈，即中国文化圈的北半圈。由此可见黄渤海文化区的整体性。

东海文化区，可分为长江口暨长三角文化区、浙东文化区，北接黄渤海文化区，南连闽海文化区。在这一文化区内直接沿、绕东海的，自北向南有上海、浙江和闽北沿海，与闽海文化区（包括台澎岛屿文化区）的北部交汇。东海文化区的主要特点缘于这一区域位于中国大陆沿海和中国海区南北之间的中部地带，其得天独厚的地理资源优势是：其内陆腹地不但包括唐朝以来作为中国经济重心的江南，而且有连通、深入中国的第一大河长江的整个流域为纵深腹地；其海路辐射和连通的区域，向北是“东中国海”的整个区域，向南有“南中国海”以及环印度洋区域，并在长期的历史上直抵东非和南欧；近代以来，这一地区更借助其天然的历史地理基础和“全球化”的海上网络，成为近现代海洋文化的重心地区。

台海文化区，历史上主要是指闽海文化区，包括福建沿海及其腹地与台澎岛屿共同构成的文化区，也称为闽台文化区。“闽海”，在自然地理方面指福建所濒临的东海、台湾海峡和台澎岛屿近海海域，在文化地理方面指环闽海区域。闽海文化区北面有闽东，西面有闽南，东面即海峡对岸的台澎。

闽东以福州为中心，闽南以漳州、泉州为中心，这些地区历史悠久，海洋文化特色鲜明。闽商即福建商帮，有航海族群之称，自古以来就活跃在中外海洋与内河之上。闽海是其“海上大本营”，福州港、泉州港和近代兴起的厦门港是其主要集散地，东海、黄海、渤海，南海、印度洋，都是他们的舞台，他们北上、南下、东进，构筑了遍布中国大陆南北沿海和运河水网的港口区域，往返于朝鲜半岛、日本列岛、琉球群岛、台湾—澎湖列岛、南海、东南亚诸岛乃至环印度洋甚至更远的海陆地区之间。尤其是，自宋代他们创造了妈祖，更传承并传播了妈祖文化，使妈祖庙（天妃庙、天后宫、娘娘庙）几乎遍布闽台海峡两岸和整个大陆沿海，并向内沿江溯河分布在港口商埠，向外漂洋过海分布在东北亚、东南亚乃至欧美地区。海峡对岸的台湾—澎湖岛屿地区，是中国最大的岛屿地区，处于闽台文化区的外环，是通向海外世界的“外港”，同时，因其位于东北亚与东南亚海上通道和海上网络的中枢地带，使其以台湾海峡和环台澎岛屿海域为中心舞台，形成了显著的岛屿—大陆—海洋的综合型区域文化特色，在历史上与中原大陆沿海、东北亚、东南亚、南亚、欧洲、非洲之间的跨海连通中，一直发挥着作为东亚海上要冲的重要作用。

南海文化区，可分为潮汕文化区、珠江口暨珠三角文化区、雷州半岛文化区、北部湾文化区、海南岛文化区、西沙—南沙群岛文化区等。按现代中国的政区范围来说，主要包括广东、广西、海南三个省、自治区，香港、澳门两个特别行政区。中国海的海域，以南海最大，位置最靠南，岛屿星罗棋布。东沙、西沙、中沙、南沙四个群岛，以东、西、南三个群岛最为重要，在国防、交通、经济、国家综合海洋权益方面，也举足轻重。就国防方面来说，三沙群岛是中国南方的海防要地，巩固中国南疆的重要前哨；就交通方面来说，三沙群岛地处亚欧航路要冲，东通日本、美国，西达越南、印度、欧洲，南趋东南亚、大洋洲诸国，是商旅往来的要道，东西文明交流的枢纽；就经济方面而言，三沙群岛的海洋生物资源、盐、磷酸矿、石油蕴藏量均极为丰富。南海及东沙、西沙、中沙、南沙四大群岛，自秦始皇之时即已纳入中国版图，秦汉以降，代有经营。现在一些相关国家主张对其中一些岛屿拥有主权，自然是对中国主权和海洋权益的侵犯。

中国沿海地区的政区单元，在夏分九州时期为临海五州，在商周时期为燕、齐、吴、越等“海王之国”，在秦汉以降的帝国时代为沿海郡、道、路、省等一级地方政区。无论是古代的郡、道、路、省等一级政区的划分，还是现代的省、直辖市、自治区、特别行政区等地方一级政区的设置，沿海地方政区所占的比重均大于全国的1/3，甚至近乎一半，而其人口、经济总量所占的比重则超过一半。沿海地区港口众多，海陆交错，海内外文化汇聚，国际化、城市化特征明显，文化荟萃，生活丰富，无论是在历史上还是在现当代，都是全国相对发达的地区。

现今中国的沿海地区，是指有海岸线大陆岸线和岛屿岸线的省、自治区、直辖市等一级地方政区。① 在我国，海洋文化区域主体的概念，包括三个层次：沿海一级地方政区、二级地方政区和三级地方政区。二级地方政区，即各一级政区所辖的沿海地、市级政区。三级地方政区即二级地方政区所辖的县（含县级市、地级市所辖的区）。以历史的眼光，从全国总的情况来看，沿海地区各个省、市、自治区，各有其与全国范围相比较为独特的区域海洋文化风貌；由于大多数沿海省、自治区的地域和人口规模很大，历史上也形成了该省、自治区范围内多个不同的地理区域，其海洋文化风情也各具特色，各有千秋。如山东半岛海洋发展史上的“登州府”与“密州府”等，浙江的“宁波府”与“温州府”等，闽南的“泉州府”与闽东的“福州府”等，广东的“潮州府”与“广州府”“雷州府”等。在中国现行政区的划分中，沿海和海岛一级政区共有14个，自北向南依次是辽宁省、河北省、天津市、山东省、江苏省、上海市、浙江省、福建省、广东省、广西壮族自治区、海南省，另外还有香港、澳门两个特别行政区，以及台湾省（地区）。这些省、直辖市、自治区、特别行政区、地区，在区位、人口、经济总量和区域文化方面，都具有一定的相对优势，各地都有悠久丰富的地方海洋历史文化传统积淀作为其地方“名片”，各地政府都在现代港口物

① 参见国家海洋局《中国海洋经济统计公报》中对“沿海地区”的解释。

流、临港工业、滨海旅游、海洋渔业、海洋油气业、海洋盐业与盐化工业、海洋矿业、海洋船舶业、海洋海岸工程业、金融服务业、海洋科研教育管理服务业等各个海洋相关经济领域发挥着政府的作用，包括制定战略规划、纳入国家计划、制定地方法规、采取鼓励政策、提高政府效能、发挥舆论的宣传与导向作用等，发挥着各自作为其区域主体的功能。尤其是各个沿海的地、市（现今大部分沿海省、市、自治区所辖的，几乎都已经是“地级市”，不少还是“副省级市”即“国家计划单列市”），作为区域海洋发展主体的角色意识更为强烈，对区域海洋发展发挥的功能和作用更为直接。例如，在沿海各个港口的发展过程中，各个大港口的发展规模、发展层次、发展地位的竞争，主要是沿海各个大“市”政府和相关大企业之间的竞争。

而就地方政区的政治、经济、社会、文化等方面内涵的“海洋”元素的多寡亦即“密度”言之，沿海各个大“市”（多是地市一级）所辖的区和县市一级，是“海洋性”最强烈、最鲜明，“海洋元素”的“密度”最高的地方政区。

这就是自古以来形成的包括海洋文化产业主体社会的中国海洋文化的主要区域分布状况，亦即其区域空间构成状况。

四　海洋文化、海洋文化产业主体的社会构成

在社会主体层面，中国海洋文化传统上主要包括渔业社会、盐业社会、海商社会、港口社会等，以其行业性民间组织、行业规范、生产劳作关联度和生活聚落空间的社会结构及其家庭、亲族、社会组织的基本单元，构成了国家民间社会的基石。

自从人类的海洋文明产生以来，与海洋打交道的人们，就不再仅仅是自然人，每个人自此就生活在一定的涉海社会群体和社区之中，从而使个人的生活变成了人类海洋社会生活的有机部分。而人类海洋社会最基本的成分和最主要的生活内容，是人类的海洋民俗生活。人类的海洋民俗生活文化，是海洋社会文化的重要组成部分。

在中国历史上，沿海地区和岛屿地区的居民主要依靠海洋谋生，主要从事渔业生产、航海贸易、港口运输、制盐采珠等行业，构成了特定的海洋行业社会；尤其是从事渔业捕捞的渔业社会和从事航海贸易的海商社会，是海洋社会的重要构成部分；另外，还有一些社会族群以船为家，在海上过着居无定所的生活，我们可视之为水上居民社会；还有一些人靠进行海上或沿海抢劫活动、对抗官府和豪强为生，他们构成了涉海社会中特殊的海盗群体，也可称之为海盗社会。中国的海外移民与海外华侨社会的形成和发展，是中国海洋社会的海上外延和重要组成部分，是其构成形态之一。海外移民对中国海洋社会经济的形成和发展、对中国文化的海外传播和影响、对中国沿海社会的变迁、对近现代海外华人社会的世界性发展，影响深远[1]。

中国海洋文化的社会主体，即基础社会人口，在现代社会发生了重大变化，主要表现在随着海洋领域现代化的发展，海洋经济社会的行业构成呈现多样化，产生了许多现代社会条件下从事海洋开发、利用和服务的社会行业，传统的以“鱼盐之利、舟楫之便”为主体海洋产业构成的社会行业，在涉海行业中所占的比重已经越来越小。

中国海洋社会的规模，即人口总数的“盘子”，到底有多大？这是难以精确统计的。无论是就历史上的人口规模，还是就当代的人口规模而言，都是如此。目前中国海洋社会的人口规模，可以根据目前全国涉海从业人口的规模进行粗略估计。按照国家海洋局 2008 年《中国海洋经济统计公报》的统计，全国涉海就业人员为 3218 万人；按照 2013 年《中国海洋经济统计公报》的统计，全国涉海就业人员为 3513 万人。就“社会”的意义而言，“家庭”是“社会”的最小单元。因此，按照一个涉海行业就业人员所在的家庭平均有 3 口人计算，涉海行业的社会人口数量约为 1 亿多人。但是，这只是从统计学角度对“涉海行业就业家庭人口”的粗略估计，而不是从更为模糊的“区域”即“社会文化生活圈”角度进行分析的结果。中国沿海各省、直辖市、自治区、特别行政区的人口约占全国总人口的一半，加上从中西部到沿海地区务工的人口和其他暂住与流动人口、在校学生，则会超过一半。从“大区域”的“沿海地区”的角度，亦即“沿海省、直辖市、自治区”的一级政区角度来看，则“沿海一级政区”内的海洋文化的创造和传承主体的“边界”如何明确，在此意义上的“海洋社会”或曰“涉海社会”规模到底有多大，“涉海”的程度有多深（如几乎所有的海洋产业都有与内陆产业相互关联的“产业链”，商业更是将海洋与内陆融为一体），还有待研究分析；但至少在“文化”上，沿海、海岛的港口城市的港口海岸“区域”社会，沿海、海岛的县市“区域”社会，其社会生活、综合发展和整体文化风貌与海洋的关联最为密切，是可以划入我们所指的“海洋社会”或曰“涉海社会”的。这就是说，至少从“社会文化生活圈”的角度来说，中国的“海洋社会”或曰“涉海社会”的人口规模基础，是“沿海地区”总人口中大部分生活在滨海港口城市区域、沿海和海岛县市区域的人口。

当然，我们在这里所说的是中国“海洋社会”或曰“涉海社会”的人口规模基数，并不包括中国13亿多人中经常到海滨、海岛进行观海旅游、会议展览、商贸公务等活动的人口。滨海城市、岛屿地区每年的旅游人次数以亿计，海洋旅游包括滨海旅游所创造的产值，已经占到中国海洋生产总值的1/3。旅游人口所形成的海洋文化气息、氛围、意识、灵感等综合元素和再生元素的“全国大流动”，对海洋文化整体发展所起的影响和作用，都是不可估量的。

以下对海洋文化、海洋文化产业主体社会的几个主要成分进行说明。

1. 沿海渔民与岛民社会

中国的海岸线长约18000千米（在汉朝、唐朝、元朝等历史时期，中国的沿海疆域更大，海岸线更长），大约有6500个大小岛屿，由于近海的渔业资源极为丰富，渤海渔场、黄海渔场、舟山渔场、嵊泗渔场、北部湾渔场等大小渔场分布广泛，沿海、海岛渔村、渔镇的渔民、岛民人口数以千万计，主要从事海洋捕捞业。除台湾岛、海南岛等特大岛屿外，舟山群岛、庙岛群岛等岛屿地区的岛民，主要是渔民社群。他们有自己的生活方式，有独特的海神、鱼神、船神、网神等神灵信仰和禁忌，建有许多庙宇，其中龙王和菩萨娘娘是最受渔民社群崇拜的海洋神灵。

浙江舟山群岛与山东庙岛群岛，是中国群岛岛民社会最为集中、特点最为明显的两大主要区域。舟山群岛是中国的第一大群岛，地处杭州湾以东、长江口东南的东海之中，古人称之为“海中洲”；因这一带渔场丰富，为舟船所聚之地，故名“舟山”；因周围小岛星罗棋布，故称“舟山群岛”。舟山群岛由舟山、岱山、大巨、泗礁、嵊山、普陀山、桃花、六横、蚂蚁、滩浒等大小1339个岛屿组成，其中人居大小岛屿有103个，现居住人口约有百万，有2区2县，9个街道，36个乡镇，常年与大海打交道的渔盐民约有25万人，近有著名的舟山渔场。庙岛群岛是在山东半岛和辽东半岛之间、黄渤海连接线上南北纵列分布的一群岛屿，像一串大大小小的珍珠，断断续续地将两个半岛连接在一起。庙岛群岛的行政建制为长岛县，辖8个区公所，40个行政村，约有5万多人口，其中有近一半的人口从事海上作业，近有著名的渤海渔场。

目前沿海、岛屿的渔民人口数量，未见整体统计。我们查找沿海地区地方志中的人口分析部分，也不见统一说法，有不少地方将其统称为“农业人口”，没有单列“渔业人口”。这里仅举几个不同年度的单列数字，以见一斑。舟山市，最近的数字是，渔业户籍家庭人口为241458人，其中定海16959人，普陀89277人，岱山71507人，嵊泗63715人，但近年来渔民上岸转产，较之以前大为减少；福州市，“1994年的数字是全市有41个以渔为主和渔农兼业的乡镇，476个渔业村，渔业户数13.09万户，人口54.8万”，其中“连江县有一半乡镇地处沿海，渔区人口约占全县总人口三分之一”，即20多万人，其中像黄岐镇这样的“素以渔业为主，海洋捕捞发达”的乡镇，“全镇有11个村，其中9个为纯渔业村，人口2.5万人，渔业人口2.4万人”，即占95%还多。① 这样的情况，在全国的沿海、岛屿的“县域”中是常见的。

2. 海洋盐业社会

中国自古盐业发达，以海盐业为主。数千年来，在沿海各地都设有大量盐场，生活着世世代代以煮盐、晒盐为业的盐民盐户，在全国总人口中占不小的比例。如，在金末元初人口大减的情况下，元朝初年的灶户，仅北方仍然有52000余户，约占总户数的5%[2]。至元初年（1264～1268），仅浙江

① 据相关政府网站。

沿海就有盐场34处，灶户17000多户，人口约10万；至正三年（1343），河北河间盐场有灶户（盐户）5774户，人口约3万。明代天顺六年（1462），东莞县（今东莞、深圳、香港地区）总户数为24453户，其中四大盐场的灶户达4236户，占全县总户数和总人口的比重超过1/6。盐业社群的生活相对独特，有自己独特的社会生活习俗，也有自己独特的盐神信仰。至今在全国沿海村镇，还大量保留着古代煮盐社群的聚落地名，如“灶户刘”“灶户张”“灶户二场”等。

需要特别指出的是，中国的盐业社会，自先秦时期就出现了“国营化”体制，先秦时期的齐国作为“海王之国”，实行“官山海”制度，就是采取官办盐、铁业，对所有的盐场实行国家统一经营，国家统一专卖，严禁私盐，从而保证了国家的财政税收。其后的历朝历代，实行的都是这一体制。如唐宋时代，据《宋史·食货志》记载，在很多情况下，“天下之赋，盐利居半”。其中，以沿海地区所产海盐居多，有的沿海地区的盐产量居天下之最。如《宋史·食货志》记载：“国家鬻海之利，以三分为率，淮东居其二。”《明会典》也说：“淮盐居天下之半。”盐场由国家统一开辟，盐民由官方统一管理，盐产品由官方统一经营，因而中国沿海的盐业社会一直呈现出不同于其他海洋社群的形态——盐户的居住类似于集体盐庄或露天工厂，从事行业单一，人口结构单纯，居住聚落集中，生活方式、精神信仰和风俗习惯围绕着盐业展开，具有自己独特的社会个性。任何人、任何社会都离不开食盐，任何历史阶段都离不开盐业，而海洋盐业一直占据着中国盐业的大半个天下，中国的海洋盐业社会为中国各民族的生存发展、各朝代的历史更迭、各文化的创造变迁奠定了人身和生命最基本的保障。

海洋盐业社会既包括海洋盐民社会，也包括海盐商业社会。无论是海洋盐民社会，还是海盐商业社会，都有其自身的文化，即海洋盐业文化；其文化产品的生产、服务的“供给”与“消费”，就是海洋盐业文化产业，可称之为海盐文化产业。由于现代海洋盐业的生产能力得到了很大提高，而消费量的增长与之不同步，故从业的社会人口大为减少，其特色文化及文化产业的生产—消费量已经大为减少。

3. 海商社会

海商社会是对中国社会和中国文化的发展有着特殊贡献的海洋社群力量。他们在几千年的中国海洋人文社会发展过程中，一方面进行着国内的南北海上运输和贸易，把海产品和各地物产运销到四面八方；另一方面进行着海外交通与对外物质文化交流，是创造、连接、发展中外“海上丝绸之路”的主要力量。他们在数千年的历史舞台上，形成了一个个“商帮”，其中以福建商帮最具规模和力量，其次是广东商帮、江浙商帮、山东商帮等。内地的徽商、晋商等大区域商帮，也通过运河水网与海运通道的天然联系，与海洋商帮进行海陆互动经营。这些海洋商帮的构成及社会关系独特，突出地呈现为海上商帮、行会、商人家族集团、兼武兼商的海上集团、兼盗兼商的海上集团等。唐宋以降，尤其是明清以降，无论是中国沿海各地的港口、内地主要江河和运河的港口，还是通往东北亚、东南亚、西亚、欧洲、美洲各大港口的海路上，都活跃着福建商帮以及广东商帮、浙江商帮、山东商帮的身影行迹，都穿梭着这些商帮独特而著名的“福船”“鸟船”“沙船”等组织形式。他们对内运输和交易的商品主要是官方和私商的农产品、矿产品、手工业产品；与海外商人交易的商品则主要是丝绸、瓷器、茶叶等中国特色商品。在大帆船时代，福建商帮每到中外港口，都把他们所信仰的航海保护神“妈祖”（“天后”）传播到那里，并在那里建起“妈祖庙”或“天后宫”，既是福建商帮祭祀与祈福的场所，又是福建商帮分布在全国和世界各地的“会馆”。明代郑和下西洋，近30年中七次航海，出使东南亚、西亚、非洲等沿海区域，每次出航多者达28000人，这一行动离不开早已开辟出来的“海上丝绸之路”上大规模的海上商帮与船工水手力量。

海商社会是民间社会，其所从事的海上贸易主体上是民间贸易。海商从事海上及海外自由贸易，形成了“商民交相赖”的庞大集团网络，商工、商农均“交相赖”的社会和经济互动关系，其带动的人口规模和行业链条很长，很广泛。如明代福建漳州海澄，广东东莞、新会等地的“族大之家”，往往集资造船从事海上贸易[3]，多养“后生”（亦称“恭仔”）为舵工、水手，或充当船上武装人员。[4]《崇祯长编》记载：“闽之土不足养民，民之富者怀资贩洋……如吕宋、占城、大小西洋等处，岁取数分之息；贫者为其篙师、长年，岁可得二、三十金。春夏东南风作，民之入海求衣食者，以十余万计。”[5]清初蓝鼎元在《论南洋事宜书》中云：“闽、广人稠地狭，田园不足耕，望海谋生，十居五、六。内地贱菲无足重轻之物，载至番地皆珍贝。是以沿海居民造作小巧技艺，以及女红针凿，皆于洋船行销，岁入诸岛银钱、货物百十万入我中土，所关为之不细矣。”[6]全国南至广东、广西，中有江苏、浙江，北有山东、直沽及东北沿海，全国沿海各省的舵工、水手及其家口，依靠海外贸易，尤其是海内贸易以“资生计”，亦即“入海求衣食者”的总人口，多达数百万甚至上千万，堪比西方一些“海洋国家”全国的人口总量。由此可见中国历史上的海商社会的规模之大，海商经济的作用之大。正是这种大规模的民间海外贸易，推动了中国沿海地区的经济和工商业的发展。那种无视中国海上社会的存在，低估其对中国经济、中国民生、中国内陆发展的作用的传统观念，是站不住脚的，完全错误的。

4. 港口及港市社会

中国古代沿海港口发达，主要分布在各大小江河的入海口及海湾的避风处，小港码头有数千处，中型港口有数百处，大港口有数十处。自南至北，古代著名的沿海大港口有广州（番禺）港、徐闻港、福州（东冶）港、泉州（刺桐）港、扬州港、宁波（明州）港、琅琊港、密州港、登州港、天津港、碣石（秦皇岛）港等，这些港口的发展，都带动了所在城市的繁荣，并通过江河与运河水系，影响了中原王朝、内陆地区的物质生活与精神文化，同时，通过这些港口与海外世界对接，成为“海上丝绸之路”的一部分。鸦片战争之后对外开放的一些新港口，如上海、厦门等，现在都已发展成为中国沿海最重要的国际化大港口和大城市。而无论是一个港埠还是一个港口，都是一个社会，而且是最具有海洋社群特性与文化集散功能的社会。

海商、港口与港市及其社会的生成，都离不开船民社会。船民社会，就是由造船、航海以及“以船为家”生活在海上的人民及其相关人口所构成的社会。由于船民往往与渔业、航海商贸、港口产业既“专业分工”又密不可分，所以，对船民社会可以有专题的、个案的考察研究，但难以确定其边界。“疍民”社会是中国广东、福建、广西等东南沿海地区对水上居民社群的专门称谓。据史书记载，在魏晋南北朝时期开始出现，其称呼又有“鲛人”“游艇子”“白水郎”“蜑家”等多种，后世演变出“疍人”“蛋民”等称名。他们以船为家，在近海与河流水系上过着居无定所的生活，多以捕鱼采珠为业，不与陆上人群通婚，故皆“同姓婚配”。魏晋南北朝时期，仅“广州南岸周旋六十余里”，就有“蛮疍杂居”者“五万余户”，几十万人[7]。他们的来源主要是东南沿海的百越民族，也有不少是各个战乱时期从北方中原地区南迁的“客家人”社群。随着现代化的影响，其规模越来越小，社群特性越来越弱化。

需要特别提及的是，先秦以降，中国沿海的许多港口、海上航路，都连接着海外。一方面，作为中国人移居海外的起航地，这些港口地区及其附近地区构成了一个个侨乡社会。另一方面，这些港口地区及其附近地区，也同时构成了一个个外来人口侨居的国际化社会。沿海城市的外来人口侨居社区和社会，是中国沿海港市社会的重要组成部分。以海洋贸易运输服务业、临港工业、城市商业与娱乐消费业为核心的港口经济型社会人口及国际化社会人口所形成的港口商埠城市社会文化，近代以降迅速发展起来，构成了近现代类型的中国海洋社会。现代中国自改革开放以来，大量外资、外国人口涌入中国沿海港口和港市社会，给港口和港市社会的文化及文化产业增添了很多不同的内容、形式和市场需求。

5. 现代海洋从业社会

随着中国现代化进程的加快，尤其是20世纪80年代以来，中国海洋从业社会出现了新的变化。

一方面，在现代社会条件下，随着海洋事业的发展，从事现代海洋产业生产生活和消费活动的海洋社会分工更为细化、多样化。现代海洋产业，指现代开发、利用和保护海洋所进行的生产和服务活动，包括海洋渔业、海洋油气业、海洋矿业、海洋盐业、海洋化工业、海洋生物医药业、海洋电力业、海水利用业、海洋船舶工业、海洋工程建筑业、海洋交通运输业、滨海旅游业等主要海洋产业，以及海洋科研教育管理服务业。海洋文化产业是近年来呈现出快速发展势头的新兴海洋产业。

现代海洋社会，狭义而言，即海洋领域从业社会。上述各海洋产业，无论是从政府的管理还是从海洋企业、事业机构的组织形态来看，还是从这些行业各自的行业模式、行业文化来看，或从其“社会”成员的行业能力和生活“惯性”来看，这些海洋行业的专门性、系统性程度都很高，因而，其专业分工细化性很强，同时，它们各自之间的相关交叉性也很强。这些都构成了海洋各个领域从业社会的相对稳定性和相关性，从而使以上各个海洋社会群体都具有相对稳定的人口规模，同时又相互联系，构成了一个包括相当人口的大规模的海洋社会整体。

另一方面，是作为区域海洋社会集聚化的沿海城市社会的变化。随着现代航海业、造船业、港口业、临港与临海工业、国内外海洋贸易业等的大规模发展，以现代大港口及其所在的国际化大城市为标志，如香港、深圳、广州、上海、青岛、天津、大连等，港口城市社会的人口国际化、经济国际化和文化国际化日趋明显。①

五 结论

我们常常将农业区域的文化称为“农耕文化”，将该区域称为“农耕文化区”；将牧业区域的文化称为“游牧文化”，将该区域称为“游牧文化区”；同理，以海为业的海业区域的文化就是“海洋文化”，这样的文化区就是“海洋文化区”。“农耕文化”“农耕文化区”的主体社会是“农耕社会”，“游牧文化”“游牧文化区”的主体社会是“游牧社会”，“海洋文化”“海洋文化区”的主体社会就是“海洋社会”。“农耕社会”的文化产品产业包括“供给”与“消费”，是“农耕文化产业”（包括“供给”与“消费”，

① 以上关于海洋文化主体的分析，主要内容曾发表过，这里为较全面系统地阐述笔者关于海洋文化产业的主体社会的思考，仍参酌用之。

即生产与消费的同构关系和同构市场），“游牧社会”的文化产品产业包括“供给”与“消费”，是“游牧文化产业”。同理，“海洋社会”的文化产品产业包括“供给”与“消费”，就是“海洋文化产业”。

总之，对“海洋文化产业”进行定性与定量的研究分析、统计和评价，以及政策制定与规划管理，最为可行的方式就是以沿海、岛屿地方政府管理下的“海洋文化区域”为单元来进行，因为这样的“海洋文化区域”的社会主体（包括行业主体），就是“海洋文化产业”的生产与消费主体的主要成分。尤其是海洋文化产业的政府统计、规划管理，更需要以区域和行业的文化产品产业的“供给”与“消费”总量为单位。

只有“海洋文化产业”的生产与消费主体都发展了，这样的“海洋文化产业”才是我们的社会所需要的。

参考文献

［1］杨国桢、郑甫弘、孙谦：《明清中国沿海社会与海外移民》，高等教育出版社，1997。

［2］白寿彝：《中国通史》（上册）第八卷，上海人民出版社，2006。

［3］何乔远：《闽书》卷38，福建人民出版社，1995。

［4］俞大猷：《正气堂集》卷16，福建人民出版社，2007。

［5］《崇祯长编》残本卷6，中华书局，1961。

［6］郑广南：《中国海盗史》，华东理工大学出版社，1998。

［7］顾炎武：《天下郡国利病书》，上海科学技术文献出版社，2002。

The Composition of the Subjects of Production and Consumption in Maritime Culture Industry

Qu Jinliang

Abstract: Within the concept of modern economics, it is unreasonable to only concentrate on the supply side of the maritime culture industry but ignore the demand side. The maritime culture industry should include both production and consumption. Its development is reflected in production, marketing and services in the supply side, as well as consumption, satisfaction and social value in the demand side. The existence form of the production and consumption of maritime culture industry is based on its social form. The maritime culture is not only a theoretical industry, but also an industry with social value and existence form of production and consumption. Any official statistics, planning or management will require the total supply and demand of the regional body of maritime culture and the social subject of maritime industry.

Keywords: Maritime Culture, Maritime Culture Industry, Social Subject, Coastal Fishermen

（责任编辑：孙吉亭）

海洋强国战略背景下的海洋文化产业发展研究

张开城*

摘　要　21世纪是海洋世纪，是文化世纪，是经济全球化的世纪，这三者之间的关联必然导出一个重要的命题：21世纪是海洋文化彰显和海洋文化产业跃进的世纪。海洋世纪和文化世纪的海洋强国建设，必须大力发展海洋文化产业。本文基于《文化及相关产业分类》，将海洋文化产业划分为9大类，通过对海洋文化产业发展现状的梳理和存在问题的分析，提出滨海旅游业向现代转型升级；培育和发展海洋文化市场，提高品牌效应；解决产业发展不平衡和区域发展不平衡问题；提升海洋文化创意产品能力；加强计划和统筹以及相关产业统计工作等对策建议。

关键词　海洋强国　海洋文化　海洋大型活动　文化产业分类

中国是陆海兼备的海洋大国，经济发展已成为高度依赖海洋的外向型经济，随着对海洋资源、空间的依赖程度的提高，海洋为中国经济社会可持续

---

* 张开城（1953～），男，广东海洋大学海洋文化研究所教授。主要研究领域：海洋文化及其产业化。

发展提供了广阔空间。中国已经具备大规模开发利用海洋的经济技术能力，海洋经济已成为拉动中国国民经济发展的有力引擎。十八大强调“建设海洋强国”，这一战略目标是国家在全面建成小康社会决定性阶段做出的重大决策。

一 充分认识发展海洋文化产业的重要意义

21 世纪的中国要建设海洋强国，必须在海洋开发利用方面成为具有强大综合实力的国家。发展海洋科技与经济，其中重要一环是大力发展海洋文化产业。发展海洋文化产业是 21 世纪特征的内在要求。21 世纪是海洋世纪，是文化世纪，是经济全球化的世纪。这三者之间的关联必然导出一个重要的命题：21 世纪是海洋文化彰显和海洋文化产业跃进的世纪。建设海洋强国，必须大力发展海洋经济，特别是要大力发展海洋文化经济，发展海洋文化产业[1]。发展海洋文化产业是中国现阶段产业结构战略调整的需要。世界产业结构变迁的基本趋势是：工业革命前，农业在经济发展中的地位居首。工业革命后至 20 世纪中叶，工业在经济发展中的地位居首。20 世纪中叶以来，服务业在经济发展中的地位居首。中国自改革开放以来，第三产业在国民经济发展中的地位不断提高，但对 GDP 的贡献率与发达国家相比仍有相当大的差距，尤其是文化产业发展相对落后。作为智能化、知识化的产业，文化产业在三次产业结构优化中的作用不可小觑。消费永远是生产的最终目的和原初动因。20 世纪中叶以来，物质消费、生存性消费得到一定程度满足后，文化消费、精神性消费的地位越来越重要。文化性、精神性需求的旺盛，拉动了文化经济和文化产业的迅速发展。当今世界，国与国之间日趋激烈的综合国力竞争，越来越突出地表现在软实力的竞争，即知识力量和文化力量的竞争。文化实力是当代及未来综合国力的重要组成部分，其竞争力的强弱直接关系到国家整体实力的高低。建设海洋强国，要发展军事、经济、技术等硬实力，同时也要强化科学、文化等软实力。缺乏海洋文化这一软实力的支持，即使硬实力一时强大，往往难以为继，甚至会由强变弱[2]。

发展文化产业、海洋文化产业是应对挑战、增强中国文化竞争力的需要。早在20世纪60年代，罗马俱乐部主席佩恰依在谈论“增长的极限”时，就预见性地指出“未来的发展只能是文化的创造”[3]。实现中国经济由资源依赖型、粗放型发展向知识和技术依赖型、资源节约型、集约型发展，降低环境成本，提高科技含量和增长后劲，实现科学发展，必须重视文化软实力的作用，努力发展文化经济，提高文化生产力。

二　海洋文化产业及其分类

海洋文化产业是从事涉海文化产品生产和提供涉海文化服务的行业，是文化产业的重要组成部分。海洋文化产业的分类与文化产业的分类具有相关性。国家统计局《文化及相关产业分类（2012）》把文化产业分为两大部分，共10类，如表1所示。

表1　国家统计局《文化及相关产业分类（2012）》

1	文化产品的生产	新闻出版发行服务
2		广播电视电影服务
3		文化艺术服务
4		文化信息传输服务
5		文化创意和设计服务
6		文化休闲娱乐服务
7		工艺美术品的生产
8	文化相关产品的生产	文化产品生产的辅助生产
9		文化用品的生产
10		文化专用设备的生产

基于国家统计局对文化产业的分类，我们把海洋文化产业划分为9大类：“海洋新闻出版发行服务，海洋广播电视电影服务，海洋文艺创作与表演服务，海洋文化信息传输服务，海洋文化创意和设计服务，海洋文化休闲娱乐服务，海洋工艺美术品的生产，海洋会展服务，海洋大型活动组织服务。”[4]

第一，海洋新闻出版发行服务：新闻服务（新闻业）；出版服务（图书出版，报纸出版，期刊出版，音像制品出版，电子出版物出版，其他出版业）；发行服务（图书批发，报刊批发，音像制品及电子出版物批发，图书、报刊零售，音像制品及电子出版物零售）。

第二，海洋广播电视电影服务：广播电视服务（广播电视）；电影和影视录音服务（电影和影视节目制作，电影和影视节目发行，电影放映和录音制作）。

第三，海洋文艺创作与表演服务：文艺创作与表演；艺术表演场馆。

第四，海洋文化信息传输服务：互联网信息服务；增值电信服务（文化部分）；广播电视传输服务（有线广播电视传输服务，无线广播电视传输服务，卫星传输服务）。

第五，海洋文化创意和设计服务：广告服务（广告业）；文化软件服务（多媒体、动漫游戏软件开发，数字内容服务，数字动漫、游戏设计制作）；建筑设计服务（房屋建筑工程设计服务，室内装饰设计服务，风景园林工程专项设计服务）；专业设计服务。

第六，海洋文化休闲娱乐服务：景区游览服务（公园管理，游览景区管理，海洋馆、水族馆管理，海洋生态园管理）；娱乐休闲服务（海洋游乐园，其他娱乐业）；滨海休闲体育；海洋摄影服务。

第七，海洋工艺美术品的生产：工艺美术品的制造（雕塑工艺品制造，金属工艺品制造，漆器工艺品制造，花画工艺品制造，天然植物纤维编织工艺品制造，抽纱刺绣工艺品制造，地毯、挂毯制造，珠宝首饰及有关物品制造，其他工艺美术品制造）；园林、陈设艺术及其他陶瓷制品的制造；工艺美术品的销售（首饰、工艺品及收藏品批发，珠宝首饰零售，工艺美术品及收藏品零售）。

第八，海洋会展服务：海洋类博览会（海洋博览会、海洋经济博览会、海洋文化博览会、海洋旅游博览会、海上丝绸之路博览会等）；海洋类博物馆（海洋文化博物馆、海洋军事博物馆、海战博物馆、海事博物馆、海洋民俗博物馆、海洋渔业博物馆、海洋盐业博物馆、海港与航运博物馆、海洋科学馆等）。

第九，海洋大型活动组织服务：文艺晚会策划组织服务；大型节日庆典活动策划组织服务；赛事策划组织服务；民间活动策划组织服务；公益演出活动的策划组织服务（海洋文化节、珍珠文化节、区域性海洋民俗文化节、开渔节、休渔节、海神祭典等）。

三　海洋文化产业发展现状

“十二五”期间，海洋文化产业呈现滨海旅游业、新闻出版业、广电影视业、滨海休闲业、庆典会展业五龙竞进的局面。参照国家文化产业分类标准概算，2010 年中国海洋文化产业增加值窄口径计算为 3255. 33 亿元；按宽口径计算，增加值为 8093. 33 亿元（含滨海旅游业）。2011 年，中国海洋文化产业增加值窄口径计算为 4466. 03 亿元；按宽口径计算，增加值为 10724. 03 亿元（含滨海旅游业）。2012 年，中国海洋文化产业增加值窄口径计算为 5206. 91 亿元；按宽口径计算，增加值为 12178. 91 亿元（含滨海旅游业）（见图 1）。

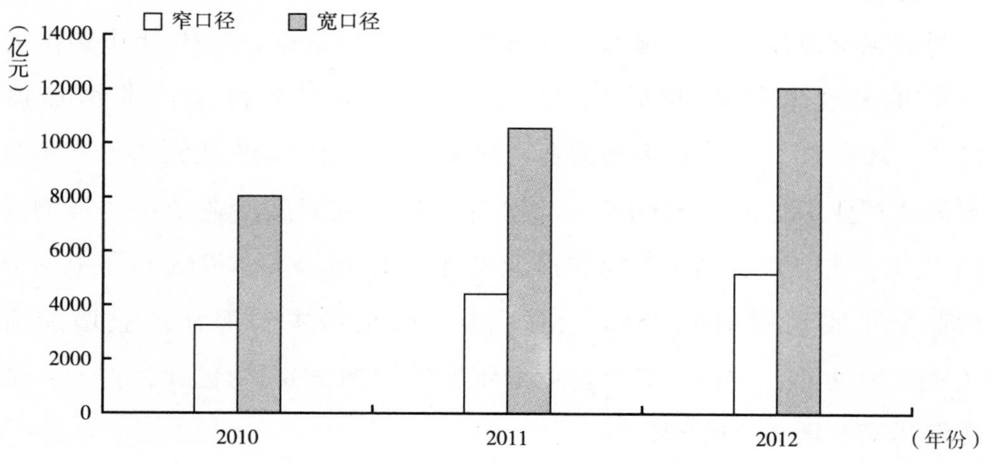

图 1　2010～2012 年中国海洋文化产业增加值示意图

数据来源：国家文化产业分类标准概算。

中国是陆海兼备的海洋大国，海洋为中国经济社会可持续发展提供了广阔空间。2010 年以来，由于国家和地方政府对文化建设的重视，对文化产业发展的政策支持和引导，对海洋强国、海洋强省的强调，中国海洋文化产业呈现出海洋旅游担当主力、节庆会展强势增长、广电传媒优势凸显、图书出版海味浓郁、滨海休闲异彩纷呈的特点。而且特色演艺蓄势待发，数字动漫潜力巨大。

（一）滨海旅游业成为支柱产业

《国务院关于加快发展服务业的若干意见》提出，“要围绕小康社会建设目标和消费结构转型升级的要求，大力发展旅游、文化、体育和休闲娱乐等面向民生的服务业”。旅游业作为迅速发展的新兴产业之一，正逐渐成为世界各国第三产业的重要组成部分。

20 世纪中叶以来，滨海旅游业作为一个产业逐步发展起来，从欧洲沿海地区到亚太地区，滨海旅游业都呈现出良好的发展势头。滨海旅游业以其投资少、周期短、行业联动性强、需求普遍和重复购买率高等诸多优点，日益成为海洋产业的一个重要支柱。当前，滨海旅游业逐渐表现出大众化、多元化、生态化、休闲化的趋势，展现了良好的发展前景。

根据国家海洋局《中国海洋经济统计公报》数据，2010 年中国滨海旅游业全年实现增加值 4838 亿元，占当年全国主要海洋产业增加值的 31.2%。2011 年，中国滨海旅游业全年实现增加值 6258 亿元，占当年全国主要海洋产业增加值的 33.4%。2012 年，中国滨海旅游业全年实现增加值 6972 亿元，占当年全国主要海洋产业增加值的 33.9%。2013 年，中国滨海旅游业全年实现增加值 7851 亿元，占当年全国主要海洋产业增加值的 34.6%。2014 年，中国滨海旅游业全年实现增加值 8882 亿元，占当年全国主要海洋产业增加值的 35.3%。

（二）节庆会展强势增长

海洋节庆会展业是海洋文化产业的重要内容。改革开放以来，海洋节庆会展业强势增长，成为中国海洋文化产业的一大亮点，出现了博鳌亚洲论坛、深圳文博会、中国进出口商品交易会、中国—东盟贸易博览会等一系列具有较高知名度的节庆会展品牌。历届深圳文博会的成交额，如图2所示。

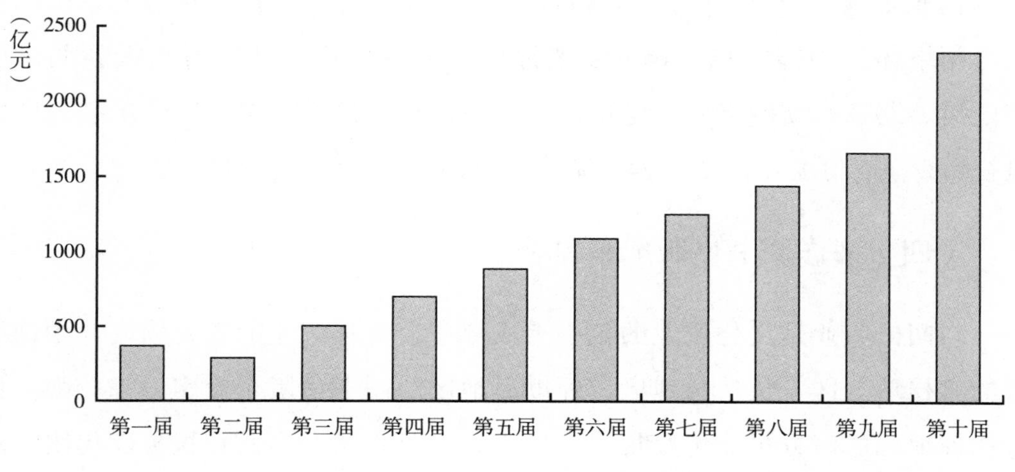

图2 历届深圳文博会成交额

（三）广电传媒优势凸显

新闻、出版、广播、电视、电影处于文化产业的核心，是文化产业的重要领域。近年来，广电传媒产业的优势逐渐凸显，推动海洋文化产业发展的作用不断增强。中央电视台第一部以世界性大国的发展历史为题材并跨国摄制的12集大型电视纪录片《大国崛起》2006年11月在中央电视台经济频道播出。由海军、国家海洋局联合投资，三多堂传媒承制的《走向海洋》是国内首部以历史和发展的眼光关注海洋文化的大型纪录片。该片以中国数千年的海洋发展史为纵坐标，以西方大国崛起的海洋探索为横坐标，以中国融入全球化体系为时代背景，警示国人勿忘“背海而亡、向海而兴”的历史经验，呼吁建立海陆统筹、和谐发展的现代中国海洋战略，实现中华民族的伟大复兴。2013年6月8日，大型全景式系列报道《广东沿海行》在潮州市饶平县亚太港正式开始，全景式地介绍了广东沿海地区各方面的建设成就；2013年12月16日至22日，七集人文纪录片《海之南》在中央电视台科教频道《探索发现》栏目播出，挖掘那些构成海南禀赋的独特元素，讲述了一个诗意而神奇的海南。由广西和中央电视台联合出品的三集电视专题片《海上新丝路》在中央电视台、广西电视台播出，反响强烈。电视连续剧《向东是大海》《妈祖》，电影《秋喜》等都是值得称道的佳作。“广西广电网络杯”2015首届中国—东盟微电影大赛由广西壮族自治区新闻出版广电局、北京市新闻出版广电局、国家海洋局宣传教育中心联合主办，广西电视台、优酷承办，广西广播电视信息网络股份有限公司协办。

（四）海洋图书出版成果显著

新闻出版业是文化产业的核心组成部分、文化产业的重要领域。中国沿海的粤桂琼地区、长三角地区、环渤海地区的图书出版企业实力都较强。如粤桂琼地区的南方报业传媒集团、广东省出版集团、广西日报传媒集团、海南日报报业集团、海南出版社有限公司等都具有较强实力。粤桂琼海洋类图书出版业发展成果显著，近年来推出了一批具有较高质量的海洋类图书。如广东的“岭南文化知识书系”“中国南海海洋经济丛书”“中国南海文化研究丛书”“话说中国海洋丛书”“海上丝绸之路研究书系”，广西的“北部湾海洋文化丛书”和“防城港之窗系列丛书”，海南的“海南地方志丛刊”，等等。

2013年6月26日，世界品牌实验室在北京发布了第10届“中国500最具价值品牌”排行榜。南方报业传媒集团旗下的《南方日报》《南方都市报》《南方周末》《21世纪经济报道》4家报纸分别以127.15亿元、126.58亿元、96.67亿元、58.86亿元跻身其中，品牌总价值达409.26亿元，较上一年的317.61亿元，增加了近百亿元，蝉联全国平面媒体集团之首（见图3）。

（五）滨海休闲长足发展

休闲是一种文化，也是一个产业。休闲生活是现代社会生活的重要组成部分，是国家生产力发展水平和社会文明进步的标志。21世纪的中国，已经步入“休闲主流化社会”，休闲成为时尚和潮流。利用发展滨海休闲的良好条件，中国滨海休闲业近年来有了长足发展。象山、珠海、北海、阳江等

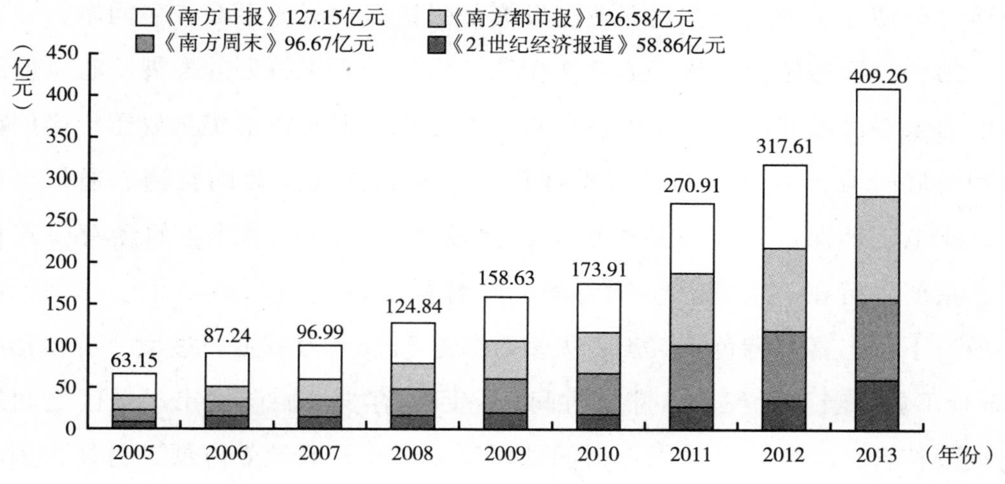

图 3　南方报业品牌价值

地的滨海休闲渔业，珠江三角洲地区的滨海休闲旅游业，海南的滨海休闲度假业，以广东阳西咸水矿温泉为代表的休闲养生业，以三亚、深圳为代表的滨海休闲体育业，以广东湛江、广西钦州、广西合浦为代表的休闲生态观光业，中山、珠海、深圳、三亚等地的游艇休闲体验业，使滨海休闲业呈现出多业种发展的局面。

（六）特色演艺蓄势待发

近年来，中国滨海旅游演艺已有良好开端，滨海特色演艺蓄势待发。浙江推出大型实景演出《印象普陀》；海南推出《印象海南岛》旅游演艺活动；广西推出大型海上实景演出《梦幻北部湾》；广东珠海推出《大清海战》；浙江推出大型舞台剧《观世音》；福建推出大型舞剧《丝海梦寻》；山东威海推出大型情景剧《梦海》《梦海情韵》等。

四　当前海洋文化产业存在的问题

相对于文化产业，海洋文化产业研究与海洋文化产业发展起步晚，发展较缓慢。在 21 世纪这个海洋世纪、文化世纪，在全球化的国际背景下，处于转型时期的中国海洋文化产业的发展面临诸多挑战，存在许多问题。

第一，滨海旅游文化产业业态传统，仍然处于粗放型的发展状态。滨海旅游业虽然已经在海洋产业中占有较大的比重，但总体上仍然处于传统的粗放型发展阶段，对景区的经营管理粗疏；与旅游区配套的交通、通信、供水、供电、环保、安全等基础设施还比较薄弱；滨海旅游业的经营模式传统，主要停留在“看海景、洗海澡、吃海鲜”的阶段，产品比较单一、旅游项目不够丰富、特色不突出，大多数景区和景点为一晃而过型，游客常有“看景不如听景”的感觉，滞留时间短，回头客少。旅游城市、景区之间缺乏有效整合，关联性差，景点雷同性、重复率高，联动效应低。另外，滨海旅游季节性明显，游客过于集中在节假日。旺季人满为患，淡季冷冷清清。

第二，海洋文化产业主体意识不强，缺乏海洋文化产业的主体自觉和担当。由于国家的大力提倡和支持，国内文化企业已具相当规模，这些企业中，不少具有涉海性，而且有不少以海洋文化产业为主的文化企业。但这些企业基本上没有意识到自己在从事海洋文化产业，没有提出要做好海洋文化产业的具体办法、大力发展海洋文化产业的长期发展思路。缺乏海洋文化产业的主体自觉和担当，海洋文化产业主体意识不强。

第三，海洋文化市场发育不完善，品牌效应低。海洋文化资源开发目前仍处于零散的、局部的、小规模的状态，海洋文化市场发育不完善。不仅关注海洋文化产业的企业少，而且相关企业规模小，资金匮乏。基本停留在小规模、低层次、低效益运营状态，缺乏知名度高的品牌。海洋文化产业领域以小型企业居多，具有带动效应的大型文化集团的发展明显滞后，“文化航母”尚未组建和成形。绝大多数文化企业属于国有性质，集体或民营文化企业数量少、规模小，外商独资或中外合资文化企业更是凤毛麟角。

第四，海洋文化产业发展不平衡，缺乏全方位的开发，海洋文化产业核心层发展严重滞后。海洋文化产业中各领域发展差异大，不能形成有效的产业联动，致使产业发展存在结构不平衡。主要体现在滨海旅游文化产业业态相对成熟，发展较快，产值所占比重较大，而其他产业如涉海艺术业、涉海新闻出版业则相对滞后。涉海艺术业、涉海新闻出版业属于以内容为核心的产业领域，其上游是创意和创作。我国并不缺乏作家、艺术家、科研工作者，但他们对海洋领域的关注度低，涉海文学艺术作品匮乏，涉海数字动漫作品更是少之又少。

第五，区域发展不平衡，差异较大。沿海地区文化产业和海洋文化产业发展水平差异很大。2011 年，广东文化产业增加值已超过 2500 亿元，广西不足 300 亿元，海南刚过 70 亿元。2012 年，广东滨海旅游业增加值近 1500 亿元，旅游大省海南的滨海旅游业增加值还不到 400 亿元。各省内区域差异也很大，以广东为例，从海洋生产总值来看，珠江三角洲一带的海洋生产总值占全省的 80% 左右。而占全省海岸线近一半长度的东西两翼，却因为种种原因，未能进行有效的开发利用，未创造应有的经济效益。据统计，珠江三角洲地区集中了广东省文化企业总数的 73.2%，而粤东仅占 14.5%，粤西仅占 6%，粤北山区仅占 6.3%，难以形成各具特色、功能互补、各占优势、协调发展的区域产业发展布局。[6] 2012 年广东文化产业法人单位增加值为 2706.5 亿元，其中珠江三角洲地区为 2270.3 亿元，占 83.9%；东翼为 230.1 亿元，占 8.5%；西翼为 107.8 亿元，占 4%；粤北山区为 98.3 亿元，占 3.6%。

第六，对海洋文化建设和海洋文化产业发展的重视程度亟须提高，需要加强整体规划。在国家提出建设文化强国和海洋经济强国战略目标的大背景下，各地纷纷出台了文化建设和发展文化产业的政策措施，国家也发布了沿海区域性发展规划，其中也涉及海洋文化建设，并且提到了海洋文化产业。《广东海洋经济综合试验区建设分工方案》提出“组织编制和实施广东省建设海洋文化强省规划”。但专门的海洋文化建设规划方案至今尚未公布，这说明推动海洋文化产业发展的措施不多，海洋文化产业还没有得到应有的重视，地方政府的支持力度有待加强。

第七，海洋文化产业研究仍处于起步阶段，基本概念和分类有待进一步探讨。2005 年，广东海洋大学主办了国内第一个以海洋文化产业为主题的国际学术研讨会，会后出版了论文集《海洋文化与海洋文化产业研究》。会后出版的论文集，收录了张开城的《海洋文化产业及其结构》、卞崇道的

《海洋文化产业的哲学解读》、柳和勇的《试论海岛海洋文化产业的发展策略》、贾鸿雁的《中国的海洋旅游文化资源及其开发》、宋正海的《中国传统海洋文化及其现代价值》、朱建君的《试论中国海洋休闲文化与海洋休闲业的再构建》、曹卫的《对“海洋体育文化”及“滨海体育休闲产业”的探讨》、黄汉忠的《汕尾市滨海旅游资源产业化问题探析》等海洋文化产业论文。其中《海洋文化产业及其结构》第一次提出了海洋文化产业的概念和分类。2009 年，《广东海洋文化产业》由海洋出版社出版。2014 年 5 月，《粤桂琼海洋文化产业蓝皮书（2010～2013）》发布。但总体上说，海洋文化产业研究仍处于起步阶段，基本概念和分类有待进一步探讨。

五　发展海洋文化产业的对策建议

第一，积极促进滨海旅游业由传统向现代的转型升级，发展旅游新业态。滨海旅游以其诸多的优点，成为海洋产业不可或缺的组成部分，具备良好的发展前景，但滨海旅游不能停留在“看海景、洗海澡、吃海鲜”的传统层面上，要积极开发滨海旅游新业态、新项目。建议进行海洋科普资源的开发，加强涉海展馆、展厅的建设。打好休闲和体验文化牌，开发休闲类和体验类旅游产品。打好养生文化牌，进行养生保健旅游产品开发。还可利用现代技术和工具，开发滨海现代休闲体育项目。要打造一批具有浓郁海洋特色的海洋精品文化景区和文化产品。大力开发海洋生态文化旅游、海洋民俗文化特色旅游，建设一批海洋文化旅游目的地。

第二，培育和发展海洋文化市场，提高品牌效应。针对目前海洋文化资源零散的、局部的、小规模开发的状态，海洋文化市场发育不完善的状况，应当提高品牌效应，积极培育和发展海洋文化市场。要培育海洋文化市场主体，提高国有文化企业的竞争力，形成以公有制为主体、多种所有制共同发展的海洋文化产业格局。要健全各类海洋文化市场，充分发挥市场在资源配置中的基础性作用，建立门类齐全的海洋文化市场，促进文化产品和生产要素合理流动。

第三，采取有力措施，解决海洋文化产业结构发展不平衡和区域发展不平衡的问题。解决海洋文化产业结构发展不平衡问题，要把加强内容创新作为重点，构建现代海洋文化产业体系，做大做强以创意内容为核心的文化服务业。提高自主创新能力，培育自主品牌，延伸产业链条，加大创意内容生产，实现企业转型升级。解决海洋文化产业区域发展不平衡的问题，要本着促进社会和谐的精神，在政策上、财政上向落后地区倾斜，加大支持力度。不仅要优化落后地区的投融资环境，引导文化企业到落后地区投资，还要积极发掘落后地区的优势资源，增强创新优势，走特色发展的道路。

第四，要提升海洋文化创意产品的开发能力。要多维度开发海洋文化创意产品。文化创意园区、文化创意基地、公共服务平台等文化创意产业平台是文化创意产业发展的载体，也是衡量文化创意产业发展水平的重要标准之一。要积极推动城市创意型行业的发展，建立一批具有开创意义的海洋文化创意产业基地，建立一批海洋文化创意产业园区、创意产业聚集区，聚集具有创造力的优秀创意人才，鼓励他们开发自主创意产品。发挥科技在文化发展中的提升文化创作、表现和传播功用，由此推动文化的产业化，从而实现文化的大众化，最终促进文化与相关产业的融合与发展。要积极推动科技与文化的深度融合与交融发展。[7]

第五，加强计划和统筹，编制区域性发展规划，推动海洋文化产业的整体发展。要强化党和政府在海洋文化产业发展中的宏观引导作用。政府部门要切实转变职能，加大改革力度，破除制度障碍，增强服务意识，提供组织和政策支持。[8]要把海洋文化建设列入地方政府的重要议事日程，切实抓紧抓好。要做出专门部署，编制区域性发展规划，加强计划和统筹，明确要求，落实到位，扎实推进海洋文化建设，推动海洋文化产业的整体发展。

第六，要加强海洋文化及相关产业的统计工作，建立健全科学、统一的海洋文化及相关产业统计制度及统计指标体系，及时准确地跟踪监测和分析研究海洋文化产业的发展状况，为科学研究和科学决策提供真实可靠的统计数据和信息咨询。

参考文献

[1] 张开城：《海洋文化产业风起云涌》，《文化月刊》2012 年第 9 期。
[2] 李思屈：《铸造海洋文化软实力——再逢甲午的深思》，《中国海洋报》2014 年 8 月 4 日。
[3] 温朝霞：《关于广东文化产业发展战略的思考》，《广州市财贸管理干部学院学报》2004 年第 1 期。
[4] 张开城：《文化产业和海洋文化产业》，《科学新闻》2005 年第 12 期。
[5] 梁嘉琳：《两部委有望共推海洋文化产业》，《经济参考报》2011 年 10 月 31 日。
[6] 张开城：《广东海洋文化产业》，海洋出版社，2009。
[7] 李涛：《基于科技与文化融合的海洋文化产业研究》，《文化艺术研究》2014 年第 4 期。
[8] 李思屈：《以创新思维发展海洋文化产业》，《中国海洋报》2014 年 2 月 18 日。

Study on the Development of Maritime Culture Industry in the Background of the Strategy of Marine Powerful Nation

Zhang Kaicheng

Abstract: The 21st century is the century of marine century, the century of culture and also the century of economic globalization. The inevitable relationship between them is an important proposition: the 21st century is the highlight of maritime culture and maritime culture industry leap century. The marine power construction needs vigorously develop the maritime culture industry. Based on the "classification of culture and related industries", the maritime culture industry divided into nine categories, based on the maritime culture industry development status and the existing problems, put forward the following countermeasures and suggestions: coastal tourism to modern transformation and upgrading; cultivating and developing maritime culture market, and improve the brand effect; solve the industry development is not balanced and unbalanced regional development; improving the capacity of ocean culture creative products; strengthen the plan and work as a whole, and related industry statistics.

Keywords: Marine Powerful Nation; Maritime Culture; Marine Large Activity; Culture Industry Classfication

（责任编辑：管筱牧）

关于海洋文化产业的三个问题：定义、核心行业与如何发展

曲鸿亮*

摘　要　海洋文化产业属于文化产业中的一个特殊领域，其概念包含“海洋”和“文化产业”两个方面，因此，在海洋文化产业核心行业界定中，必须考虑行业和地域两个因素，筛选出以海洋内容为核心，具有显著创意特征的行业为海洋文化产业的核心行业。找准核心行业，培育新型文化业态，重视保护传承，鼓励创新发展，以“互联网+”促进创意成果转化，开辟源头加强文化原创能力。发展海洋文化产业，要以突出海洋区域特色，提高规模化、集约化、专业化水平为原则，完善市场、政策保障体系，保障人才科技的支撑力度，促使海洋文化产业逐步向国民经济支柱产业发展。

关键词　海洋文化产业　核心行业　人文景观　非物质文化遗产

在党的十八届五中全会上通过的《中共中央关于制定国民经济和社会发展第十三个五年规划的建议》，提出了文化建设的重要目标：“文化产业

* 曲鸿亮（1956～），男，福建社会科学院精神文明研究所所长，研究员。主要研究领域：文化学、社会学以及舆情学。

成为国民经济支柱性产业。”中央再次强调促使文化产业成为国民经济支柱性产业，反映了发展文化产业对国民经济持续健康发展和全面建成小康社会的重要性和紧迫性。

海洋文化产业属于文化产业中的一个特殊领域。如何理解它、定义它，关系到海洋文化产业能否实现快速发展。因此，本文拟从概念入手，探讨海洋文化产业的定义、核心行业和怎样发展三个问题。

一　如何定义海洋文化产业

海洋文化产业是一个新鲜的提法或者概念。这一概念是由“海洋”和“文化产业”（或“海洋文化”和“产业”）两个关键词构成。“海洋”是地理名词，“文化产业”是文化和经济跨界组成的跨学科名词，由此可知，海洋文化产业是具有跨学科性质的复合词，从字面来看，海洋文化产业涉及地理、文化、经济等学科范畴。

关于文化产业，国家统计局发布的《文化及相关产业分类（2012）》将其定义为“为社会公众提供文化产品和文化相关产品的生产活动的集合”[1]。根据这一定义，中国文化及相关产业的范围包括[2]以下几个方面。

第一，以文化为核心内容，为直接满足人们的精神需要而进行的创作、制造、传播、展示等文化产品（包括货物和服务）的生产活动；

第二，为实现文化产品生产所必需的辅助生产活动；

第三，作为文化产品实物载体或制作（使用、传播、展示）工具的文化用品的生产活动（包括制造和销售）；

第四，为实现文化产品生产所需专用设备的生产活动（包括制造和销售）。

由此可见，文化产业所包含的行业是十分广泛的。按照国家统计局的分类以及联合国教科文组织《文化统计框架——2009》对文化产业所涉及范围的对照，中国文化产业可分为文化产品及文化相关产品的生产两大部分；同时，根据管理需要和产业自身特性，又可细分为10个大类，依照文化生产活动的相近性，可分为50个中类；最后，从文化及相关产业具体类别的活动出发，又可把文化产业细分为120个小类，以《国民经济行业分类》的行业小类名称及代码来表示[3]。这样就实现了文化产业统计指标与国民经济其他行业统计指标的衔接和统一，使全社会文化产业的发展以及对经济成长的贡献，能够以数据的方式清晰地表现出来。

根据以上文化产业的定义和分类，我们可以这样来理解海洋文化产业的含义：以海洋为核心内容的文化产品和相关产品的生产。同时，从地理角度还可以这样理解，即在滨海（海岛）地区的文化产业，亦可称为海洋文化产业。将二者叠加，可以这样定义：海洋文化产业是指以海洋为核心内容的文化产品和相关产品的生产，以及滨海（海岛）地区的文化产业。

这是关于海洋文化产业的第一种定义。

关于海洋文化产业，还可以有另一种定义，即从海洋文化与产业（经济）相结合的角度进行阐述。笔者认为可以这样表述：以海洋文化为核心内容的文化产品和相关产品的生产。依笔者的了解，多数学者是从这一角度定义海洋文化产业的，其中张开城是颇有代表性的一位。他综合了海洋文化及文化产业的含义，提出海洋文化产业是指“为满足社会公众的精神、物质追求，从事涉海文化产品生产和提供涉海文化服务的行业”[4]。

就两个定义的本质而言，差别不大。笔者认为，这是因为这两种定义的出发点或者角度不同，但是二者殊途同归，基本上把海洋文化产业质的规定性讲清楚了。区别在于概念的外延与内涵。形式逻辑学告诉我们，外延与内涵是一对矛盾的统一体，是此消彼长的关系。一个概念，它的外延包含的内容越多，内涵就越小；外延包含的内容越少，内涵就越大。由是观之，第一种定义的外延显然大于第二种，它包含了行业和地域两个方面的因素，而第二种定义的外延只包含了行业的单一因素。因此，海洋文化产业第一种定义的包容性显然大于第二种定义。或者说，这是海洋文化产业的广义概念和狭义概念。笔者认为，广义的定义更有利于中国海洋文化产业的发展，更贴近国家统计机构关于文化产业的定义，也更适合中国文化产业发展的国情。

二 海洋文化产业的核心行业是什么

对照国家统计局关于文化产业统计指标和分类的标准，以海洋为核心的文化产业，涉及海洋内容的新闻出版发行服务、广播电视电影服务、文化艺术服务中的文化遗产保护服务、海岛文化休闲娱乐服务、以海产品为原料的工艺美术品生产（其中文化遗产保护服务为前述分类中的中类，其余均为大类），以及上述行业之外的滨海（海岛）地区的海洋文化产业的主要和重点行业，可以作为海洋文化产业的核心行业。也就是说，在文化产业的10个大类中，至少有5个可以作为海洋文化产业的核心行业，应进行规划，使其得以优先发展。2015年1月，国家海洋局命名了首批全国海洋文化产业示范基地，包括中国科学院青岛科学艺术研究院、浙江大学中国海洋文化传播研究中心、三亚学院、宁波影视文化产业区管委会暨宁波象山影视城、中国对外翻译出版有限公司、广东海洋大学珍珠研究所暨广东绍河珍珠有限公司。这6家单位作为海洋数字化、海洋传播应用孵化、海洋船画、海洋影视、海洋图书出版和南珠文化基地，在各自的领域均具有鲜明的海洋文化特色和较强的示范带动作用[5]。从这一命名中，人们不难看出一些端倪。这些示范基地的遴选，既体现了海洋特色，又突出了行业特征，凸显了海洋文化产业发展的某些规律性的因素。

文化产业具有显著的创意特征，以独特的内容为核心。新闻出版发行服务、广播电视电影服务都是以内容为主导的行业。1997年，美国、加拿大及墨西哥共同开发了北美产业分类编码（英文缩写为NAICS，中文译作“纳克斯”）的经济普查方法，与“标准产业分类（SIC）”相比较，新的分类系统的一个重要变化就是设立了一个全新的二级产业——信息业[6]。纳克斯将文化产业中广播电影电视、图书出版、表演艺术、视觉艺术等主要部分，分别列入第51类和第71类中，其中第51类“信息产业”的定义是：“生产、加工、传播信息和文化产品；提供传播手段；进行数据处理。”第71类“艺术、娱乐、休闲产业”的定义是：“制作、推广、参与有公众观看的现场表演、大型活动或展示；保护并展示具有历史、文化、教育意义的物件和地址的机构；提供设施或服务，使消费者参与娱乐、休闲、爱好等活动丰富业余生活的。”[7]同时，把网络内容服务、电子软件出版、娱乐性体育、博彩等也归入第51类和第71类之中[8]。新设立的二级产业信息业，并未包含通常所认为的计算机等，而是包含了出版业（含软件出版）、电影和录音业、广播和传播业、信息服务和数据处理服务业，更像是知识经济文献上的内容产业（Content Industry）。欧盟的“Info2000计划”中对内容产业的定义是：那些制造、开发、包装和销售信息产品及其服务的企业，其中包括在各种媒介上的印刷品（报纸、书籍、杂志等）；电子出版物（联机数据库、音像制品服务，以传真及光盘为基础的服务以及电子游戏等）；音像传播（电视、录像、广播和影院），还有一些定义把部分软件业（包括课程软件）也放进去了[9]。因此，按照中国文化产业的分类，新闻出版发行服务、广播电视电影服务是毫无疑义的核心行业。以海洋内容为主题的新闻出版发行服务、广播电视电影服务自然是海洋文化产业的核心行业。

产业的发展离不开资源支撑。文化产业的资源就是一个国家、一个民族或一个地区的文化，文化遗产是其重要的组成部分。文化产业资源的存在形式又分为两种：物质文化遗产和非物质文化遗产。物质文化遗产是指不可移动的文物和带有人类活动印记的建筑物和遗址，根据《保护世界文化和自然遗产公约》的规定，它包括历史文物、历史建筑、人类文化遗址。而非物质文化遗产，根据《中华人民共和国非物质文化遗产法》规定，它是指各族人民世代相传并视为其文化遗产组成部分的各种传统文化表现形式，以及与传统文化表现形式相关的实物和场所。主要包括：一是传统口头文学以及作为其载体的语言；二是传统美术、书法、音乐、舞蹈、戏剧、曲艺和杂技；三是传统技艺、医药和历法；四是传统礼仪、节庆等民俗；五是传统体育和游艺；六是其他非物质文化遗产[10]。文化遗产是文化产业的资源富矿，中国幅员辽阔，地大物博，有56个民族，拥有丰富多彩的文化形式，发展文化产业具有天然优势。因此，具有浓郁海洋文化特色的文化遗产，是海洋文化产业发展的宝库。

自然资源和人文景观结合，是发展文化观光业的大趋势，具有远大的发展前景。马斯洛心理学告诉人们，在物质层面的需求，如生存的和安全的需求得到满足后，人在真善美和自我实现等精神方面的需求，就上升为主要的方面。旅游业的异军突起，正是这方面的一个突出表现。随着人们生活水平的提高，温饱问题得到了解决，加上法定节假日、公休假期的增加，娱乐休闲和旅游日益成为人们度假的重要选择。与单纯的自然风光旅游不同，在现代社会，人们对于人文景观的追求越来越普遍。古人云："读万卷书，行万里路"，这种精神传承到现代，"寓教于游""寓学于游"越来越成为人们旅游和休闲娱乐的常态。所以，风光与名胜相得益彰，自然与人文相映成趣，就成为评价旅游胜地的主要指标，人文因素也越来越成为衡量旅游业发展的要素之一，文化成为旅游业的重要推手，文化旅游也就顺理成章地成为旅游业发展的重要分支，在旅游业中所占份额日益扩大。因此，以海洋内容为主的滨海旅游业，是海洋文化产业的核心行业。

利用海洋产品为原料的工艺美术品生产行业（如贝雕），以及以海洋为主题的大型演艺活动、会展业等（即相当于纳克斯编码第 71 类的产业群范围），也是海洋文化产业的核心行业。当然，滨海（海岛）地区是海洋文化产业的重点地区，按照广义的海洋文化产业定义，在这些区域内的文化产业，都可以归入海洋文化产业范畴。

三　如何发展海洋文化产业

这个问题包含三个方面，即原则、方法和保障措施。

（一）原则

1. 突出海洋区域特色

海洋文化具有海洋空间上的特色，是文化产业中的一个特殊领域。以沿海省份福建为例，它是一个海洋大省，拥有 13.6 万平方千米的海域面积，大于 12.4 万平方千米的陆域面积，陆地海岸线长达 3752 千米，居全国第二位；海岸线曲折率1∶7.01，居全国第一位。沿海大于500平方米的岛屿有1321个，居全国第二位，占全国的1/5[11]。这样的地理环境，决定了福建的区域文化（尤其是沿海地区）具有浓郁的海洋文化因素。《山海经·海内南经》对于福建的描述简单明了："闽在海中"，福建闽侯县新石器时期的昙石山文化遗址考古发现证实了这一点。以闽江中下游为中心，连接闽台两地的昙石山文化是福建古文化的摇篮和先秦闽族的发源地，从目前发掘的区域看，全是"贝丘遗址"，而在福建平潭发掘的壳丘头遗址也是如此。这些都说明，自古以来福建人就是大海大洋的弄潮儿。福建的特色，有两点是独一无二的："海峡"和"海丝"，即与台湾隔台湾海峡相望，是历史上海上丝绸之路的起点、今天"一带一路"建设中国家确定的海上丝绸之路的核心区。因此，福建发展海洋文化产业，应该牢牢抓住"海峡""海丝"的特色。

2. 注重提高"三化"水平

文化产业的"三化"（规模化、集约化、专业化）水平，是增强核心竞争力，促进转方式、优结构、快发展的重要手段和途径，也是文化产业发展到一定阶段的必然要求，海洋文化产业也应如此。近年来，中国文化产业发展很快，取得了较大成绩。2014年，文化产业增加值约2.4万亿元，约占GDP的3.77%，在一些重点城市和省会城市，文化产业占GDP的比重已超过5%，文化产业作为国民经济支柱性产业的地位正在形成[12]。但是，文化产业结构不合理、核心领域实力较弱、传统文化产业活力不足、工艺美术业附加值不高、一些文化产业园区集约化水平不高等问题不容忽视。要解决这些问题，推进文化产业转型升级，就必须提高规模化、集约化、专业化水平，大幅提升文化产业规模，着力集聚文化产业要素，不断强化产品专业含量，促进文化产业的集聚发展和效益提升。从福建的实践来看，通过规划引导建设重点文化产业园区，2012年省级十大重点文化产业园区年产值已超过50亿元，被评为2012年度福建省十强的文化企业，户均主营收入、税前利润、净资产分别为8.88亿元、1.28亿元、9.75亿元，与上届十强企业相比，分别增长38.5%、88.2%、117.1%。由此可见，提高"三化"水平对于文化产业的发展具有重要意义。

3. 发挥市场配置文化资源的积极作用

由于文化产业既有产业经济性质，又有意识形态属性的双重属性和双重功能，与一般产业相比，不能简单套用市场对文化资源的配置起决定性作用的观点。发展文化产业，既要遵循经济规律，也要遵循意识形态规律，要看到政府和市场的作用程度对不同行业的文化产业具有的差异性。从中国文化产业的分类看，以文化为核心内容，为满足人们精神文化需求而进行的创作、制造、传播、展示等活动，还有引领社会的导向作用和功能，文化产品的价值引领作用决定了不能被市场牵着鼻子走。在市场作用过程中，必须坚持以社会效益为首，经济效益与社会效益相统一。海洋文化产业外向度高，面临的经济效益和社会效益的矛盾和问题可能要比其他文化产业更多，尤其需要把握好文化产业的经济属性和意识形态属性，把握好社会效益为首、经济效益和社会效益相统一的关系，强化文化产品的精神价值传播功能，强调正确导向和内容为王的精神价值承载作用。最近，习近平总书记在关于新闻舆论工作的重要讲话中提到，坚持舆论正确导向要做到：党报党刊、电台电视要讲导向，都市类报刊、新媒体也要讲导向；新闻报道要讲导向，副刊、专题节目也要讲导向；时政新闻要讲导向，娱乐类、社会类新闻也要讲导向；国内新闻报道要讲导向，国际新闻报道也要讲导向。习近平总书记的讲话精神，对文化产业、文化产品这一领域也是适用的，具有重大指导意义。

（二）方法

1. 找准核心行业，培育新型文化业态

会展业作为文化产业的新兴业态，发展很快。据笔者调查，经过 30 多年的培育与发展，福建省已经形成了以厦门、福州两个会展中心城市为龙头，以泉州等各地市为重要节点的具有独特风格的现代展览业格局，形成了在国内具有较强竞争力的会展产业集群。现在，会展业已经成为福建经济社会发展的重要力量。打好“海峡”“海丝”两张牌，是福建突出特色，繁荣会展业的“秘诀”。在省会城市福州举办的海峡两岸经贸交易会、中国·海峡项目成果交易会、海峡动漫展、福州国际汽车博览会、中国（福州）家具建材装饰博览会、丝绸之路国际电影节等一批自主品牌展览会，引领福州展览业快速发展。2014 年，福州共举办各类展览会 70 多场，展览面积达 67 万平方米。经多年的发展，福州已经形成了展览、会议、展装设计搭建、物流运输、综合服务等完整的会展产业链。厦门现代展览业起步于 1985 年 6 月，以举办“厦门国际展览会 85’”为标志。30 年来，先后举办了闽南三角区外商投资贸易洽谈会、福建投资贸易洽谈会、中国投资贸易洽谈会、厦门对台进出口商品交易会（工博会）、中国（厦门）国际石材展览会、厦门佛事用品博览会、海峡西岸汽车博览会、海峡两岸文化创意产业博览交易会等近千场大型经贸展览会。展览馆面积从 2.5 万平方米发展到 18 万平方米，展览面积从 1985 年的不足 10 万平方米发展到 2014 年的 173.37 万平方米。实现了展览组展商和配套服务商从无到有的发展。截至 2014 年底，组展机构达 40 家，展览服务商近 150 家，办展、办会、场馆、设计展装、通关、物流、安保、翻译等，形成了完整的产业链。展览业、会议业、旅游业高度融合，成为厦门的支柱性服务业。此外，泉州市的海上丝绸之路国际艺术节、武夷山市的海峡两岸茶博会等，打的都是“海峡”牌、“海丝”牌。就福建而言，会展业是海洋文化产业的核心行业。对于福州、厦门等重点城市而言，则是文化产业中的支柱产业。

2. 促进融合发展，大力推动互联网 +

2012 年 6 月，国家六部（总局、总署）① 联合出台了推进文化科技创新的《国家文化科技创新工程纲要》（下简称《纲要》），明确提出了文化与科技融合，全面提升文化科技创新能力的要求。《纲要》指出，到 2020 年，要实现文化和科技深度融合，科技创新成为文化发展的核心支撑和重要引擎。文化科技发展环境不断完善，文化科技创新充满活力，高素质文化科技人才队伍发展壮大，文化科技创新体系得到完善，文化和科技融合示范基地

① 国家六部为科技部、中共中央宣传部、财政部、文化部、广电总局、新闻出版总署。

成为文化产业的重要载体，基本形成带动文化产业发展、推动文化事业进步、规范文化市场秩序的文化科技支撑体系。[13]文化和科技的融合是一个主要方面，同样在文化产业内部，不同行业之间也存在融合的问题。所以，跨领域、跨部门、跨行业的融合，应该成为文化产业转型升级重要和主要的路径选择。笔者认为，海洋文化产业本身就具备产业内的跨行业属性，相对于其他文化产业而言，更需要科技的支撑，因而与科技的融合就显得更加重要与迫切。在2015年全国“两会”上，李克强总理提出“互联网+”行动计划。随后，《国务院关于积极推进“互联网+”行动的指导意见》出台，提出到2018年，互联网与经济社会各领域的融合发展要进一步深化，基于互联网的新业态成为新的经济增长动力，互联网支撑大众创业、万众创新的作用进一步增强，互联网成为提供公共服务的重要手段，网络经济与实体经济协同互动的发展格局基本形成。到2025年，“互联网+”新经济形态初步形成，“互联网+”成为经济社会创新发展的重要驱动力。其中，文化创意尤其需要借助“互联网+”行动，如创意成果的推介转化、文化产品的市场开发、数字内容产业提升原创水平、动漫游戏、数字出版、移动多媒体等，都离不开“互联网+”。海洋文化产业插上“互联网+”的翅膀，依托大数据、云计算等新技术，可以发展得更快、更高、更强。

3. 重视保护传承，鼓励创意创新发展

中国历史文化悠久，文化遗产众多，是中国文化产业发展的源泉。特别是沿海地区的海洋民俗，许多已经列入各级“非遗”名录（发祥于福建莆田湄洲岛的妈祖信俗更是进入世界“非遗”名录），各地也都遴选出众多“非遗”传承人。然而，在文化的保护传承方面，还存在不尽如人意之处。据2015年4月8日《海峡都市报》报道，莆田界外①有石厝超12万栋，这

① 界外：为了断绝沿海居民与郑成功的联系，清政府下令迁界。顺治十八年（1661）八月诏谕户部：“福建濒海地区，逼近海岛，郑氏时有侵犯，致民不宁守。冬十月遣满员前往设界督迁，凡有官兵民等，违禁出界盖房居屋耕种田地者，但以通敌处斩，务使片板不许下水，粒货不许越疆。”从此，在莆田境内，便按清廷规定的界线，筑墙垣，立界石，设堡垒，布营哨，凡界外居民，尽往界内迁徙。

些石厝具有浓郁的城堡式风情，石墙坚固，犬牙交错，形如冰裂纹，红瓦、老树、古屋，颇有一番韵味。城堡般的石厝，不仅风情浓郁，也是海岛祖先“战天斗地”生存智慧的结晶，更是海岛居住文化的“活化石”，它承载了海岛儿女的浓浓乡愁。但近年有不少石厝被拆迁、重建，令人惋惜。这不禁让我们思考：为何不能有意识地抢救濒危的石厝，打造特色旅游，发展海洋文化观光？保护和传承文化遗产，是保护我们民族的文化血脉。首先是保护好，才有传承，才能开发。保护传承是开发文化资源的基础。海洋文化产业的“非遗”资源十分丰富，如何开发，尤其需要创意和创新。要善于发现创新点，把握创新点。例如，将莆田界外地带的迁界历史，结合石厝风光和妈祖信俗等，开发具有博览、体验性质的海洋民俗文化旅游观光项目，应该可以收到较好的效果。

4. 开辟源头活水，加强文化原创能力

文化原创至少包括两个方面，一是文化产品的原创，一是单一文化产品向多元产品的转化。文艺创作是文化原创的源头活水，创作能力、创作水平决定着文化产品质量的优劣。促进文化产业的发展繁荣，必须着力抓好文艺创作生产这个中心环节，聚焦“中国梦”的主题，讲好中国故事，弘扬中国精神，凝聚中国力量。这方面，福建省歌舞剧院创作的大型舞剧《丝海梦寻》是一个成功的例子，不仅在纽约联合国总部上演，还在欧美国家及港澳地区巡回演出，有力地配合了国家“一带一路”建设，很好地诠释了中国和平发展、合作共赢的外交理念，广受好评，取得了经济效益社会效益的双丰收。再如，泉州是海上丝绸之路的起点城市，郑和下西洋时曾经过锡兰国（今斯里兰卡）。1459 年，锡兰国王派王子世利巴交喇惹出使中国。王子来到中国后，因留恋泉州山水，遂定居于此，后裔在泉州繁衍生息，取“世”为姓，迄今已传至 18 代，分布在泉州和台湾。1996 年，锡兰王子后裔的墓群“世家坑”被发现，现为泉州市级文保单位。这是反映海上丝绸之路的鲜活史料，是文艺创作生产的极好素材，如果进行艺术加工，完全可以创作、生产出电影、电视剧、舞台剧、动漫游戏等系列文化产品。类似的海洋文化资源，在中国沿海地区十分丰富，应该充分开发利用。“问渠哪得清如许，为有源头活水来。”抓住文艺创作生产的关键，就能开辟源源不绝的源头活水，不断增强文化原创的能力。

（三）保障措施

当前，不论是在国家层面，还是各地各级政府，都出台了许多发展文化产业的保障措施，这些对于海洋文化产业都是适用的。以下三点最为重要。

1. 完善文化市场发展体系

现代文化市场体系是文化产业发展的必要条件。在一个大国，文化的地域性是文化多元化存在的基础，但同时也导致地域文化相对封闭，域外地区的人们不太容易了解和理解，例如方言和地方戏。要打破这种状况，必须依靠完善文化市场体系，促进文化资源在全国范围内合理流动。因此，培育多层次、多方面的文化要素和文化产品，提高文化资源配置效率和质量，搭建综合性、区域性、专项性的文化服务平台，培育大众化的文化消费市场、文化产权和文化资产交易市场、文化金融市场等，是文化产业包括海洋文化产业发展的迫切需要。

2. 完善政策法规护航体系

政策、法规的引导和规范，是文化产业发展的重要条件。包括文化企业兼并重组、文化科技创新、积极支持文化小微企业发展、鼓励社会资本进入、“非遗”项目经营等，在税收优惠、知识产权保护、体现文化创新权益诸多方面，要认真落实已经出台的政策法规，目前暂时空缺的，要尽快出台政策或立法，特别是作为文化产业母法的《文化产业促进法》，应该及早列入全国人大的立法计划，尽快出台、实施，为促进文化产业的快速发展提供保障。

3. 完善人才科技支撑体系

文化产业的快速发展，关键在于培育有实力、有竞争力的文化企业。做强文化企业靠的是什么？一是人才，二是科技。这是生产力发展的核心要素，也是文化产业生产力发展的核心要素。在科技支撑方面，2012 年出台的《国家文化科技创新工程纲要》已经明确了任务，但在人才支撑方面，虽然许多文件都有相应条款，但由于各地客观条件、发展水平的不同，要真正落实还有困难。特别是“重引进、轻培养”的情况还不同程度地存在于各地、各文化企业中，亟待克服。引进人才永远是必要的，可是真正能够彻底解决人才问题的方法，还在于培养人才。

参考文献

［1］国家统计局：《国家统计标准〈文化及相关产业分类（2012）〉发布》，《沿海企业与科技》2012 年第 11 期。

［2］刘邦凡、冯颜利：《加快发展文化产业，增强文化产业整体实力和竞争力》，《学习“十八大”精神与河北沿海地区发展论坛论文集》，燕山大学文法学院，2012。

［3］国家统计局：《关于印发文化及相关产业分类（2012）的通知》（国统字［2012］63 号），http：//www. stats. gov. cn/tjsj/tjbz/201207/t20120731_ 8672. html，最后访问日期：2015 年 3 月 12 日。

［4］张开城：《海洋文化和海洋文化产业研究述论》，《全国商情》（理论研究）2010 年第 16 期。

［5］国家海洋局：《全国海洋文化产业示范基地再添新成员》，《中国海洋报》2015 年 8 月 24 日。

［6］刘春茂、郭霞：《“SCI”内容产业服务模式的案例分析》，《图书情报工作》2002 年第 10 期。

［7］刘日红、刘若愚：《推动文化产品出口的思考和政策建议》，《时代经贸》2012 年第 3 期。

［8］缪其浩：《内容：一个大产业》，《世界科学》2000 年第 3 期。

［9］冯舫女：《浅议档案与非物质文化遗产的关系》，《北京档案》2013 年第 9 期。

［10］石建平：《经济新常态下重构中国文化产业发展体系的战略思考》，《福建论坛》（人文社会科学版）2015 年第 10 期。

［11］尹宏：《中国文化产业转型的困境、路径和对策研究——基于文化和科技融合的视角》，《学术论坛》2014 年第 2 期。

［12］课题组：《关于提高文化产业规模化集约化专业化水平的研究》，载《福建文化发展蓝皮书（2012～2013）》，海峡书局，2013。

［13］科技部：《〈国家文化科技创新工程纲要〉解读》，http：//www. most. gov. cn/kjbgz/201207/t20120718_ 95694. htm 2012－07－19，最后访问日期：2015 年 3 月 11 日。

The Three Questions about Maritime Culture Industry: Definition, the Core Industry and Development

Qu Hongliang

Abstract: Maritime culture industry belongs to a special field of cultural industry. The "ocean" and the "culture industry" are the determinant attributes to maritime culture industry. The key industry is considering with the core in ocean content, and it is characterized by creativity, by two factors to "trade" and "terrain". To develop the maritime culture industry for the core industries, it is to foster the new cultural formats, attaches great importance to the protection of heritage, encourage innovation and development, and promote the transformation of creative achievements with "Internet +", open source to strengthen the cultural original capacity. Development of Maritime culture industry to highlight the characteristics of sea area. Improve the level of intensive large-scale specialized for the principle. Perfect market and policy guarantee system. Ensure the talents of science and technology support dynamics. So the marine cultural industry will be the national economy pillar industry by step to step.

Keywords: Maritime Culture Industry; Core Industry; Human Landscape; Intangible Cultural Heritage

（责任编辑：周乐萍）

中国海洋生态文化产业的发展态势与发展模式*

徐文玉　马树华**

摘　要：海洋生态文化产业是一种体现人与海洋和谐共存、海洋环境与发展良性互动、海洋与经济可持续发展理念的新型文化产业形态。本文结合目前中国海洋生态文化产业发展的现状，从产业资源开发现状、产品和市场开发现状以及产业发展存在的问题三个角度出发，分析梳理了海洋生态旅游产业、海洋景观鉴赏产业、海洋休闲养生产业、海洋艺术创意产业四类主要海洋生态文化产业的发展态势，并在此基础上，提出了资源型、创意型、综合型、专一型四种海洋生态文化产业发展模式，以期推动中国海洋文化产业的健康可持续发展，为海洋生态文明建设贡献力量。

关键词：海洋生态文化　文化产业　海洋生态文明　发展模式

* 本文为国家社科基金重大项目“中国海洋文化理论体系研究”（项目编号：12&ZD113）的阶段性成果。

** 徐文玉（1988～），女，中国海洋大学海洋文化研究所研究助理，文化产业管理专业博士研究生。主要研究领域：海洋文化产业分析评价与政府管理。马树华（1975～），女，博士，中国海洋大学文学与新闻传播学院副教授。主要研究领域：海洋文化史、城市文化、文化产业。

一 引言

“海洋世纪”的到来，让各国意识到强者必盛于海洋，世界强国无不开始以海洋立国，逐步加大对海洋的开发和利用，以期利用这片深蓝色在海洋国际竞争中占据“新高地”。海洋生态文化作为文化软实力的一部分，在综合国力尤其是海洋国家竞争中扮演了越来越重要的角色。

中国海洋生态文化以其人与自然和谐的本质，及其相融性、包容性和共享性，契合中国走向海洋、实施“海洋强国”战略的大趋势。中国海洋生态文化的兴起，是中国改革开放、经济体制转型、打破闭关自守、转变发展方式和行为方式的文化选择。海洋生态文化发展是中国建设海洋强国的内生动力，是共建和平海洋世界的共同需要。

在国家对海洋文化的日益重视下，海洋生态文化产业日益成为沿海城市打造城市名片、提升文化品牌的选择。海洋生态文化产业是在人与海洋和谐共存、海洋环境与发展良性互动的价值理念基础上，为实现海洋与经济可持续发展而展开的以海洋生态文化为主要内容和载体，以海洋生态文化行业为生产、消费服务主体，以海滨海岸、岛屿或海上、海底为存在和呈现空间的新型文化产业形态。它顺应海洋生态文明建设要求的文化产业发展理念，对促进海洋文化产业可持续发展和促进海洋生态文明建设有着重要的意义。海洋生态文化产业的发展，不仅是中国海洋经济发展的推动力，还是主动应对海洋生态与环境面临的危机和挑战的一种方式，是对习近平总书记提出的“着力推动海洋经济向质量效益型转变，着力推动海洋开发方式向循环利用型转变，着力推动海洋科技向创新引领型转变，着力推动海洋维权向统筹兼顾型转变”要求的贯彻落实。①

随着“海洋强国”“一带一路”等发展战略的提出和经济“新常态”下产业发展的需求，海洋生态文化产业将逐步成为未来的热潮。因此，对中

① 参见习近平总书记在中共中央政治局第八次集体学习时的讲话。

国海洋生态文化产业的发展现状进行梳理分析，研究并创新中国海洋生态文化产业的发展模式，对于推进“海洋强国”战略发展和海洋生态文明建设具有重要的意义。

二 中国海洋生态文化产业发展态势

（一）海洋生态旅游产业发展态势

国家海洋局公布的《2014 年中国海洋经济统计公报》显示：据初步核算，2014 年全国海洋生产总值 59936 亿元，占国内生产总值的 9.4%。其中，海洋产业增加值 35611 亿元，海洋相关产业增加值 24325 亿元，在海洋主要产业中，滨海旅游业全年实现增加值 8882 亿元，比上年增长 12.1%，增加值比重最大，占 35.3%。[①] 在滨海旅游业中，海洋生态文化旅游表现出较快的发展态势。尤其是随着“一带一路”发展战略的提出和经济“新常态”下的转型需求，海洋生态文化旅游等滨海旅游新业态也将成为未来的热潮。

海洋生态文化旅游在以可持续发展原则为导向的同时，也更加突出了海洋性特征：第一，它以海洋为吸引物，并通过旅游参与和消费支出来增加当地收益；第二，它有助于保护当地的海洋生态环境，包括海洋文化生态环境和海洋自然生态环境；第三，海洋生态文化旅游活动能减少对海洋自然环境和原住民的负面影响；第四，它强调旅游者在旅游过程中了解和学习海洋文化以及当地的海洋生态特征；第五，它促使旅游者重新审视他们的旅游行为对当地海洋环境的影响，以及如何与当地人们一起保护海洋生态环境，构建海洋生态文明。

1. 海洋生态旅游产业资源

中国海洋生态旅游资源丰富，其中海洋自然生态旅游资源主要包括海洋

① 参见国家海洋局《中国海洋经济统计公报》中 2015 年相关数据。

地貌生态旅游资源、海洋气候气象生态旅游资源、海洋水体生态旅游资源和海洋生物生态旅游资源；海洋人文生态旅游资源主要包括海洋古遗迹、古建筑生态旅游资源、海洋城市生态旅游资源、海洋宗教信仰生态旅游资源、海洋民风民俗生态旅游资源、海洋文学艺术生态旅游资源和海洋科学知识生态旅游资源等[1]。可利用海洋生态文化旅游资源的开发，借助珊瑚礁、海岛海岸、极地、远洋、海底动物、海洋遗产等资源，衍生出包括渔村渔家乐、海下探险潜水和海上冲浪、观赏海洋自然风光和海洋人文景观、参与渔民海上作业及海洋生态文化探秘等一系列了解、体验、欣赏、学习和研究海洋生态文化的旅游活动[2]。

2. 海洋生态旅游产品与市场

在海洋生态文化旅游产业的产品开发过程中，各区域应依托当地海洋生态文化资源，结合环境影响评价制度，以海洋生态文化保护为核心，注重海洋生态环境的整体和谐。在产品开发上，借助海洋科学领域的成果来评估可开发性，并据此进行海洋生态文化旅游区的功能区划、结构设计、环境保护和配套设施的建设，注重人文资源与自然资源的协调统一。总体来说，海洋生态自然景观开发比例较大。开发模式不再局限于传统模式，逐渐向多元化转变，更加注重社会效益、经济效应和环境效应相统一。例如广东省建立的湛江红树林自然保护区、天津东部的古海岸与湿地生态旅游区、上海金山嘴海洋生态渔村的渔家风情游和渔家乐等。

在年轻的海洋经济中，海洋旅游业一直是主力军。海洋生态文化旅游的市场需求也在近几年异军突起，产业市场主要集中在珠江三角洲、两广南部滨海旅游带、海峡两岸旅游带、苏沪浙滨海旅游带和黄渤海旅游带五大海滨旅游带。无论是市场规模还是产业效益，都极大地带动了滨海旅游业的发展。

3. 海洋生态旅游产业发展中存在的问题

海洋生态文化旅游使旅游者远离城市喧嚣，并产生回归自然的文化心理感受，逐渐成为一种旅游发展的热潮。各沿海区域利用丰富的海洋生态文化资源，进行了系统的规划和开发，海洋生态文化旅游产业化逐渐成熟。但总体上来看，中国对海洋生态旅游资源的利用不够充分，没有形成系统的旅游产品模式；海洋生态文化开发规划与功能区划不到位，造成海域资源错位使用，或者产品地域文化不够凸显；高科技特色产品少，缺乏与其他产业群的衔接和融合。另外，在海洋生态文化旅游发展的同时，虽然强调对海洋生态环境的保护，但也不可避免地出现了海洋环境污染、粗放开发和盲目利用、生态环境破坏等一系列问题，违背了人与海洋和谐相处的可持续发展理念，需要通过进一步的规划和监管，来提升人们的海洋生态保护意识，让游客和居民同时参与到海洋生态的保护中去。

（二）海洋景观鉴赏产业发展态势

海洋景观是指与海洋有关的自然景观和人文景观。海洋自然景观，是处在海洋区域或者与海洋有关的景观，如海水、沙滩、海岛、礁石、海浪、海潮等；海洋人文景观，是人们与海洋长期共同生活而产生的景观，如海滨城市、海滨建筑、海洋风俗、海洋遗址和遗迹等[3]。海洋景观鉴赏产业是运用景观生态学的原理，将以人文因素为主导的人类文化与海洋生态环境高度融合，通过对海洋生态文化的理解，设计制作成独特的景观综合体，使海洋景观系统的结构和功能达到整体优化的生态旅游开发建设，保护海洋生态系统和景观的多样性和完整性，促进景观环境、资源与生态的和谐共生。

1. 海洋景观鉴赏产业资源

中国海洋景观鉴赏资源丰富且底蕴深厚。中国疆域辽阔，地跨南海、东海、黄海、渤海，生态系统类型多样，生物多样性丰富。加之中国拥有数千年的海洋文明史，对沿海城市来说，便捷的港埠交通促进了多元文化的碰撞融合，形成了独特的海洋文化魅力，赋予了中国海洋生态文化深厚的历史与价值底蕴。中国不仅有众多的古港口海洋遗址遗迹，还有海洋风格的聚落，独特的海洋风俗风情，形成了海洋聚落文化景观、海洋遗产文化景观、海洋信仰与民俗文化景观，以及极具现代性的海洋历史文化景观等丰富多样的海洋文化景观。

2. 海洋景观鉴赏产品与市场

目前中国海洋景观鉴赏产品的开发，主要从具备适应空间和生态自然属性以及具备提升空间和文化艺术属性两个层面来建设海洋景观综合体。一方面，海洋景观有较广阔的应用范围，在诸多沿海与海岛城市中，用海洋景观来展示不同海洋生态文化主体的自然状态是一种常见的产品开发方式。比如在海底世界展览中，将整个海底世界的展示空间模拟海洋自然生态环境，打造出置身于海水中的效果，让人身临其境般感受海洋的神秘与魅力，促使观赏者对海洋产生敬畏和向往，对海洋生态观的教育意义起到了直接的作用。另一方面，很多海洋景观需要表现的是对原有文化的升华，比如海上丝绸之路文化展览馆中，设计了海底宝藏造型文化景观，来展示东西方文化的融合，在同一景观中融入不同的经典艺术形象，不仅增强了装饰效果，更将一个时代的繁荣展现得淋漓尽致。

在海洋景观鉴赏产品市场方面，以大连、天津、烟台、青岛等城市为代表的环渤海区域在充分利用丰富的海洋生态文化遗产基础上，增加了新的海洋生态文化景观，不断扩大市场规模和影响力，逐步形成了各自独具特色的城市“名片”；在东海区域，浙江、福建两省海洋景观鉴赏市场上产品种类丰富，形式多样，钱塘江观潮、舟山渔民号子、船饰文化、莆田妈祖等海洋民俗文化景观特色突出；在南海区域，除了丰富的海洋文化景观遗留，广东沿海地区创造了现代化海洋文化景观，海南三亚亚龙湾贝壳馆、海底世界更是引人入胜，广西的海洋之窗、南珠宫等展示了一个时尚与传统并存的多彩海洋文明。

3. 海洋景观鉴赏产业存在的问题

中国虽然有着丰富多彩的海洋文化景观，在对其开发利用的过程中壮大了海洋文化产业，促进了经济的发展，但也存在不少问题。随着中国沿海区域的改革开放，地方政府为了发展经济、缓解城市用地紧张现象，导致海洋文化景观出现了种种不和谐现象：为扩大城市用地，破坏了海洋历史文化遗产；缺乏相应法律法规的指导，肆意破坏；个别住区往往模仿或照搬其他地区的海洋文化景观开发模式，造成景观的同质化，浪费海洋文化资源等。因此，为了更好地保护和发展中国的海洋文化景观，必须在海洋景观产业的日常发展中找到优势、劣势、威胁和机遇，制定长远的、能够科学发展、可持续利用的海洋景观鉴赏战略，更好地传承中国的海洋文明[4]。

（三）海洋养生休闲产业发展态势

阳光，海滩，碧浪，欢声笑语伴随着串串脚印荡漾于耳边，漫步在海边或栈道，遥望海天一线，想象徜徉于大海或泛舟于浅岸，或是清心冥想，或是与海对话。在波光粼粼的海面，在温和静好的阳光下，在起伏如音律的碧浪中，素面朝天饮渔民酒茶，体验捕捞丰收之愉悦，感受海洋之容纳百川……随着社会的发展，人类在分享现代化、工业化成果的同时，身体和精神上也承担起越来越重的压力。为了修心养身，养生休闲逐渐掀起一股消费浪潮。中国是海洋大国，这种令人心旷神怡的海洋养生休闲活动越来越受到人们的青睐。

1. 海洋养生休闲产业资源

海洋养生休闲产业是在传统和现代养生休闲理论的指导下，以养生休闲为主题展开的各种建立在良好的海洋环境基础上的养生休闲活动，是以增进身心健康、更好地适应社会为目的的一种产业形式。中国的海洋养生休闲资源，主要有基于良好的生态环境的海洋自然养生休闲资源和基于深厚文化底蕴的海洋人文养心休闲资源。中国的海洋自然养生休闲资源极佳，在3.2万千米的海岸线上，山、海、岛、崖、滩、物、景等海洋自然资源丰富，沿海省市资源各具特色，不同的海洋岸线、海蚀地貌、沙滩滩涂、地热资源造就了各省市不同的养生休闲产品和市场；中国海洋人文养生休闲资源同样丰富，港口、商埠、船坞、灯塔、渔村、船舶、渔具、大量的沉船、水下遗物等海洋生态物质文化历史遗迹与物件，以及各种海洋生产生活习俗、海洋生态风俗民俗、海洋口传文化等非物质海洋生态文化遗产，都是建立在良好的海洋生态文化保有下的产业资源[5]。

2. 海洋养生休闲产业产品与市场

在海洋养生休闲产业产品和市场上，各地依托不同的资源，开发设计了不同主题的养生休闲产品。例如，山东文登依托“四山五泉一线”打造的以“中国长寿之乡，滨海养生之都”为主题，以温泉养生为特色的养生休闲品牌；广东惠州大亚湾以亲海居住、休闲渔业、体验“做一日渔民”为定位的产品开发；浙江象山县依托独特的海洋文化打造的专业性的沙地村老年养生休闲示范基地；山东青岛崂山基于道教的养生休闲之道等。

在海洋养生休闲市场上，在当前社会老龄化和亚健康现象日益严重的背景下，海洋养生休闲市场的需求日益扩大。老年人仍然是需求主体，而随着现代人对养生休闲的关注，中青年逐渐成为一股潜力巨大的新兴市场。其中高收入、高学历群体对修身养性、文化感受等精神层面的养生休闲更加重视，是海洋养生休闲市场的主体，中低收入、低学历群体以最基本的养生休闲生活体验为主[6]。

3. 海洋养生休闲产业发展中存在的问题

海洋养生休闲产业尚处于初步阶段，目前在发展中还存在着一些问题：海洋养生休闲产品缺乏特色，产业系统运作和整体品牌的打造不够；养生休闲专业人才不足，缺乏高素质的养生休闲服务人才；资源整合不足，缺乏核心竞争力，较容易受到其他养生休闲产业的冲击。因此，面对日益增长的海洋养生休闲市场需求，需要政府更加重视，以打造成熟的海洋养生休闲配套产业和相关支持服务系统，使中国的海洋养生休闲产业格局逐步形成并迅速发展起来，并与海洋生态文化旅游产业、餐饮产业等结合起来，形成海洋生态文化产业的集群发展，增强产业核心竞争力。

（四）海洋艺术创意产业发展态势

神秘的海洋，赋予了艺术家无限的想象力和广阔的创作空间。蕴含着海的绮丽和传统文化智慧的贝雕、珊瑚雕，栩栩如生地记载了人与海洋的美丽故事。老船木制成的舟形香插和渔民年画，走进了人们的日常生活。源于海洋的话剧、电影、电视节目，带领我们认识了海洋的文化与历史。无论是海洋工艺品还是各种舞台表演类节目，以及由此衍生的动漫、游戏、玩具类产品，都是通过海洋文化与艺术创意相结合打造的文化创意产品，体现了沿海社会群体精彩纷呈又独具特色的物质生活、精神生活与文化风貌，承载着沿海与岛屿地区人们的审美情趣和价值取向，在满足人们对海洋文化需求的同时，又极具社会价值、经济价值、艺术价值和文化传承价值。

1. 海洋艺术创意产业资源

中国自古以来就有丰富的海洋生态文化艺术资源。沿海居民、休闲人士、统治者在利用海洋、与海洋和谐共处的发展过程中，积淀了海洋艺术、游乐方式、诗词歌赋、戏曲小说、传统歌谣、绘画工艺，这些逐渐形成了海洋艺术创意元素。艺术家、设计师或民间手工艺人通过对海洋文化艺术创意元素的提炼以及再研发创新，结合人们方方面面的消费形式和形形色色的生活方式，设计创作出的海洋文化艺术创意产品，既能满足人民群众生活实用、观赏学习的功能需求，又满足了人民群众对海洋文化审美与信仰的精神需求[7]，使海洋艺术创意在历史发展中逐步走向市场，形成产业化。

2. 海洋艺术创意产品与市场

目前来看，海洋艺术创意产业虽是“小荷才露尖尖角”，但“浅处无妨有卧龙”。在政府的扶持下，海洋艺术创意产业从业者正试图创造能与国家乃至国际接轨并且可模仿复制、可提升推广的极具地域特色的海洋文化研发样本。不同的海洋城市，海洋文化特色精彩纷呈，而海洋艺术的创意火花，更多地迸发于不同地域间海洋文化的交汇碰撞。比如，把海南的贝雕包装卖到大连、温州等沿海城市，或者把巢湖夜光珍珠雕刻画等区域特色海洋文化产品引进到海南，通过区域间艺术创意的融会贯通，培育一个饱含地域特色和海洋文化音符的大演奏厅，以源源不断的创意，研发出精彩纷呈的产品和服务，再将其推广出售或传扬传承。浙江省舟山市于2008年举办了首届海洋艺术展，并于2013年举办了艺术衍生品展会；山东省青岛市于2012年建造了中国首个海洋文化创意产业园——“中艺1688文化创意园区”；随后，上海市普陀区、厦门市等几个沿海城市开始筹划打造海洋文化创意产业园区和示范基地，将海洋艺术创意产业与海洋休闲养生产业、海洋生态文化产品会展业等产业集于一体，形成一个包含产品研发、设计、生产、展销、推广、反馈、再生产等完整的海洋生态文化产业链，推动了整个海洋生态文化产业的发展。

3. 海洋艺术创意产业发展中存在的问题

随着现代数字技术、多媒体和互联网的迅猛发展，近年来出现了对传统艺术创意产业进行升级改造，但由于中国海洋艺术创意产业总体缺乏政府的政策、资金和技术支持，市场的高创意水平和高科技水平欠缺，且产品市场不够规范，受众范围小。海洋艺术创意产业作为一种特色新兴产业，在当今的经济社会背景条件下，应该更能顺应“十三五”发展格局中对经济发展新常态的要求。因此，需要我们借助能够加快推进其产业化的海洋文化数字影音、互联网推广平台等形式，改变人们参与海洋生态文化的生活、娱乐和消费方式。

三　中国海洋生态文化产业的发展模式

（一）资源型

资源型海洋生态文化产业以丰富的海洋生态文化资源为基础。其模式立足点是海洋生态文化资源强烈的地域性和鲜明的特色性，资源的垄断性强而又不易被复制模仿，因而具有显著的资源竞争核心优势。资源型海洋生态文化产业的发展模式以区域海洋生态文化资源为基础，以政府和海洋生态文化相关企事业单位的海洋生态文化产业开发规划部门为依托，对海洋生态文化资源进行科学规划、挖掘整理、研究开发和市场推广，实现政府与企业间的互动，协力促进资源型海洋生态文化产业的发展[8]。

资源型海洋生态文化产业的发展模式，如图 1 所示。

资源型海洋生态文化产业发展模式的内涵特征，主要表现在以下几个方面。

第一，资源型海洋生态文化产业突出资源属性。丰富的海洋自然生态文化资源和海洋人文生态文化资源是发展资源型海洋生态文化产业的基础，生态利益、社会利益和经济利益和谐统一的科学可持续发展是其指导原则，不断保护、丰富、完善海洋生态文化资源的内涵和价值是产业资源开发与利用的目标。海洋生态文化资源的发掘整理、研究开发到产品和市场推广，形成

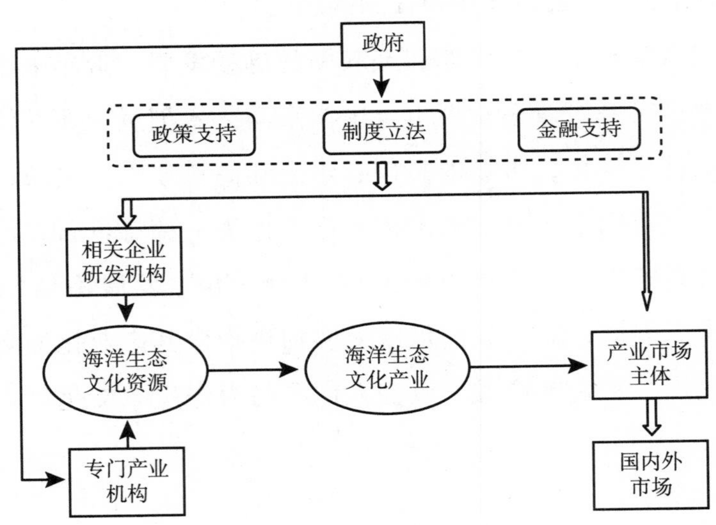

图1　资源型海洋生态文化产业发展模式

了以资源类别为依据的海洋生态文化产业。

第二，在资源型发展模式中，以政府为产业主导，以企业为市场主体，政府与企业联动，共同促进海洋生态文化产业的发展。政府应在政策、立法、金融等方面做好海洋生态文化资源开发利用的前期支持工作，引导、鼓励和保障海洋生态文化产业专门机构进行科学规划以及企事业单位对相关资源进行合理开发。与此同时，一方面政府要顺应中国“海洋强国”政策和“一带一路”规划的要求，转变观念，改革体制，不断完善自我；另一方面，以企业为主的文化市场主体也要不断培养与引进海洋人才、拓宽融资渠道、提升产品竞争力和市场凝聚力，为资源型海洋生态文化产业的发展奠定政策和战略基础。

资源型发展模式是中国海洋生态文化产业最基本、最普遍的发展模式。但中国海洋生态文化产业尚处于起步阶段，需要我们进一步依托海洋生态文化资源，丰富海洋生态文化产品的种类和数量，提高海洋生态文化产品的质量与内涵，并进一步扩大海洋生态文化产业的经营范围和经营规模。随着社会经济的发展，人们对海洋生态文化的需求在增加，对海洋生态文化资源的认识也在逐渐深化，因此，需要我们进一步把一些海洋生态文化资源逐步开发成符合民众需求的海洋生态文化产品和服务，以满足人们日益扩大的精神需求和物质需求，并且着力丰富海洋生态文化产品内蕴，增强海洋生态文化张力[9]。

（二）创意型

创意型海洋生态文化产业发展模式是指以知识创造、文化创意为基础来发展海洋生态文化产业。海洋生态文化艺术、海洋生态文化演艺业、海洋生态文化广电影视业、海洋生态文化会展业、海洋生态文化旅游休闲业以及其他辅助服务类产业等都适用这类发展模式。创意型海洋生态文化产业的典型特点就是把知识创造作为最基础、最根本的出发点，突出知识的先导作用。一方面，海洋生态文化企事业单位产品的设计、研发、生产、销售、推广和后续服务都立足于知识的有效运用；另一方面，目前中国消费者对产品的创意要求和知识含量要求也越来越高，这决定了在创意型海洋生态文化产业发展中，人力资本起到了决定性作用，人文海洋特色更为明显[8]。

创意型海洋生态文化产业的发展模式，如图 2 所示。

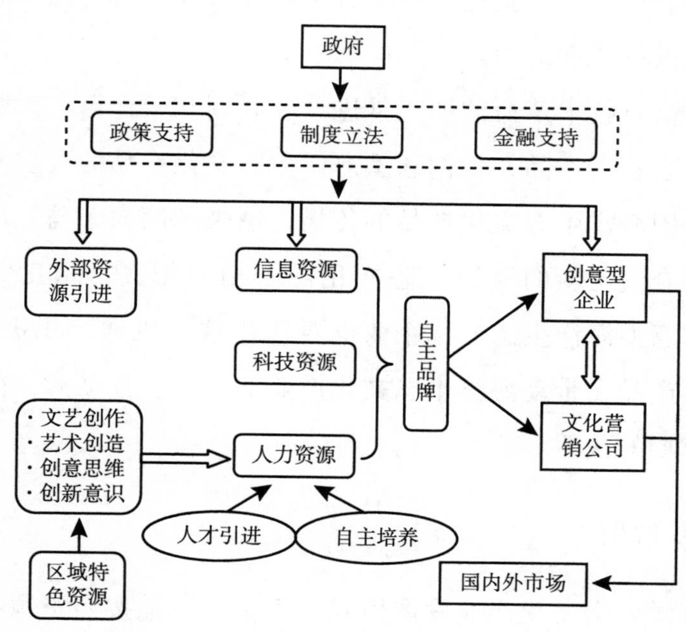

图 2　创意型海洋生态文化产业发展模式

创意型海洋生态文化产业发展模式的内涵特征，主要表现在以下几个方面。

第一，创意型海洋生态文化产业的发展，强调以知识为基础产生创意，而创意来自人才，所以，该模式要依托各类海洋生态文化产业创意人才，利用区域特色海洋生态文化资源和政府引进的外部资源，通过文艺创作、艺术创造、创意思维、创新意识等渠道和方式，打造出具有自主知识产权的海洋生态文化品牌。一方面，要注重通过人才引进和自主培养来强化人力资源，聚集和升华更多创意来源；另一方面，要强调海洋生态文化品牌的自主创新。创新是产业的灵魂，也是核心竞争力所在，是创意型海洋生态文化产业发展的持久支撑力[8]。

第二，要以企业作为创意型海洋生态文化产业的主体，通过企业的市场化运作，引领海洋生态文化产业的快速健康发展。在创意型产业模式中，海洋生态文化创意型企业和文化营销公司作为发展中心，互相联动，将创意转化成产品后，面对国内外市场，分别进行高效的推广营销，促进企业间的良性、健康竞争。这有利于企业与产品直接面对市场，为创意型海洋生态文化产业的发展提供持久创造力。

随着全球信息技术革命的加速推进，互联网和云计算、大数据等高新技术带来的新业态、新产品，为创意型海洋生态文化产品的开发和推广起到了推介作用。中国海洋生态文化产品的传播，越来越倾向于与互联网、高新技术实现跨界融合，与新的海洋生态文化需求相辅相成，相互促进，共同发展。所以，创意型海洋生态文化企业也要抓住这一机遇，积极开拓新业态、新技术下的新产品，带动海洋生态文化产业的发展，推动海洋生态文化产业市场与国际市场的接轨。

（三）综合型

综合型海洋生态文化产业发展模式，不是单一地按照资源或者创意来发展主导产业，而是将从事海洋生态文化产品和服务的企业及相关单位、支撑机构以产业链或价值链为纽带，集合起来进行创意、研发和生产合作。在综合型海洋生态文化产业发展模式中，许多不同的海洋生态文化产业企业相互联合，其海洋生态文化主导产业常常有两个甚至多个，而且产业间密切相关、集中度高，不同产业间形成了较稳定的契合关系[1]。一方面，通过企业或产业集合，可以减少研发和制作成本，降低交易费用和服务成本；通过联合打造规模效应，可以提高生产和服务效率。在综合型发展模式下，容易产生竞争力较强的龙头企业或核心产业，能够有力地带动当地海洋生态文化产业的发展。另一方面，海洋生态文化产业对海洋资源的历史根植性较深，综合型产业发展模式一般集中于具有海洋特色的沿海城市和海岛城市。

综合型海洋生态文化产业的发展模式，如图3所示。

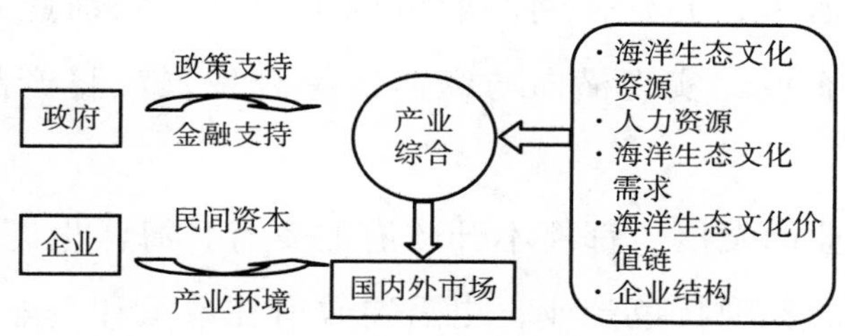

图3　综合型海洋生态文化产业发展模式

综合型海洋生态文化产业发展模式的内涵特征，主要表现在以下几个方面。

第一，海洋生态文化资源是海洋生态文化产业综合性开发的创意之源，是具有决定性的核心影响力。综合型产业发展模式适合于沿海和岛屿这些富含海洋生态文化资源的区域，通常方式是以某种海洋生态文化资源为依据，形成某类海洋生态文化主题，通过同类主题的产业联合，形成品牌效应和规模效应，并合力进行推广销售，寻求一个较大的市场和规模。比如，以海洋生态民俗、海洋生态旅游为文化主题，形成海洋生态文化产业发展集合基地；对具有特定优势的海洋生态文化资源区域进行综合产业开发，将其打造成规划科学的海洋生态文化产业孵化区和展示基地，提高海洋生态文化产业的规模和竞争力[10]。

第二，在体现人与海洋和谐统一的同时，更要体现以人为本的理念，即发展用于人，也源于人。海洋文化创意人才是海洋文化产业长远、科学、健康、可持续发展的动力和关键。综合型产业发展模式不仅需要文化产业人才，还需要文化资本运营人才，海洋生态文化产业经营管理人才和互联网、数字文化开发人才等，才能满足不同层次的消费者多元化的消费需求。除此之外，每一个海洋生态文化企业都作为研发、设计、生产、销售其产品和服务等一系列产业链活动的综合体，而海洋生态文化价值链是所有这些活动的凝结枢纽。比如，海洋生态文化影视业的价值链表现为创意、制作、发行、销售与观众的接受。不仅如此，海洋生态文化产业的企业与企业之间也要形成产业链，将孤立的海洋生态文化产业部门在一定的区域空间内联合起来，并延伸到产业链的上下游，联动起众多的海洋生态文化相关产业和企业，实现横向与纵向的综合发展，将产品和服务推向国内外市场。

任何一个产业的发展，都离不开政府的支持。海洋生态文化产业作为一种尚在起步阶段的新型特色产业，更需要政府在政策和金融上给予扶持，在海洋生态文化产业综合发展过程中当好推动者和协助者。同时，与传统的企业相比，海洋生态文化企业作为新兴特色产业，以固定资产少、无形资产多的轻型化资产结构为主，融资渠道狭窄，因此，要实现融资渠道多元化，充分利用产业环境和机遇，借助民间资本，民企同力，既能体现保障和改善民生的美好诉求，又有利于实现海洋生态文化产业的跨越式发展。

（四）专一型

专一型海洋生态文化发展模式，就是企业集中资源开发自身某一项具有竞争优势的产品、服务，或者针对特殊的顾客群、某个特定市场的一种发展方式，通过满足顾客群的需求，实现差别化或降低成本。《孙子兵法》记载："故为兵之事，在于顺详敌之意，并敌一向，千里杀将。"兵法用之于产业，就是要集中优势于特定市场，准确定位，迅速出击，占领市场，扩大规模。专一型海洋生态文化发展模式，适用于拥有特殊受欢迎海洋生态文化产品的企业，隔离性较强的不渗透的市场结构，以及不易模仿的生产、服务和消费活动链。

专一型海洋生态文化产业的发展模式，如图4所示。

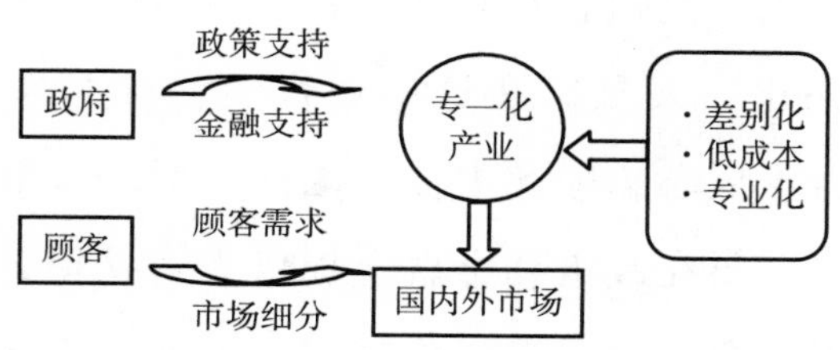

图4　专一型海洋生态文化产业发展模式

专一型海洋生态文化产业发展模式的内涵特征，主要表现在以下几个方面。

第一，专一型海洋生态文化产业发展模式的核心，是对细分的市场和特定的顾客群提供顾客满意度高的专一型产品或服务，其路径关键点在于从企业本身出发，构建产业核心竞争优势。这种发展模式，一般适用于从事海洋生态文化产业的中小型企业。通过进行顾客需求分析和市场细分，专一化定位产品与服务，突出特定化和专业化程度，专心服务于特定细分的顾客群，深入研究特定顾客群的需求趋势、购买方式、消费特点，从而有针对性地进行专业化生产和营销，为顾客提供更精准的产品和服务。在专一型发展模式下，企业生产和提供的产品与服务品类简单，企业组织类型和结构相对简单，更加方便管理与监督，而且产业资源集中程度高，在研发和技术上更有利于不断反馈与完善，更能够提高海洋生态文化产品和服务的质量。

第二，专一型产业发展模式下的企业，一般自身规模小、可利用资源有限，一方面需要政府提供政策和金融上的支持，另一方面，专一型发展模式决定了其对特定海洋生态文化资源和技术以及特定顾客群的强大依赖性。所以，如果出现市场需求下降或者行业激烈竞争、新进入者大规模跨入市场等情况，导致市场波动时，这类型企业很容易受到严重的生存威胁。所以，谨慎而准确地选择目标市场是企业的重中之重。应细致而精确地对顾客需求特点、消费方式、自身购买力、产业资源状况、产品和市场竞争力强弱等进行科学分析，选取容易建立自身竞争优势的目标市场，并进行特定集中的经营。

在市场竞争日趋激烈的今天，很多从事海洋生态文化产业的中小企业纷纷采取专一型发展模式。但随着互联网等新兴技术的发展，很多企业试图多面出击，实行“多元化”发展，在这一过程中，将本身不太丰富的资源进行再分割，可能会力不从心，顾此失彼。因此，对于采取专一型发展模式的中小企业，政府不仅需要在政策和金融上提供大力扶持，还要起到正确的引导和有效的监管作用，合力推动海洋生态文化产业的整体发展。

四 结论

中国有着丰富的海洋生态文化资源。随着科技的发展和人们对海洋生态文化认识的不断提高，开发和利用海洋生态文化资源的范围越来越广泛。因此，现代海洋生态文化也在不断发展。海洋生态旅游产业、海洋景观鉴赏产业、海洋休闲养生产业、海洋艺术创意产业等海洋生态文化产业逐步发展为成熟的产业体系，推动了海洋产业的发展。海洋生态文化产业作为海洋新兴产业，加速了经济发展方式的转型，开启了良好的发展势头。

但总体来看，中国海洋生态文化产业的发展尚处于起步阶段，存在着一系列的问题：海洋生态文化资源的开发利用不够充分，没有形成系统的产品与市场模式；缺乏政策性指导和制度性规范，导致海洋生态文化开发规划与功能区划不到位，造成资源浪费或错位使用；高科技特色产品少，缺乏与其他产业群的衔接和融合；粗放式开发和盲目利用带来了海洋环境与资源的污染与破坏问题，违背了人与海洋和谐共处的可持续发展理念。

海洋生态文化产业，应该是生态文明范式下的敬畏海洋、顺应自然、海陆一体、和谐共生的海洋文化产业，是引导人类转变经济发展方式和生产生活方式的产业，是海洋生态文明的重要支撑。因此，中国海洋生态文化产业的发展，不仅需要着眼现实、面向未来，还需要将自身融入国家乃至全球海洋发展战略中，制定切实可行的发展战略和模式，在开发、利用和保护海洋的同时，实现人与海洋的和谐共处。

参考文献

［1］王颖：《山东海洋文化产业研究》，博士学位论文，山东大学，2010。

［2］张丛：《海洋生态旅游资源开发战略研究》，博士学位论文，中国海洋大学，2009。

［3］傅纪良、黄永良：《海岛休闲体育文化的民俗透视》，《沿海企业与科技》2011年第1期。

［4］曲金良：《中国海洋文化发展报告（2014年卷）》，社会科学文献出版社，2015。

［5］张先清：《中国海洋文化遗产保护的生态视角》，《武汉科技大学学报》（社会科学版）2015年第3期。

［6］王明：《文登市滨海养生旅游集群发展研究》，博士学位论文，中国海洋大学，2013。

［7］刘家沂：《海洋艺术衍生品如何叫好又叫座》，《中国海洋报》2015年2月5日，第3版。

［8］谭延博：《山东省文化产业发展模式研究》，博士学位论文，山东理工大学，2010。

［9］叶云飞：《试论海岛海洋文化产业的发展策略——以舟山群岛海洋文化产业发展为例》，《浙江海洋学院学报》（人文科学版）2005年第4期。

［10］何龙芬：《海洋文化产业集群形成机理与发展模式研究》，博士学位论文，浙江海洋学院，2011。

The Development Trend and Pattern of China's Maritime Ecological Culture Industry

Xu Wenyu, Ma Shuhua

Abstract: The maritime ecological culture industry is a new type of cultural industry, shows the concept of the harmony of sea and people in co-prosperity, the interaction between marine environment protection and marine sustainable economic development. Combined with the present status of the maritime ecological culture industry development in China, this paper analyzed the development situation of the marine eco-tourism industry, the marine view appreciation industry, the marine leisure and health industry, the marine arts and creative industry from the perspective of the resources, the products and market and the problems. This paper puts forward four marine ecological culture industry development models—the resource-based model, the creative model, the comprehensive model and the specific model so that all of these can promote the healthy and sustainable development of maritime culture industry in China, which will make great contribution to the marine ecological civilization construction.

Keywords: Maritime Ecological Culture; Culture Industry; Marine Ecological Civilization; Development Model

（责任编辑：管筱牧）

《中国海洋经济》征稿启事

《中国海洋经济》是山东社会科学院主办的学术集刊，主要刊载海洋人文社会科学领域中与海洋经济紧密相关的最新研究论文、书评等，每年的4月、10月由社会科学文献出版社出版。

欢迎高校、科研机构的学者，政府部门、企事业单位的工作人员，以及对海洋经济感兴趣的其他人员赐稿。来稿要求：

1. 文章应该思想健康、主题明确、立论新颖、论述清晰、体例规范、富有创新。字数为1.0万~1.5万字，中文摘要为240~260字，关键词为4~5个，正文标题序号一般从大到小依次为："一"“（一）”"1."“（1）”"①"等，并附英文的题目、作者姓名、单位、摘要和关键词。凡英文中出现的引号均使用弯引号（包括参考文献中的英文）。注释放在页下，参考文献放在篇末。详细体例请参照社会科学文献出版社《作者手册》2014版，电子文本请在www. ssap. com. cn“作者服务”栏目下载。

2. 提倡严谨治学，保证论文主要观点和内容的独创性。对他人研究成果的引用务必标明出处，并附参考文献；图、表须注明数据来源，并确保不存在侵犯他人著作权等知识产权的行为。论文查重比例不得超过10%。因抄袭等原因引发的知识产权纠纷，作者须负全责，编辑部保留追究作者责任的权利。一经发现此类情况，本刊不再刊登该作者的文章。来稿本着文责自负的原则，作者切勿一稿多投。

3. 来稿应采用规范的学术语言，避免使用陈旧、落后、文件式和口语化的表述。

4. 本刊保留对稿件的删改权，不同意删改的请附声明。本刊发表的所有文章都将被中国知网等收录，如不同意，请在来稿时说明。因人力有限，恕不退稿。自收稿之日起2个月内未收到用稿通知的，作者可自行处理。

5. 作者请提供“基金项目”（可空缺）和“作者简介”，“作者简介”按姓名、出生年月、性别、民族、籍贯、工作单位、行政和专业技术职务、主要研究领域的顺序写明。并另附通信地址、邮编、联系电话、电子邮箱等。凡不符合上述要求的稿件，本刊不予接受。

6. 来稿请用A4纸打印一份，寄至本刊编辑部，同时提供电子版。收稿邮箱：zghyjjjk@163.com。寄送地址：山东省青岛市市南区金湖路8号《中国海洋经济》编辑部，邮编：266071。电话：0532－85821565。

《中国海洋经济》编辑部

2016年3月17日

图书在版编目（CIP）数据

中国海洋经济．2016年．第1期：总第1期／孙吉亭主编．--北京：社会科学文献出版社，2016.6
ISBN 978-7-5097-9268-1

Ⅰ．①中…　Ⅱ．①孙…　Ⅲ．①海洋经济-经济发展-研究报告-中国-2016　Ⅳ．①P74

中国版本图书馆CIP数据核字（2016）第125123号

中国海洋经济（2016年第1期 总第1期）

主　　编／孙吉亭

出 版 人／谢寿光
项目统筹／宋月华　韩莹莹
责任编辑／马续辉　韩莹莹

出　　版／社会科学文献出版社·人文分社（010）59367215
地址：北京市北三环中路甲29号院华龙大厦　邮编：100029
网址：www.ssap.com.cn
发　　行／市场营销中心（010）59367081　59367018
印　　装／北京季蜂印刷有限公司

规　　格／开　本：787mm×1092mm　1/16
印　张：19.5　字　数：290千字
版　　次／2016年6月第1版　2016年6月第1次印刷
书　　号／ISBN 978-7-5097-9268-1
定　　价／89.00元

本书如有印装质量问题，请与读者服务中心（010-59367028）联系